Kompressoren-Anlagen

insbesondere in Grubenbetrieben.

Von

Dipl.-Ing. **Karl Teiwes.**

Mit 129 Textfiguren.

Berlin.
Verlag von Julius Springer.
1911.

ISBN-13: 978-3-642-90462-2   e-ISBN-13: 978-3-642-92319-7
DOI: 10.1007/978-3-642-92319-7

Vorwort.

Theoretische Ergebnisse werden soweit mitgeteilt, als zum Verständnis des Entwicklungsganges des Kompressorenbaues nötig ist, veraltete Entwicklungsstufen nicht übergangen, um den heutigen Stand anschaulich darstellen zu können. Die verbreiteten Bauarten des Kolbenkompressors wurden begünstigt, die vordringenden Turbokompressoren entsprechend gewürdigt, Sonderbauarten nicht vergessen. Die Verwendung des Kompressors im Grubenbetriebe ergibt die Besprechung wichtiger Sonderfragen. Der Kompressor wird als Teil eines Ganzen betrachtet, daher den Antriebsmaschinen einige, dem Betriebsverhalten erhöhte Beachtung geschenkt. In diesen Rahmen werden die Fragen der Betriebssicherheit, der Wirtschaftlichkeit und der Regelfähigkeit eingefügt.

Die Darstellung stützt sich im wesentlichen auf einschlägige Veröffentlichungen in: „Zeitschrift des Vereines deutscher Ingenieure“, „Glückauf“ und „Z. für das Berg-, Hütten- und Salinenwesen im preußischen Staate“, sowie auf Mitteilungen führender Firmen, denen die bildlichen Darstellungen der neuesten Ausführungen entstammen.

Bei der Darstellung wurde Knappheit angestrebt, daher an manchen Stellen nicht alle Entwicklungen, sondern nur ihre wesentlichen Ergebnisse mitgeteilt unter Verweis auf ausführlichere Darstellungen.

Tarnowitz, August 1911.

Teiwes.

Inhaltsverzeichnis.

Figuren sind entnommen den Zeitschriften:
des Vereines deutscher Ingenieure: 4, 6, 10, 15, 16, 21, 22, 27—30, 33—35,
43—45, 47—50, 54—64, 71—76, 78, 79, 83—92, 95, 98—100, 106, 108, 110,
114, 115, 119, 120, 122, 124, 125, 128.
Stahl und Eisen: 31, 129.
„Glückauf"; 25, 26, 65, 66.
Elektrotechnische Zeitschrift: 51.

I. Einleitende Bemerkungen.

1. — Verwendung der Druckluft im Bergbaubetriebe. Seit Torricellis grundlegendem Versuche (1643) und Lavoisiers gleichen Arbeiten (1772) mußte sich der Mensch dazu bequemen, die unsichtbare Luft als mechanischen und chemischen Körper anzuerkennen, deren lebenspendender Kraft er sein ganzes Dasein verdankt.

Der Bergmann in tiefer Grube lernte sie bald als frische Wetter schätzen und als schlechte Wetter fürchten und sie von obertage in seine Grube leiten. Erst später kam er dazu, sie durch härteren Zwang zur Arbeitsübertragung zu nutzen; boten sich ihm doch zunächst in dem Gefällewasser naturgegebene Kräfte zur Arbeitsleistung für verschiedene Zwecke dar. Heute benutzt man vorhandenes Druckwasser zur Erzeugung von Druckluft (vgl. Nr. 103 und 104).

Und doch ist die Arbeitsübertragung durch Druckluft sehr unwirtschaftlich. Die in langen Zuleitungen abgekühlte Druckluft darf in den Luftmaschinen nicht expandierend wirken, sondern muß mit hohem Drucke aus der Maschine als Abluft entlassen werden, da sie, unter Arbeitsleistung expandierend, sich unter den Gefrierpunkt abkühlt und durch Eisbildung in der Auspuffleitung den Betrieb der Maschine unterbricht. Von der zur Erzeugung der Druckluft aufgewendeten Arbeit wird in bergbaulichen Betrieben höchstens 20 v. H. in der Luftmaschine nutzbar gemacht. Daher ist es dem neueren Kraftträger, der Elektrizität, leicht gelungen, die Luftmaschine aus lange besessenen und tapfer verteidigten Stellungen zu verdrängen.

Unterirdische Ventilatoren, Haspel, Streckenförderungen und Pumpen werden heute nur noch mit elektrischem Antriebe eingebaut. Nur auf dem Gebiete des Antriebes stoßender Bohrmaschinen hat die in allen anderen Zweigen des Bergmaschinenwesens siegreich vordringende Elektrizität bisher keinen Erfolg gehabt. Die seit einigen Jahren bekannten kleinen stoßenden Bohrmaschinen, die Handbohrhämmer, haben sich fast explosionsartig verbreitet und der Druckluft erhöhte Bedeutung gesichert.

Diese Bohrmaschinen sind den schwierigen Arbeitsverhältnissen in der Grube gewachsen. Sie sind unempfindlich gegen Nässe und Staub und rohe Behandlung; sie sind daher betriebsicher und wenig reparaturbedürftig. Sie sind, besonders in den leichten Formen, leistungsfähig im Verhältnis zu ihrem Gewichte infolge der hohen Schlagzahl (1200 bis

2000/min) und anpassungsfähig infolge der leichten Handhabung, so daß ein guter Bohrfortschritt mit ihnen erzielt wird.

2. — Einige statistische Angaben über die Drucklufterzeugung im deutschen Grubenbetriebe (Stand Ende des Jahres 1909). Diese sind entnommen einer ausführlichen Veröffentlichung von A. v. Ihering Glückauf 1910, Seite 1364. Die Zahlen sind stark abgerundet worden.

Lufterzeugung = 2 000 000 cbm/st angesaugte Luft.

Dazu aufgewendete indizierte Leistung = 200 000 P. S. Davon über neun Zehntel mit Dampfantrieb, wenige mit elektrischem und nur einige mit Gasmaschinenantrieb.

Größe der Maschinen: unterirdische Kompressoren: 30—50 P. S. obertägige: ein Viertel unter 100 P. S.; ein Fünftel über 500 P. S.

Neuerdings sind einige große Maschinen mit 1700 P. S. zur Aufstellung gekommen.

Gebräuchliche Luftdrücke: zu allermeist 6—7 Atm. absolut, während Hochdruck-Kompressoren (bis 100 Atm. und mehr) nur einzeln vertreten sind.

Die Anschaffungskosten waren je nach besonderen Umständen und Unkosten sehr verschieden. Im Mittel etwa (einschließlich Antriebsmaschine):

für Maschinenanlagen bis 200 P. S. = 175 $\mathscr{M}$/P. S.

„   „   300   „   = 150   „

„   „   500   „   = 140   „

Betriebskosten: hier gilt dasselbe wie bezüglich der Anlagekosten.

Im Mittel etwa für Dampf, Kühlung,

Schmierung, Reparatur, Bewartung = 0,22 $\mathscr{Pf}$/cbm

für Amortisation und Verzinsung = 0,03 $\mathscr{Pf}$/cbm

demnach für **1 cbm angesaugte Luft auf 6 Atm. = 0,25 $\mathscr{Pf}$/cbm.**

Für neuere Anlagen mit sparsamem Dampfverbrauche können 0,20 $\mathscr{Pf}$ für 1 cbm gerechnet werden.

II. Theoretische Betrachtungen.

3. — Die Zustandsgleichung für Luft. Diese sollen eine Darstellung, keine Erklärung der Ergebnisse versuchen und einige Begriffe geben, die auf diesem Gebiete gebräuchlich sind.

1 cbm Luft von 0 ⁰ und 76 cm Quecksilbersäule Druck wiegt 1,293 kg (1 kg = 0,773 cbm). Bei höherer Temperatur würde der gleiche Raum weniger, bei höherem Drucke mehr wiegen. Ein in einem Zylinder abgeschlossenes und der Veränderung ihrer Eigenschaften durch Verschieben eines Kolbens unterworfenes Gewicht Luft fordert also

die Beobachtung dreier Punkte: des Raumes, des Druckes und der Temperatur. Solche Beobachtungen haben ergeben, daß durch äußere Einflüsse zwei dieser Größen willkürlich eingestellt werden können, daß aber dann die dritte durch die erzwungenen Größen fest bestimmt ist. Diese drei gleichzeitig vorhandenen Größen bestimmen den Zustand des Luftgewichtes, und ihre bei eintretender Zustandsänderung gegenseitige Abhängigkeit konnte für das Gewicht von 1 kg Luft in folgende Formel gefaßt werden:

$$p \cdot v = 29{,}27\ T,$$

worin bedeutet: p den Luftdruck in $\dfrac{\text{kg}}{\text{qm}}$ absolut (sonst üblich in $\dfrac{\text{kg}}{\text{qcm}}$ ausgedrückt), v den Rauminhalt in Kubikmeter und T ein absolute Temperatur genannter Wert, der um 273 größer ist als die in Grad Celsius gemessene Temperatur t der Luft, also $T = 273 + t\ ^0\text{C}$, und 29,27 ein Zahlenwert, der durch Versuche festgestellt ist.

4. — Verschiedene Zustandsänderungen. Diese Zustandsänderungen können sehr verschieden sein, je nach der Art der äußeren Beeinflussung. Wir denken uns in einem Zylinder (Fig. 1) 1 kg Luft eingeschlossen. Halten wir den Kolben K fest, so daß der Rauminhalt der Luft bei den vorzunehmenden Veränderungen immer gleich bleibt, so können wir Zustandsänderungen nur dadurch erzwingen, daß wir der Luft durch Heizung Wärme zuführen oder durch Kühlung Wärme entziehen, wodurch die Temperatur erhöht oder erniedrigt wird. Mit der Temperatur verändert sich dann aber der Druck, und wir ersehen aus unserer Formel, wenn der Wert v gleich bleibt, daß dann der Druck proportinal der absoluten Temperatur T ist. Bringen wir etwa die a b s o l u t e Temperatur auf den doppelten Wert, dann erhöht sich der Anfangsdruck auf den doppelten.

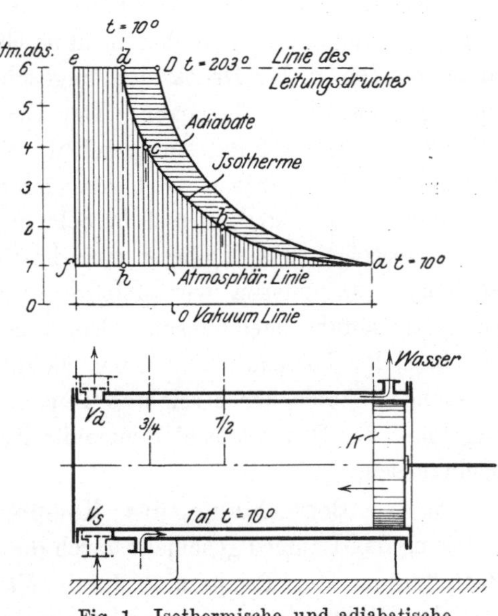

Fig. 1. Isothermische und adiabatische
Kompressesionslinie.

Denken wir uns nun den Zylinder senkrecht aufgestellt und den Kolben so beschwert, daß er dem Drucke der eingeschlossenen Luft das Gleichgewicht hält und verändern nun die Temperatur durch Heizung oder Kühlung, so bleibt der Druck bei allen eintretenden Veränderungen gleich, aber der Kolben steigt bei wachsender und fällt bei sinkender Temperatur, und aus unserer Formel, in der nun p gleichbleibend ist, erkennen wir, daß der jeweils eingenommene Raum proportional der absoluten Temperatur ist.

In den erwähnten Beispielen wurde einmal der Raum, ein andermal der Druck auf einen festen Wert eingestellt und durch willkürliche Temperaturänderungen der jeweils dritte Wert Druck oder Raum mittelbar und nach dem Zwange der Formel verändert.

Nun könnten wir den Raum aber auch unmittelbar verändern, indem wir durch entsprechende Kräfte den Kolben im Zylinder vor oder zurück ziehen. Die in unserer Formel zusammengefaßte Erfahrung ergibt, daß alsdann die erzwungene Raumänderung Änderungen des Druckes und der Temperatur zur Folge hat. Die Laienerfahrung lehrt ein Steigen des Druckes bei Verkleinerung des Raumes. Dieses braucht aber nicht unbedingt einzutreten. Ein Blick auf unsere Formel zeigt, daß auch die Temperatur von Einfluß ist. Würde man z. B. den Zylinder während des Vorschiebens des Kolbens so wirksam kühlen, daß die Temperatur T in bestimmtem Grade abnähme, so könnte trotz abnehmendem v der Druck der eingeschlossenen Luft auf seinem ursprünglichen Werte beharren. Der Druck p ist also durch eine bestimmte Kolbenstellung, entsprechend einem bestimmten v, noch nicht bestimmt. Wir müssen noch die gleichzeitige Temperatur T messen, um dann p aus der Formel berechnen zu können. Wollen wir beim Vorwärtsstoßen des Kolbens eine bestimmte Art des Druckanstieges erreichen, so müssen wir gleichzeitig die Temperatur durch Wärmezu- oder -abfuhr beeinflussen. Um welche Wärmemengen es sich dabei handelt, ist aus der Formel nicht zu ersehen, da diese nur das Messungsergebnis der erreichten Temperatur enthält. Wir merken das Ergebnis: der Druck läßt sich nur mittelbar durch Raum und Temperatur beeinflussen.

5. — Betrachtung des Kompressionsvorganges. Die Veränderung des Raumes geschieht durch die Bewegung des Kolbens und die Beeinflussung der Temperatur durch Wärmezu- oder -abfuhr. Stoßen wir den Kolben vor, so erfolgt erfahrungsgemäß eine Temperatursteigerung mit der Drucksteigerung. Nach welchem Gesetz dies erfolgt, ist noch durch besondere Beobachtungen festzulegen und ist je nach der Temperaturbeeinflussung verschieden. Im folgenden sollen zwei denkbare, wenn auch nicht ganz erreichbare Temperaturbeeinflussungen dargestellt werden und zwar erstens ein Vorschieben des Kolbens (Kompression) unter jeweiliger Abführung von so viel Wärme, daß die Anfangstemperatur T sich während der Kompression nicht verändert (isothermische Kompression) und zweitens eine Kompression unter Vermeidung jeder Wärmezu- oder -abfuhr. Alsdann müßte der Zylinder mit wärmeschützenden Massen umgeben sein, so daß die entstehende Kompressionswärme nicht nach außen abströmen kann (adiabatische Kompression).

6. — Isothermische Kompression (Verdichtung bei gleichbleibender Temperatur T). Eine solche kann praktisch nicht erreicht werden, da es nicht möglich ist, die bei der Kompression auftretende Temperaturerhöhung in jedem Augenblick genau durch Wärmeabfuhr (Kühlung) auszugleichen.

Die Grundformel zeigt dann das einfache Gesetz der mit der Raumverminderung einhergehenden Druckerhöhung. Da T unveränderlich ist, bleibt das Produkt $p \cdot v$ während der Kompression gleich, und der Druck ist dem Raume indirekt proportional, also bei $1/n$ Raum herrscht der n-fache des Anfangsdruckes. Durch Rechnung oder Zeichnung läßt sich dann die Kompressionslinie (Raumdrucklinie) leicht bestimmen, wenn die Anfangswerte bekannt sind.

Wir denken uns den Zylinder mit Luft von 1 Atm. Spannung gefüllt und schieben den Kolben die Hälfte des Hubes vor, dann herrscht jetzt der Druck von 2 Atm.; nach Zurücklegung von drei viertel Hub ist der Luftraum ein Viertel des ursprünglichen, der Druck demnach der vierfache geworden. Tragen wir senkrecht zum Kolbenweg die Drücke in irgendeinem Maßstabe auf, so erhalten wir in der Anfangsstellung den Punkt a, in der Mitte den Punkt b und nach drei viertel Hub den Punkt c. Verbinden wir diese und weitere Punkte durch eine krumme Linie, so erhalten wir die Kompressionslinie bei gleichbleibender Temperatur. Sie wird I s o t h e r m e genannt. Im Punkte d erreicht unsere Isotherme den Druck von 6 Atm. Denken wir uns den Kompressionsvorgang in einem Kompressorzylinder ausgeführt, der mit einem Druckventil Vd ausgerüstet ist und dieses Druckventil durch einen in der Druckleitung herrschenden Druck von gerade 6 Atm. belastet, so öffnet sich im Punkte d das Druckventil, und die Druckluft entweicht durch dasselbe in die Druckleitung. Auf dem Hubteil von d—e findet also keine weitere Drucksteigerung statt, sondern das Ausschieben der Druckluft aus dem Zylinder unter gleichbleibendem Druck.

7. — Arbeitsbedarf der isothermischen Kompression. Zu dieser Kompression war eine bestimmte Arbeitsleistung erforderlich. Der Kolben mußte mit einer dem jeweiligen Luftdrucke entsprechenden Kraft vorwärts gestoßen werden. Da auf der rechten Seite des Kolbens ein Luftdruck von 1 Atm. ruht, so kommen für diese Kolbenkräfte nur die über einer Atmosphäre liegenden Luftüberdrücke in Betracht, in unserer Raumdrucklinie also die über der Linie *1 a* liegenden Luftdrücke. Betrachten wir die zwischen den Linien *a d e f* liegende Fläche, so erkennen wir, daß ihre Grundlinie der vom Kolben zurückgelegte Weg ist und die Höhen den jeweiligen Drücken oder Kolbenkräften entsprechen. Da Arbeit das Produkt Kraft mal Weg ist, so stellt die Schaufläche *a d e f* in einem bestimmten Maßstabe die Kompressionsarbeit dar. Ihr Maßstab ergibt sich unter Berücksichtigung der Maßstäbe für die Raum- und Druckstrecken und des Kolbenquerschnittes.

8. — Adiabatische Kompression. Bei dieser soll weder Wärme zu- noch abgeführt werden. Lassen wir nun die Kühlung weg, so wird doch noch Wärme durch die Zylinderwandungen an die äußere Luft abgeführt. Die adiabatische Kompression läßt sich also auch nicht genau erreichen. Ohne besondere Kühlung findet aber in unseren Kompressoren eine sehr angenäherte adiabatische Kompression statt.

Bei diesem Vorgange steigt die Temperatur der komprimierten Luft, und wir erkennen aus unserer Formel, daß bei gleichen Kolbenstellungen (gleichem v) der Druck (p) größer sein muß als im vorigen Falle, da die Temperatur (T) ebenfalls größer geworden ist. Die Kompressionslinie, Adiabate genannt, wird also rascher ansteigen als die Isotherme. Wie dies Ansteigen erfolgt, ist aus der Grundformel nicht zu ersehen. Der Zusammenhang bedarf einer besonderen Erforschung. Theoretische Betrachtungen unter Berücksichtigung der Annahme vollkommener Wärmedichtheit des Kompressorzylinders und der bekannten spezifischen Wärme der Luft führen zu folgendem Ergebnis:

Bei adiabatischer Kompression besteht zwischen Raum und Druck die Beziehung: das Produkt $p \cdot v^{1,41}$ behält bei allen Veränderungen den gleichen bekannten Wert, so daß für jedes v der Druck berechnet werden kann. Die Beziehung ist freilich nicht mehr so bequem wie bei der isothermischen Kompression, wo der einfachere Wert: $p \cdot v$ gleichbleibend war. Für den Zusammenhang zwischen Druck und Temperatur gilt: $T_e = T_a \left(\dfrac{p_e}{p_a} \right)^{\frac{0,41}{1,41}}$ worin T_a und p_a den Anfangs- und T_e und p_e den Endzustand bedeutet.

Nach diesen Beziehungen ist in Fig. 1 die zweite mit Adiabate bezeichnete Kompressionslinie hergestellt. Die Anfangstemperatur ist mit $T = 283$, d. h. also mit $t = 10^0$ C angenommen.

9. — Arbeitsbedarf der adiabatischen Kompression. Dieser ist, wie aus der Betrachtung und der Figur 1 zu erkennen, größer als bei der isothermischen Kompression. Und es ist nach Vergleich der Schaufflächen der Mehraufwand an Arbeit entsprechend der wagerecht schraffierten Fläche zwischen den beiden Kompressionslinien. Für diesen Arbeitsbedarf lassen sich schöne Formeln aufstellen; es sollen aber an deren Stelle ausgerechnete Werte gesetzt werden, die einen zahlenmäßigen Vergleich gestatten. Es sind zur Kompression von 1 cbm Luft von 1 Atm. auf p Atm. an Meterkilogramm Arbeit aufzuwenden:

	$p =$ absoluter Druck	2	4	6	
I.	Isothermische Kompression	6 900	13 900	17 900	
II.	Adiabatische Kompression	7 700	17 100	23 500	
III.	II mehr in v. H. von I	12	23	31	
IV.	Endtemperaturen zu II {	73	151	203	bei 10⁰ Anfangstemperatur
		85	165	220	bei 20⁰ Anfangstemperatur

Die Anfangstemperatur hat nach dieser Aufstellung keinen Einfluß auf den Arbeitsbedarf für 1 cbm Luft. Die Kompressionslinie verläuft immer in gleicher Weise. Doch ist sie nicht ohne Einfluß auf das wirtschaftliche Ergebnis. Ist die Anfangstemperatur niedrig, z. B. 0⁰, so wiegt die der Pressung unterworfene Luftmenge je Kubikmeter 1,293 kg. Ist sie aber von höherer Temperatur, so hat sie ein geringeres Gewicht, z. B. bei 20⁰ 1,201 kg je Kubikmeter. Es wird also in beiden Fällen zwar für 1 cbm die gleiche Arbeit erfordert, im ersten Falle dafür aber ein größeres Luftgewicht (1,293 kg gegen 1,201 kg) geliefert. Wird die Luft für chemische Zwecke gebraucht, so kommt es auf ein möglichst hohes Luftgewicht von bestimmter Pressung an. Auch für Kraftzwecke ist es, wie später (Nr. 20) gezeigt werden wird, von Vorteil, für eine gegebene Arbeitsleistung ein möglichst großes Luftgewicht zu liefern.

Wir können daher den Grundsatz aufstellen: Um mit einer gegebenen Arbeitsleistung und mit einem gegebenen Maschinengewichte ein möglichst großes Luftgewicht liefern zu können, ist dafür zu sorgen, daß sich zu Beginne des Druckhubes möglichst kalte Luft im Zylinder befinde.

10. — Isothermische oder adiabatische Kompression? Die Entwicklungen lassen nicht zweifelhaft sein, daß die Lieferung eines Kilogramm Druckluft bei der isothermischen Kompression mit geringerem Arbeitsaufwande geschieht. Diese ist daher unter allen Umständen anzustreben. Doch sei zur Aufhellung eines möglichen Irrtums noch folgende Erwägung angestellt. Zwar liefert die adiabatische Kompression ein bestimmtes Luftgewicht bei größerem Arbeitsverbrauche. Betrachten wir das Schaubild (Fig. 1), so sehen wir aber, daß sie diese Luft in anderem Zustande abliefert als die isothermische Kompression, nämlich mit höherer Temperatur und größerem Raume. In letzterem scheint doch ein Gegengewicht für den größeren Arbeitsaufwand zu liegen, denn würden wir etwa diese Druckluft in einem benachbarten Luftmotor arbeitleistend wirken lassen, so würde in einer verlustlosen Maschine unsere Kompressionsschaufläche als Leistungsschaufläche wieder erscheinen, d. h. die zur Kompression aufgewendete Arbeit kommt im Motor ganz zur Wirkung, und es läge demnach in diesem Falle gar kein wirtschaftlicher Grund vor, durch die lästige Kühleinrichtung eine isothermische Kompression anzustreben, die zwar weniger Arbeit erfordert, aber in dem angeschlossenen Motor auch weniger Arbeit leistet. Im Gegenteil erscheint die adiabatische Kompression wegen ihrer größeren Leistung bei gegebenem Maschinengewichte und einfacherem Betriebe günstiger. Das angeführte Beispiel eines benachbarten Luftmotors ist aber in Praxis wohl nie gegeben, dient doch die Druckluft gerade zur Fernübertragung von Energie. Die heiße Druckluft der adiabatischen Kompression muß also durch lange Rohrleitungen streichen, ehe sie im Luftmotor zur Verwendung gelangt. Hierbei kühlt sie sich etwa bis auf ihre Anfangstemperatur ab und verkleinert ihren Raum auf denjenigen, der von der isothermischen Kompression geliefert wird, von *De* auf *de* in Fig. 1. Wir erhalten also bei diesem Betriebe einen Arbeitsaufwand entsprechend der adiabatischen Kompression und eine Arbeitsleistung entsprechend der isothermischen Kompression. Die verloren gegangene Arbeit ist zur Erwärmung der Umgebung der Luftleitung verwendet worden. Diese Luftheizung kommt uns aber sehr teuer zu stehen, viel teurer als es das Schaubild (Fig. 1) vermuten läßt. Diese Heizwärme ist aus der mechanischen Arbeit einer den Kompressor antreibenden Wärmekraftmaschine entstanden, die nur etwa 10 v. H. der ihr zugeführten Wärme in Arbeit umsetzt. Der in der Leitung verloren gehenden Wärme entspricht also ein zehnfacher Wärmeaufwand der antreibenden Kraftmaschine.

Wir stellen daher den weiteren Grundsatz auf: Die tatsächliche Kompression ist durch wirksame Kühlung der Luft während der Kompression möglichst der isothermischen Kompressionen anzunähern.

Durch welche Einrichtungen dies erreicht werden kann, wird an anderer Stelle gezeigt werden (vgl. 33—37).

11. — Das Ansaugen des Kompressors und die Ansaugearbeit. Bei Betrachtung des Kompressionsvorganges wurde von der Annahme ausgegangen, daß der Zylinder mit Luft von atmosphärischer Spannung erfüllt sei. Nachdem aber diese Luft in der linken Kolbenendlage durch das Druckventil *Vd* ausgestoßen ist, müssen wir beim Rechtsgange des Kolbens durch das Saugventil *Vs* neue Luft aus der Atmosphäre in den Zylinder einsaugen, d. h. es muß im Zylinder durch Rechtsschieben des Kolbens ein Unterdruck gegen außen erzeugt werden, der ausreicht, das Saugventil zu heben, die anzusaugende Luftmasse in Bewegung zu setzen und ihre Bewegungswiderstände zu überwinden. Dieser

Unterdruck beträgt etwa 0,02—0,03 Atm. und kann bei fehlerhafter Anordnung größer (0,1) werden.

Tragen wir (Fig. 2) die Saugspannungen wieder senkrecht zum Kolbenweg auf, so erhalten wir eine zur atmosphärischen Linie $1\,a$ parallele Linie $f_1\,a_1$, die im Abstande 0,03 Atm. unterhalb dieser verläuft. Der Druck auf die linke Seite des Kolbens ist also 0,97 Atm., auf die rechte aber wirkt der Atmosphärendruck, so daß auf den Kolben eine äußere Kraft von $1-0,97 = 0,03$ Atm. nach rechts wirken muß, um die Ansaugarbeit zu leisten.

Diese ergibt sich aus dem Produkt Unterdruck mal Hub, sie ist also entsprechend der in Fig. 2

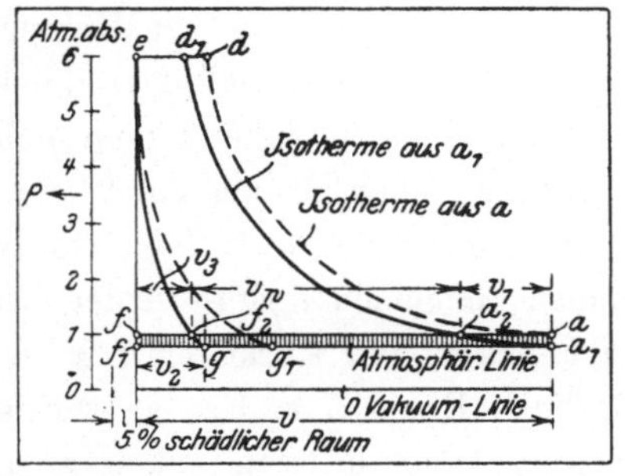

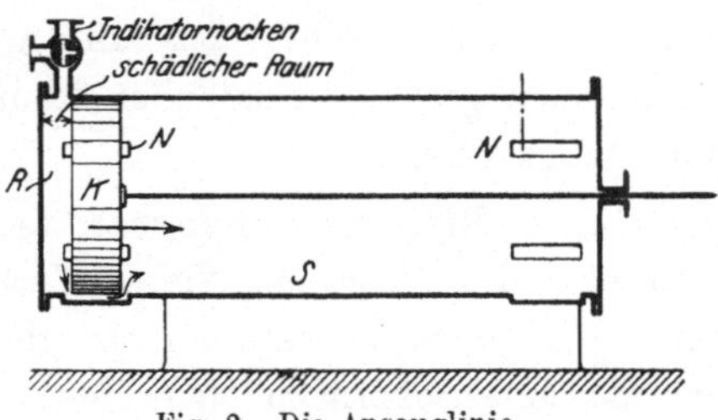

Fig. 2. Die Ansauglinie.

schraffierten Schaufläche. Sie kommt zur eigentlichen Kompressionsarbeit hinzu, so daß die Gesamtarbeit sich ergibt aus der gesamten Schaufläche: $f_1\,a_1\,d_1\,e$.

III. Der schädliche Raum.

12. — Der schädliche Raum im allgemeinen. Die Ansaugedrücke verlaufen in Wirklichkeit anders, als in der obigen Betrachtung angenommen wurde, indem nach Umkehr des Kolbens noch eine Zeitlang höhere Spannungen im Zylinder herrschen, die erst nach Verlauf eines bestimmten Hubteiles sich bis zur Saugspannung erniedrigen.

Am Ende seines Druckhubes hat der Kolben nicht sämtliche Druckluft aus dem Zylinder gestoßen, sondern zwischen Kolben und Zylinder, sowie in den nach den Abschlußorganen führenden Räumen bleibt Druckluft zurück. Dieser „schädliche Raum" wird in Hundertteilen des Kolbenhubraumes angegeben und kann sehr verschieden sein, je nach der Genauigkeit der Ausführung der Maschine, nach welcher der Kolben am Hubende mehr oder weniger nahe am Zylinderdeckel stehen darf und nach der Anordnung der Abschlußorgane, die zu ihrer Unterbringung mehr oder weniger Raum bedürfen. Er beträgt zwischen $1^{1}/_{2}$ bis 10 v. H., im Mittel 5 v. H. Dieser schädliche Raum führt seinen Namen nicht mit Unrecht. Zu Beginn des Saughubes füllt die Druckluft des schädlichen Raumes den vom Kolben freigegebenen Raum so lange aus, bis ihre Spannung durch diese Ausdehnung bis auf die Ansaugespannung gesunken ist. Diese Saugspannung wird nach Durchlaufen eines desto größeren Kolbenweges erreicht, je größer der schädliche Raum ist und je höher die Kompressionsendspannung war, denn desto mehr jetzt expandierende Luft blieb im Zylinder zurück, füllt den Saughub des Zylinders aus und kann nicht von außen angesaugt werden. Bei einem schädlichen Raume von $2^1/_2$ v. H. würde die Rückexpansionslinie *eg* eintreten, wenn wir infolge starker Deckelkühlung isothermische Expansionen annehmen. Erst in der Kolbenstellung *g* kann das Saugventil sich öffnen und Ansaugeluft in den Zylinder einlassen. Betrüge der schädliche Raum 5 v. H., so würde die Rückexpansionslinie nach eg_1 verlaufen, und die von außen angesaugte Luftmenge wäre noch geringer. Man ersieht, daß die Ansaugeleistung eines Kompressors durch einen großen schädlichen Raum und hohen Enddruck stark beeinträchtigt wird.

13. — Raumwirkungsgrad (sonst volumetrischer Wirkungsgrad genannt). In Ermessung dieser Verhältnisse werden wir die Ansaugeleistung eines Kompressors nicht gleich dem Kolbenhubraum *v* setzen, wie sie einer oberflächlichen Betrachtung erscheinen würde, sondern besser gleich dem Raume $v-v_2$. Aber auch bei diesem Ansatze würden wir einer Täuschung unterlegen sein. Die Ansaugeleistung soll in Kubikmetern gegeben werden unter der stillschweigenden Voraussetzung, daß die Ansaugeluft den Druck und die Temperatur der äußeren Atmosphäre besitze. Dies trifft aber nach unseren Betrachtungen über die Ansaugewiderstände nicht zu, sondern die den Zylinder füllende Luft hat nur etwa 0,97 Atm. Spannung, und wir müssen diesen Raum auf einen Druck von 1 Atm. umrechnen. Denken wir uns die Kompression von 0,97 auf 1 Atm. isothermisch geschehend, so ist nach unserer Grundformel der neue Raum = 0,97 des ursprünglichen und $0,97 \cdot (v-v_2)$ wäre dann die wirklich angesaugte Luftmenge. Wir können diesen Wert aber auch aus der Schaulinie entnehmen. Beim Rückgang des Kolbens zum Druckhube ist im Punkte a_2 der Kompressionsdruck bis zur Atmosphäre gestiegen, also beträgt die Luftfüllung des Zylinders bei atmosphärischer Spannung: $v-v_1$. — Im Punkte f_2 der Rückexpansionslinie war aber der Zylinder schon mit der Restluft von 1 Atm. Spannung und dem Raume v_3 gefüllt, demnach wurde auf dem Saughub ein Raum $v_w = v-v_1-v_3$ Luft von Atmosphärenspannung angesaugt. Sein Verhältnis zum Hubraum *v* des Kolbens heißt der Raumwirkungsgrad.

$$\eta_v = \frac{v_w}{v}.$$

Er ergibt ein Urteil darüber, wie die aufgewendeten Zylinderabmessungen zur Ansaugeleistung ausgenutzt werden. Er soll möglichst groß sein, wenn sich dies ohne Eintausch von Nachteilen erreichen läßt. Er schwankt bei 6 Atm. Enddruck zwischen 88—99 v. H.

Der geringeren Luftlieferung entspricht freilich auch ein geringerer Kraftaufwand. Die im schädlichen Raume aufgespeicherte Luftenergie wirkt während eines Teiles des Saughubes treibend auf den Kolben. Wir ersehen dies auch aus der verkleinerten Schaufläche $g\,a_1\,d_1\,e$ gegenüber der Fläche $f_1\,a_1\,d_1\,e$, die ja den Arbeitsaufwand darstellen. Geschähen Kompression und Rückexpansion genau nach der Isotherme, dann wären die Flächen, wie sich leicht zeigen läßt, genau den Ansaugeleistungen proportional. In Wirklichkeit geschieht aber die Kompression nahezu adiabatisch, die Rückexpansion bei Deckelkühlung nahe isothermisch, das heißt die bei der Kompression durch Arbeitsaufwand entwickelte Wärme fließt bei der Rückexpansion nicht in entsprechender Weise arbeitleistend in die Restluft zurück, wird also nicht zurückgewonnen, so daß der schädliche Raum doch zur Erhöhung der Arbeitsleistung je Luftlieferung führt.

14. — Bekämpfung des schädlichen Raumes. Die Erkenntnis der Wirkungen des schädlichen Raumes mußte einen Kampf gegen denselben entfachen. Er bildet eine der Richtungslinien in der Entwicklungsgeschichte des Kompressors. Der schädliche Raum kann zunächst durch bauliche Maßnahmen verkleinert, freilich nie beseitigt werden. Dies geschieht bei der jetzt üblichen Bauart, den trockenen Kompressoren. Eine Verminderung seiner schädlichen Wirkungen wird bei den Stufenkompressoren und bei den Kompressoren mit Druckausgleich erreicht, die in den folgenden Abschnitten erläutert werden. Eine andere Maßnahme beabsichtigt eine völlige Beseitigung seiner Wirkungen, indem der unvermeidliche Raum mit Wasser ausgefüllt wird. Dies geschieht bei den „nassen Kompressoren". Ähnlich wirkt der Wasserinhalt bei Einspritz- oder halbnassen Kompressoren.

In dem späteren Abschnitte Nr. 77 (gegen Ende) wird auch von einer nützlichen Wirkung des schädlichen Raumes gesprochen werden.

15. — Verkleinerung des schädlichen Raumes bei trockenen Kompressoren. Die Größe des schädlichen Raumes hängt zumeist von der Bauart und Anordnung der Luftsteuerorgane ab. Als solche werden verwendet Schieber und Ventile. Bei Besprechung dieser Einzelheiten wird hierüber einiges zu sagen sein. Der größte schädliche Raum ergibt sich bei ungeteiltem Schieber, wie wir ihn bei kleinen Dampfmaschinen kennen. Von den beiden Zylinderseiten führen lange Kanäle nach dem in der Hubmitte angeordneten Schieber. Der schädliche Raum mag dabei 10 v. H. und mehr betragen. Durch Teilung des Schiebers in zwei Teile, die an den Zylinderenden angeordnet sind, werden die nach dem Schieber führenden Kanäle kleiner und somit auch der schädliche Raum. Er kann auf 1¹/₂—3 v. H. sinken.

Bei Anwendung von Luftventilen, die immer an den Zylinderenden angeordnet sind, wird sich im allgemeinen ein geringerer schädlicher Raum ergeben als bei ungeteiltem Schieber. Doch kann er auch noch beträchtlich sein, wenn man wenige große Ventile seitlich am Luftzylinder anbringt. Durch Anwendung einer größeren Zahl kleinerer Ventile, die gleichmäßig auf den Zylinderumfang verteilt werden, kann der schädliche Raum ziemlich beschränkt werden, da diese Ventile nahe an den Zylinder herangerückt werden können. Eine gute Anordnung ist auch die Unterbringung der Ventile im Zylinderdeckel. Es lassen sich bei sorgfältiger Anordnung auch hier schädliche Räume von 1¹/₂—3 v. H. erzielen.

16. — Druckausgleich zur Verhinderung der Wirkung des schädlichen Raumes. Bei ungeteiltem Schieber ist der schädliche Raum groß. Um seine Wirkung auf das Ansaugen zu beseitigen, muß die Restluft des schädlichen Raumes in der Kolbenendstellung irgendwie beseitigt werden. Sie ins Freie lassen, hieße sie tatsächlich verloren geben, um sie alsdann aus dem Freien wieder anzusaugen. Die Schaulinie zeigte alsdann eine scheinbare Verbesserung des Raumwirkungsgrades, indem das Ansaugen von außen früher beginnt. Dem allein maßgebenden Lieferungsgrade wäre freilich nicht geholfen, denn die Restluft bleibt verloren. Die ganze Maßnahme wäre töricht, denn es ginge uns die in der Restluft aufgespeicherte und während der Rückexpansion zum Teil an die Maschine zurückgegebene Arbeit ohne jeden Nutzen verloren. Nun hat Professor Wellner (1879) vorgeschlagen, bei doppeltwirkenden Kompressoren am Ende des Hubes die Restdruckluft der einen Seite auf die andere Seite überzuführen. (Fig. 2.) Der Kolben K steht am linken Hubende und hat dabei die am Zylinderende in die Wand eingearbeiteten genügend langen Nuten N überfahren, so daß jetzt durch diese kleinen Kanäle die linke Seite mit der rechten in Verbindung tritt. Die Druckluft des schädlichen Raumes R tritt jetzt auf die Saugseite S. Beim Kolbenrückgange kann dann bald Luft auf der linken Seite angesaugt werden. Die übergeführte Druckluft geht dabei nicht verloren, sondern wird wieder zugleich mit der neu angesaugten Luft komprimiert, um am Ende des rechten Kolbenhubes wieder auf die linke Seite übergeführt zu werden. Der Raumwirkungsgrad wird hierdurch verbessert. Die Rückexpansionslinie fällt ganz steil ab. Die der hierdurch vergrößerten Schaufläche entsprechende größere Arbeitsleistung entspricht nach vorhergehenden Betrachtungen einigermaßen der vergrößerten Luftlieferung. Dennoch wird der Kraftverbrauch je Luftleistung größer, da die auf die andere Seite überströmende Druckluft die Spannung dieser Seite erhöht, so daß der Kompressionsvorgang dort mit erhöhter Spannung beginnt, also auch an dieser Stelle eine größere Schaufläche und somit mehr Kraft erfordert, ohne daß dieser Mehrarbeit eine entsprechende Vergrößerung der Saugleistung gegenüberstände. Der so bedingte Mehraufwand kann (nach Köster) bei 6 abs. Atm. Enddruck und einstufiger Kompression bis 20 v. H. betragen.

17. — Druckausgleich bei Vakuumpumpen. Der Druckausgleich ist daher für Kompressoren nicht zu empfehlen, da sich ein genügend hoher Wirkungsgrad durch andere Mittel erzielen läßt. Stufenkompressoren (vgl. Nr. 18) mit $1^{1}/_{2}$—3 v. H. schädlichem Raum ergeben die hohen Raumwirkungsgrade von 95—97 v. H.

Für Vakuumpumpen hingegen kann der Druckausgleich mit Vorteil angewendet werden. Diese sollen Luft aus einem Raume niederen Druckes ansaugen und auf eine Atmosphäre komprimieren, um sie ins Freie zu drücken. Hier spielt der erhöhte Kraftbedarf wegen der geringen absoluten Größe des Enddruckes nicht die erste Rolle, sondern es kommt darauf an, bald nach Kolbenumkehr eine genügend tiefe Saugspannung zu erhalten, um aus dem Raume niederer Spannung wirkungsvoll ansaugen zu können. Es werden hier Ansaugespannungen von $^{1}/_{100}$ Atm. und weniger verlangt. Die den schädlichen Raum ausfüllende Luft von atmosphärischer Spannung hat demgegenüber eine außerordentlich hohe Spannung, deren schädliche Wirkung durch Überführung auf die Saugseite beseitigt werden muß. Bei solchen Vakuumpumpen wird der Druckausgleich auch heute noch angewandt, während Kompressoren kaum noch mit Druckausgleich gebaut werden. Später soll ein Schieberkompressor mit Druckausgleich durch den Schieber hindurch beschrieben werden; derselbe könnte ohne weiteres als Vakuumpumpe verwendet werden (vgl. Nr. 55).

18. — Stufenkompression zur Erzielung eines besseren Raumwirkungsgrades bei Hochdruckkompressoren. Der Raumwirkungsgrad wird desto geringer, je höher bei gegebenem schädlichen Raume der Kompressionsenddruck ist, da mit diesem Drucke das nicht aus dem Zylinder beförderte Restluftgewicht wächst. Vergl. das spätere Fig. 6. Die Expansionslinie erreicht erst nach Zurücklegung eines langen Kolbenhubes die Saugspannung. So würde z. B. bei einem schädlichen Raume gleich 5 v. H. = $^{1}/_{20}$ des Hubraumes und 20 Atm. Enddruck die (isothermische) Rückexpansion erst gegen Ende des Kolbenhubes die Ansaugespannung erreichen, und es könnte keine Außenluft mehr angesaugt und gefördert werden, sondern die Luft des schädlichen Raumes würde nur abwechselnd komprimiert und wieder ausgedehnt. Bei 10 Atm. Enddruck würde nach einem halben Kolbenhube das Ansaugen beginnen. Wir ersehen hieraus, daß durch die Größe des schädlichen Raumes ein praktisch erreichbarer Enddruck gegeben ist und nicht überschritten werden kann. Im übrigen ist die absolute Höhe des Enddruckes für diese Betrachtung nicht maßgebend, sondern das Verhältnis des Ansaugedruckes zum Enddruck, das Kompressionsverhältnis. Die gleichen geschilderten Verhältnisse würden z. B. vorliegen, wenn von einem gegebenen Ansaugedruck von 2 Atm. auf 40 Atm. gedrückt werden sollte. Hohe Kompressionsverhältnisse bei dem geringen Enddruck von nur 1 Atm. treten z. B. bei den Luftpumpen zur Erzeugung einer hohen Luftleere auf, wie sie für chemische Fabriken. und für die Dampfkondensationsanlagen gebraucht werden. Hierbei sind Luftleeren von $^{1}/_{20}$ — $^{1}/_{100}$ Atm. und weniger erforderlich. Die Vakuumpumpe hat also die Aufgabe, aus einem Raume von $^{1}/_{100}$ Atm. Spannung Luft auszusaugen und diese auf 1 Atm. zu komprimieren, um sie ins Freie befördern zu können. Es findet eine Kompression von $^{1}/_{100}$ auf 1 statt und die unangenehme Wirkung des schädlichen Raumes ist hier die gleiche, als sollten wir von 1 Atm. auf 100 Atm. komprimieren. Wir haben schon das Mittel des Druckausgleichs kennen gelernt, das hier Abhilfe schafft und für Vakuumpumpen mit großem Vorteil angewendet wird, während es für Kompressoren wegen Erhöhung des Kraftbedarfes besser durch andere Maßnahmen ersetzt wird. Für Hochvakuumpumpen wird das zu besprechende Mittel der Stufenkompression ebenfalls angewandt.

Ein solches Mittel bietet nun die stufenweise Kompression in mehreren Zylindern hintereinander. Die Luft wird dabei in einem Niederdruckzylinder mit großem Querschnitt angesaugt und auf einen mittleren Druck gepreßt und tritt mit diesem in den Saugraum eines Hochdruckzylinders mit kleinerem Querschnitt, in dem sie mit dessen nächstem Druckhube auf den Enddruck gepreßt wird. Bei sehr hohen Drücken wird noch eine dritte Stufe zur Anwendung gebracht. Soll etwa von 1 auf 125 Atm. gepreßt werden, so wird im ersten Zylinder von 1 auf 5, im zweiten von 5 auf 25 und im dritten von 25 auf 125 Atm. gepreßt. In allen Zylindern herrscht dann dasselbe Kompressionsverhältnis; und wenn die schädlichen Räume in allen das gleiche Verhältnis zum Hubraum haben, dann tritt in allen derselbe und praktisch brauchbare Raumwirkungsgrad ein, wie er bei dem Kompressionsverhältnis 1 : 5 gegeben ist. Wir erreichen dies freilich durch den großen Mehraufwand von zwei Zylindern mit allerdings z. T. kleineren Querschnitten als dem des Niederdruckzylinders. Wir werden an späterer Stelle (Nr. 24) sehen, daß diese Stufenkompression wegen der möglichen Kühlung der Niederdruckluft in einem Zwischenbehälter zu Kraftersparnissen führt und daher jetzt allgemein auch für niedere Kompressionsverhältnisse, etwa über 1 : 5 angewendet wird.

Die Stufenkompression zur Erreichnng hoher Enddrücke scheint zuerst von dem Engländer Paget 1867 für einen Torpedokompressor ausgeführt worden zu sein.

19. — Ausfüllung des schädlichen Raumes mit Wasser. Nasse und halbnasse Kompressoren. Fig. 3 zeigt die Skizze eines nassen Kompressors. In der gezeichneten linken Endstellung des Kolbens K reicht die Wasserfüllung bis an die oben angeordneten Ventile, so daß alle Luft von dem Wasser durch das Druckventil D hinausgedrückt wurde und kein lufterfüllter schädlicher Raum zurückgeblieben ist. Beim Kolbenrückgange kann dann durch das Saugventil S alsbald frische Luft angesaugt werden. Diese nassen Kompressoren werden heute nicht mehr ausgeführt. Sie haben den Nachteil, daß sie nur mit geringer Drehzahl laufen können. Bei $n = 20/\text{min}$ zeigten solche Kompressoren einen Raumwirkungsgrad von 96 v. H. Das wird von trockenen Stufenkompressoren ohne weiteres auch erreicht. Eine Erhöhung der Drehzahl verschlechterte den Raumwirkungsgrad bedeutend; er war bei $n = 45/\text{min} = 48$ v. H. Das ist durch die Wirbelbildung und das Verschlucken von Luft durch das Wasser wohl zu erklären. Wegen ihrer geringen Drehzahl werden sie für eine gegebene Leistung räumlich groß und teuer. Auch der mechanische Wirkungsgrad

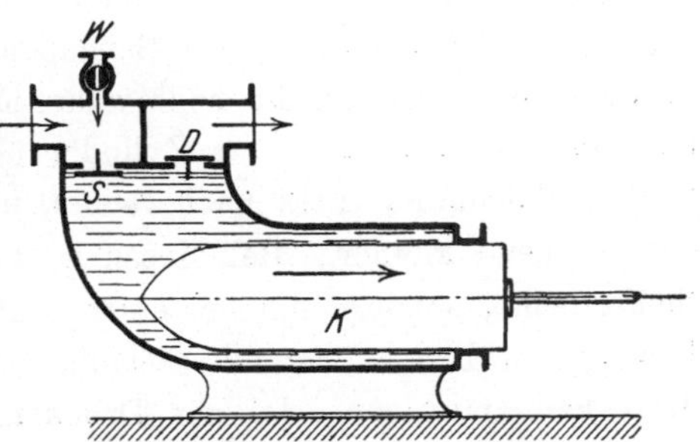

Fig. 3. Nasser Kompressor.

erwies sich gering (86 bis 79 v. H.). Sie haben fast überall den rascher laufenden trockenen Kompressoren weichen müssen, die auf gleichem Raume eine mehrfache Leistung ergeben. Doch ist ihre Wirkungsweise noch bei den Naßluftpumpen vertreten, die Wasser und Luft aus einem Kondensator ansaugen und ins Freie drücken. Hier ist allerdings die mit jedem Hube erneute Wasserfüllung durch die Natur der Aufgabe gegeben.

Solche Naßkompressoren wurden zuerst 1860 von Sommeiller bei der Durchbohrung des Mont Cenis verwendet.

Bei den nassen Kompressoren tritt eine allmähliche Erneuerung des Wasserinhaltes ein, indem durch das Saugventil kaltes Wasser mit zuströmt und eine entsprechende Menge am Ende des Druckhubes mit durch das Druckventil ausgestoßen wird.

Die halbnassen Kompressoren haben keine eigentliche Wasserfüllung. Sie gleichen in ihren Formen den trockenen Kompressoren. Durch eine besondere Wasserdruckleitung wird Wasser in das Innere des Zylinders eingespritzt. Dieses Wasser kann den schädlichen Raum am Ende des Hubes ausfüllen. — Die erste Absicht bei der Wassereinspritzung ist freilich die der Kühlung der Luft. Darüber einiges in einem folgenden Abschnitte (Nr. 38). Sie werden heute nicht mehr gebaut, da sie im Betriebe zu Schwierigkeiten Veranlassung gaben und einen schnellen Gang infolge des Wasserinhaltes nicht zulassen.

Bei diesen Kompressoren nimmt die Luft Wasserdampf auf, der als Wasser in den Rohrleitungen zu einem schnellen Rosten derselben führt.

IV. Untersuchungen am Kolbenkompressor.

20. — Der Lieferungsgrad. Der Raumwirkungsgrad hängt von der Gestaltung des Zylinders ab. Die wirkliche Ansaugleistung aber nicht allein von dieser. Im Betriebe eines Kompressors können Schaulinien auftreten, die von den hier zeichnerisch theoretisch entwickelten abweichen. Bei einem raschlaufenden Ventilkompressor wird die Rückexpansionslinie langsamer zur Saugspannung abfallen, da die verspätet schließenden Druckventile noch während einer Zeit des Saughubes Luft aus dem Druckraum in den Zylinder übertreten lassen. Der Punkt f_2 unserer Schaulinie rückt nach rechts, und der Raumwirkungsgrad wird entsprechend kleiner. Bei Messung dieser Größe ist daher nicht die theoretische, sondern die bei einer bestimmten Betriebsweise und Ausführung wirklich eintretende Schaulinie zu Rate zu ziehen. Doch auch diese kann täuschen. Ist das Druckorgan undicht, so tritt auch noch nach Schluß desselben Druckluft aus dem Druckraume in den Zylinder zurück und verhindert das Ansaugen einer entsprechenden Menge Außenluft, ohne daß dies aus der Schaulinie erkannt werden kann, da diese Luft nur bei sehr groben Undichtheiten zu einer erkennbaren Druckerhöhung im Zylinder führen könnte. Bei doppeltwirkenden Kompressoren trennt der Kolben Zylinderräume von Saug- und Druckspannung. Bei undichten Kolben tritt Luft von der Druckseite auf die Saugseite und bewirkt ebenfalls eine Verringerung der Saugleistung. Zu dieser Verringerung der Saugleistung tritt noch ein unmittelbarer Verlust an Druckluft durch undichte Stopfbüchsen und bei einfachwirkenden Zylindern (wie in Fig. 1) durch undichte Kolben und sonst durch undichte Saugorgane hinzu, in dem während des Druckhubes die Druckluft durch diese Undichtheiten nach außen entweicht.

Auch die im Betriebe gewonnene Schaulinie kann täuschen. Etwa die Hälfte aller Grubenkompressoren sind nicht mit selbsttätigen Saugventilen, sondern mit zwangsweise gesteuerten Saugschiebern ausgestattet. Ein freigängiges Saugventil öffnet erst, nachdem die Rückexpansionslinie auf die Saugspannung gefallen ist. Ein gesteuerter

Schieber kann den Zylinderraum früher mit dem Saugraum verbinden. Dies zeigt sich in der Schaulinie der Rückexpansion durch einen steileren Abfall derselben, wie er einem kleineren schädlichen Raum entspräche. Der Punkt f_2 rückt dann weiter nach links und läßt fälschlicherweise einen größeren Raumwirkungsgrad erkennen, als er durch die von außen angesaugte Luftmenge gegeben ist.

Es ist daher unzulässig, bei Schieberkompressoren den Raumwirkungsgrad aus der Schaulinie abzugreifen, wenn das Ansaugeorgan vor dem Schnittpunkt der natürlichen Expansionslinie mit dem Ansaugedrucke öffnet.

Ein weiterer möglicher Verlust wurde schon früher gestreift und durch die Regel, möglichst kalte Luft anzusaugen, zu verringern empfohlen. Trotz reichlicher Kühlung weicht die wirkliche Kompressionslinie von der Adiabate wenig ab. Die Zylinderwand und die Abschlußorgane nehmen eine erhöhte mittlere Temperatur an. Die angesaugte Luft streicht an Einlaßorgan, Zylinderdeckel, Wand und Kolben hin und erwärmt sich dabei. Die oben aus der Schaulinie ermessene Ansaugeleistung ist daher wohl dem Raume und Drucke, aber nicht der Temperatur nach, die gleich der Außentemperatur sein soll, vorhanden. Wir können mit Wahrscheinlichkeit annehmen, daß in langen Leitungen sich die Druckluft auf die Außentemperatur abkühlt, also im Luftmotor nur der auf die Außenlufttemperatur umgerechnete geringere Ansaugeluftraum zur Wirksamkeit kommt; dabei wird aber im Kompressor die gleiche Arbeit aufgewendet bei der höheren wie bei der niederen Ansaugetemperatur. Wir bestätigen hier unsere frühere Anschauung, daß es auf das Ansaugen eines möglichst großen Luftgewichtes durch Ansaugen kalter Luft ankommt und erweitern sie dahin, daß Saugwiderstände in der Saugleitung und den Saugorganen möglichst zu vermeiden sind, da auch sie eine Verringerung des Ansaugegewichtes und einen größeren Kraftbedarf je Leistung ergeben.

Wir müssen daher von dem Raumwirkungsgrade einen Lieferungsgrad unterscheiden. Dieser ist das Verhältnis der hinter dem Druckorgan abgelieferten Luft, umgerechnet auf die Verhältnisse der Außenluft, zum Hubraume des Kolbens. Erst diese Zahl gestattet eine wirkliche Beurteilung der Ausnützung der aufgewendeten Kompressorabmessungen. Dieser Lieferungsgrad ist freilich schwer zu bestimmen. Es wäre daran zu denken, ihn aus der am Kompressor genommenen Schaulinie durch die Strecke *de* (Fig. 1 und 2) zu messen, durch welche Raum und Druck der Luft zu Ende des Kompressionsvorganges gegeben ist. Doch sind diese Zahlen nur von Wert, wenn die gleichzeitige Temperatur dieser Luft (im Punkt *d*) gegeben ist. Diese ist aber auf keine Weise genau zu bestimmen. Eingesetzte Thermometer lassen wohl ein Schwanken um eine Mitteltemperatur erkennen, können aber nicht den raschen Temperaturschwankungen folgen und können insbesondere nicht die Temperatur zur Zeit der Öffnung des Druckventils erkennen lassen, da selbst dieser Zeitpunkt nicht erkenntlich ist. Die Lufttemperatur hinter dem Druckventil zu messen, ist ergebnislos, da die Luft auf ihrem Wege von d bis hinter das Ventil zweifellos eine Änderung der Temperatur erfährt, also die gemessene Temperatur dem gemessenen Raume und Drucke de nicht entspricht. Zudem wäre durch solche Messung den durch die Undichtheit des Druckventils eintretenden Verlusten nicht beizukommen.

Es kann sich nur um Messungen des Luftzustandes hinter dem Druckventil nach Raum, Druck und Temperatur handeln. Solche sind bisher nur wenig angestellt worden. Sie ließen (1905) den Lieferungsgrad kleiner rasch laufender Versuchskompressoren bis 10 v. H. kleiner erscheinen, als die Berechnung aus der Ansaugeschaulinie ergab. Im Mittel läßt sich vielleicht, bis reichlichere Messungenvorliegen, der Unterschied auf 5 v. H. für Drücke bis 8 Atm. annehmen.

Neuere Messungen (1910) haben bei einem im Betriebe befindlichen größeren Ventilstufenkompressor 7 v. H. und bei einem gleichen Schieberkompressor mit Rückschlagventil 3 v. H. Unterschied ergeben. Ein Dreistufenventilkompressor ergab ebenfalls 3 v. H.

Berechnung der Luftlieferung eines gegebenen Kompressors.

Ist F der aus dem Durchmesser zu berechnende Zylinderquerschnitt in Quadratmeter, s der Kolbenhub in Meter, n die minutliche Drehzahl, der Lieferungsgrad gleich 90—95 v. H., und Q die Luftlieferung in Kubikmeter, so ist: $Q = 0{,}9$—$0{,}95\ Fsn$ die minutliche Luftlieferung bei einfach wirkendem 'und $2Q$ die bei doppelt wirkendem Kompressor.

21. — Bestimmung des Lieferungsgrades durch Messungen. Durch Aufpumpen von Behältern I, II und III in Fig. 4 kann eine genaue Luftmessung erreicht werden. Werden hierbei die Behälter von 1 Atm. bis auf den Gegendruck, für den der Kompressor untersucht werden soll, aufgepumpt, und wird durch richtige Benutzung der gemessenen Größen der Lieferungsgrad bestimmt, so ergibt diese Zahl doch nicht den Lieferungsgrad für den Enddruck, sondern für einen zwischen Anfangs- und Enddruck liegenden mittleren Druck. Der Lieferungsgrad desselben Kompressors ist ja für jeden Enddruck anders wegen des dabei verschiedenen Luftgewichtes im schädlichen Raume und demnach verschiedener Rückexpansionslinie. (Vergleiche den Schlußsatz dieses Abschnittes.)

Bei einem Abnahmeversuche wurde daher in die Leitung zwischen den Hochdruckzylinder des Kompressors und den Meßbehältern ein Druckmesser und hinter diesem ein Drosselventil d eingebaut. Dieses Drosselventil wurde stetig so verstellt, daß während des Aufpumpens der Meßbehälter in der Druckleitung des Kompressors der Luftdruck auf der Höhe des zu untersuchenden Druckes gehalten wurde, während

die Behälter allmählich bis zum Enddruck aufgepumpt wurden. Ein Behälter braucht freilich nicht bis zum Prüfdrucke aufgepumpt zu werden, da aus seinem Raume (einschließlich Rohrleitung), seinem Drucke und seiner Temperatur vor und nach dem Versuche das während des Versuches gelieferte Luftgewicht berechnet werden kann.

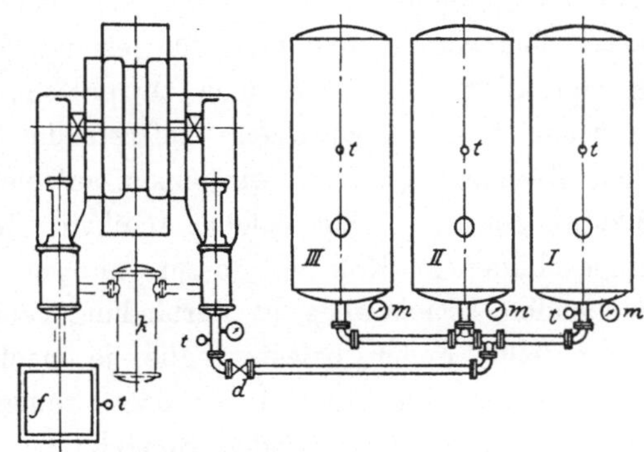
Fig. 4. Luftmessung durch Aufpumpen von Meßbehältern.

Es sei V der Inhalt des Meßbehälters in Kubikmeter, p_1 und T_1 Anfangsdruck und Temperatur $(T_1 = 273 + t_1{}^0$ C$)$ der Behälterluft, p_2 und T_2 die entsprechenden Endwerte und v der Raum der zugepumpten Luft in Kubikmetern und auf Atmosphärenspannung berechnet, und T_a ihre Außentemperatur. Dann läßt sich durch hier nicht mitgeteilte Rechnung aus unserer Grundformel finden:

$$v = V \cdot T_a \left(\frac{p_2}{T_2} - \frac{p_1}{T_1} \right).$$

Bei Turbokompressoren mit ihren großen Leistungen würden sehr große Meßbehälter erforderlich sein. Dort geschieht die Luftmessung mit Hilfe geeichter Meßdüsen (vgl. Nr. 122).

Der Kraftbedarf kann bei elektrischem Antriebe leicht gemessen werden durch häufige Ablesungen am Wattmeter. Bei einer solchen Messung wurde das Drosselventil vollständig geöffnet und die Lufthähne am Behälter so eingestellt, daß der Überdruck in diesem stets 5 Atm. betrug. Nachdem der Kompressor eine halbe Stunde gelaufen war, um einen Beharrungszustand zu erreichen, wurden die Ablesungen in Zeiträumen von 10 zu 10 Minuten vorgenommen. Solche Ablesungen müssen an Hand einer Eichungskurve oder Tabelle berichtigt werden.

Die spätere Fig. 6 zeigt Indikatorschaulinien, die während des Aufpumpens eines Meßbehälters ohne Drosselventil gewonnen wurden. Sie zeigen den allmählich anwachsenden Gegendruck sowie den mit wachsendem Drucke abnehmenden Raumwirkungsgrad. Während des ersten Teiles des Aufpumpens ist dieser größer; es wird mehr Luft je Hub geliefert als gegen Ende des Versuches. Der aus der gemessenen Lieferung bestimmte Wirkungsgrad ist dabei höher, als er bei dem Enddruck ist. Die Notwendigkeit des oben geschilderten Meßverfahrens ist hieraus deutlich ersichtlich.

22. — Die Indikatorschaulinie (sonst Indikatordiagramm genannt). Die bisher benutzten Schaulinien sind nach vereinfachenden Annahmen entworfen worden, und zwar für genaue isothermische oder adiabatische Kompression. Es wäre noch zu prüfen, wie sich die wirklichen im Betriebe eines Kompressors auftretenden Schaulinien darstellen. Zu dem Zwecke benutzen wir einen aufzeichnenden Druckmesser, Indikator genannt. Ein solcher Indikator ist ein kleiner Zylinder mit eingeschliffenem Kolben, dessen unterer Raum mit dem zu untersuchenden Druckraume in Verbindung gebracht wird. Der Kolben ist durch eine Feder belastet, die je nach dem unter dem Kolben herrschenden Luftdruck mehr oder weniger zusammengedrückt wird. Die sich hierbei ergebenden Einstellungen des Kolbens werden durch eine Kolbenstange auf einen Schreibstift übertragen, dessen Stellung vor einer ruhenden geeichten Skala den jeweilig im Druckraume herrschenden Luftdruck erkennen läßt. Diese Drücke können auf einem vor dem Schreibstift bewegten Papierstreifen aufgezeichnet werden.

Der Indikator wird auf einen mit einem Hahn versehenen, am Ende des Kompressorzylinders befindlichen Indikatornocken aufgeschraubt. Durch Öffnen des Hahnes kann sein Zylinderraum mit dem Kompressorraum in Verbindung treten. Ein Papierstreifen P (Fig. 2) wird durch irgendwelche Verbindungen durch den Kompressorkolben im gleichen Takte nach links gezogen, wenn dieser nach rechts geht und umgekehrt. Dadurch geraten diejenigen Höhen des Streifens, die bei ruhendem Papier senkrecht über der jeweiligen Kolbenstellung stehen würden, zur Zeit dieser Kolbenstellung senkrecht über die Mitte des Indikatorzylinders, so daß durch diese Einrichtung die den jeweiligen Kolbenstellungen entsprechenden Drücke an ihrer richtigen Stelle in der Schaulinie aufgezeichnet werden.

Wird daher während eines Rechts- und Linksganges des Kolbens das Papier mit der Kolbenbewegung gekuppelt und der Schreibstift dagegen gedrückt, so zeichnet dieser die Schaulinie $ef_2ga_1d_1e$ auf, aus der die Rückexpansions-, Ansauge-, Kompressions- und Ausschublinie zu ersehen ist.

Auf die praktische Entnahme solcher Indikatorschaulinien kann hier nicht eingegangen werden. Einrichtung und Vorgang sind genau dieselben wie beim Indizieren anderer Kolbenmaschinen, als Dampfmaschinen, Gasmaschinen usw.

Die Verwertung der Schaulinien zur Bestimmung des Raumwirkungsgrades ist bereits dargelegt.

Die an Kompressoren entnommenen Indikatorschaulinien sehen nun anders aus als unsere theoretischen.

Zunächst vermissen wir die in unseren Schaulinien eine große Rolle spielende Nullinie 00, auch Vakuumlinie genannt, weil sie bei völliger Luftleere im Kompressor aufgezeichnet werden könnte, und die auf ihr aufgebaute geeichte Skala sowie alle anderen Zutaten; wir erhalten die reine Umrißlinie der Schaufläche. Aber eine Höhenlinie können und sollen wir finden: die atmosphärische Linie. Sie kann durch den Schreibstift erhalten werden, wenn der Indikatordreiweghahn eine den Indikatorzylinder mit der Atmosphäre verbindende Stellung erhält und das Papier dabei an dem Stift vorübergezogen wird. Sie bietet uns dann die Grundlage zum Aufbau der Druckskalen nach oben und unten.

Die Untersuchung der Kompressionslinien, die mit einer Einzeichnung einer Isotherme und einer Adiabate aus dem Punkte a_1 zu beginnen hat, zeigt uns durchgehends, daß trotz reichlichster Kühlung des

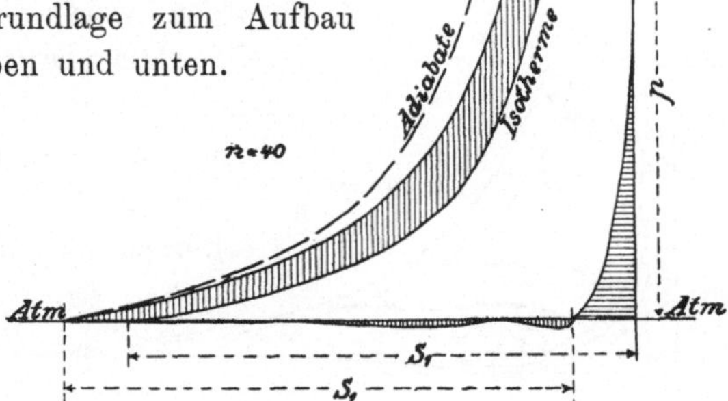

Fig. 5. Schaulinie eines älteren Kompressors.

Zylindermantels die Kompressionslinie nicht nach der Isotherme geht, sondern daß sie in geringer Entfernung von der Adiabate innerhalb dieser verläuft. Ferner zeigt sich eine Abweichung im Punkte d_1, indem die Drucklinie dort über die Ausschublinie höckerartig emporsteigt. Es zeigt dies die zeitweise herrschende Druckerhöhung an, die zum Aufwerfen des Druckventils erforderlich ist. Desgleichen zeigt sich im Punkte g zuweilen eine höckerartige Unterschreitung der Saugspannung, die das Aufwerfen des Saugventils andeutet. Vergl. die Fig. 5 und 6. Die wirkliche Schaufläche hat also einen erheblich größeren Inhalt als die verlustlose isothermische und einen dementsprechend höheren Arbeitsaufwand.

Fig. 5 zeigt einen drastischen Fall (von Riedler 1891 veröffentlicht). Die senkrecht schraffierte, den Mehrverbrauch darstellende Fläche beträgt 40 v. H. der weißen Fläche mit verlustloser isothermischer Kompression (p ist der Druck in der Druckleitung = 6 Atm.). Andere schlecht arbeitende ältere Kompressoren ergaben Mehrarbeiten bis 100 v. H.

Die wagerecht schraffierte Fläche (Fig. 5) läßt den Arbeitsbedarf an dieser Stelle geringer erscheinen infolge des Widergewinnens
durch Rückexpansion als in Fig. 1; dem entspricht aber auch eine
verringerte Druckluftlieferung. Würde die in der Restdruckluft des
schädlichen Raumes aufgespeicherte, durch die mechanische Arbeit der
Kompression geleistete Energie bei der Rückexpansion verlustlos wieder
an den Kolben abgegeben werden, so würde, abgesehen von den
Reibungsverlusten des Kolbens, durch diese Umwandlungen der Kraftverbrauch je Druckluftgewicht durch den schädlichen Raum nicht
beeinflußt werden.   In Wirklichkeit finden aber Energieumwandlungen
immer unter erheblichen Energieverlusten statt, insbesondere bei Umwandlung der Wärmeenergie in mechanische Arbeit.   Während dieser
Umwandlungen werden durch die gekühlten Zylinderwandungen
Wärmemengen abgeführt und gehen verloren, die durch mechanische
Arbeit, also durch einen zehnfach größeren Wärmeaufwand erzeugt
worden waren.   Der Arbeitsverbrauch je
geliefertem Druckluftgewichte zeigt sich
daher größer, je größer der schädliche
Raum ist. (Vgl. auch Nr. 13, Schlußsatz.)

Demnach ist auch aus Gründen der
Krafterparnis auf möglichste Kleinhaltung
des schädlichen Raumes
zu sehen.

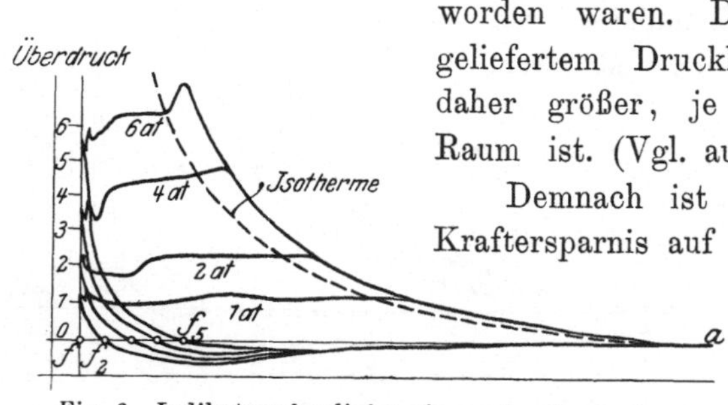

Fig, 6.   Indikatorschaulinien eines schnellaufenden
Ventilkompressors.

In Fig. 6 sind die
übereinander gezeich-
neten Schaulinien bei
verschiedenem Gegendrucke eines schnelllaufenden Ventilkompressors
zusehen und ihre Abweichung von der Isotherme.

Der theoretische Mehraufwand der tatsächlich fast adiabatisch eintretenden Kompression gegenüber der angestrebten isothermischen ist
aus der bei den Zustandsänderungen mitgeteilten Aufstellung zu ersehen.

Zur Verminderung des Kraftbedarfes ist auch auf möglichst geringe
Widerstände in den Steuerorganen zu sehen.

Um diese Widerstände beurteilen zu können, ist in die Schaulinie
außer der atmosphärischen Linie, die beim Versuch aufzuzeichnen ist,
noch nachträglich der gleichzeitig gemessene Leitungsdruck hinter dem
Druckventil einzutragen.   Ist eine bedeutende Überschreitung des
mittleren Leitungsdruckes vorhanden, so kann dies auch von der Massenwirkung der bis zur Druckventileröffnung ruhenden und nun zu be-
schleunigenden Leitungsluft herrühren.   In diesem Falle ist Abhilfe
durch Einbau eines Luftsammlers in möglichster Nähe des Kompressors
zu schaffen.   Alsdann braucht nur eine geringe Luftmenge jeweils be-

schleunigt zu werden, während die Luftsäule hinter dem Sammler in stetigem Flusse bleibt. In einem Falle konnte eine Ersparnis von 7 v. H. hierdurch erreicht werden.

Eine Indizierung des Kompressors ist daher dringend anzuraten und in bestimmten Zeiträumen zu wiederholen. An späterer Stelle (Nr. 101) soll eine Schaulinie mitgeteilt werden, die einen aus bestimmten Gründen sehr erhöhten Kraftbedarf zeigte, ohne daß an der Luftlieferung eine Änderung sich gezeigt hätte. Bei regelmäßiger Indizierung hätte dieser Fehler früher entdeckt und viel Kohle gespart werden können.

Hier muß nun noch die Frage auftauchen, warum wir trotz der geringen Erfolge der Mantelkühlung an dieser festhalten. Der Vorteil dieser Kühlung liegt in einer erhöhten Betriebssicherheit und größeren Ansaugeleistung. Dies soll später gesondert erörtert werden (vgl. Nr. 96).

23. — Der mechanische Wirkungsgrad. So wie wir den Arbeitsbedarf des Kompressors aus der an der Maschine abgenommenen Schaulinie erkennen können, so auch die Arbeitslieferung der antreibenden Dampfmaschine aus deren Indikatorlinie. Wie zu erwarten, ergibt sich (bei gleichen Maßstäben und auf gleiche Kolbenflächen umgerechnet) die Schaufläche der Dampfmaschine größer als die des Kompressors. Der Arbeitsüberschuß dient zur Deckung der unvermeidlichen Reibungsverluste in den Triebwerksteilen. Man nennt das Verhältnis der Luftschaufläche zur Dampfschaufläche den mechanischen Wirkungsgrad. Er läßt einen Schluß auf die Ausführung und den Zustand der ganzen Maschine zu. Er gestattet aber keinen Schluß auf die Güte des Kompressionsvorganges. Er könnte z. B. bei einstufiger (adiabatischer) Kompression höher sein als bei der sich als vorteilhaft erweisenden zweistufigen (fast isothermischen) Kompression (vgl. Nr. 24). Er beträgt im allgemeinen 87—93 v. H., im Mittel 90 v. H.

Der Kompressionswirkungsgrad ist hier noch zu erörtern.

Er ist das Verhältnis der verlustlosen isothermischen Schaufläche zu der wirklichen Indikatorschaufläche. Er läßt die Güte des Kompressionsvorganges selbst bzw. die Größe der Annäherung an die verlustlose isothermische Kompression erkennen. Bei zweistufiger Kompression mit Zwischenkühlung beträgt er etwa 82 v. H.

V. Stufenkompression mit Zwischenkühlung.

24. — Stufenkompression mit Zwischenkühlung zur Erzielung einer Arbeitsersparnis. Durch Kühlung der Luft im Zylinder gelingt eine merkliche Annäherung an die Isotherme nicht. Deshalb führte Riedler (1890 oder früher) Stufenkompression mit Zwischenkühlung durch, bei welcher die dem Niederdruckzylinder entströmende Luft in einem Zwischenbehälter möglichst auf die Ansaugetemperatur zurückgekühlt wird, ehe sie zum Hochdruckzylinder strömt. Fig. 7 zeigt die Grundlinien der Anordnung. Der große Niederdruckkolben A saugt durch die rechte Saugklappe Außenluft von 1 Atm. an und drückt sie auf etwa 2,45 Atm. und durch die linke Druckklappe in einen Zwischenkühler C, in dem sie durch eingespritztes kaltes Wasser auf die Ansaugetemperatur rückgekühlt wird. Aus diesem Behälter tritt die kühle Luft mit ihrer Spannung von 2,45 Atm. durch die linke Saugklappe des kleineren Hochdruckzylinders B in diesen beim Niedergang von dessen Kolben ein und wird beim Aufgang desselben auf 6 Atm. gepreßt und durch die rechte Druckklappe in die Druckleitung gestoßen.

Stufenkompression mit Zwischenkühlung wurde schon 1879 und 1885 für Hochdruckkompressoren (100 und 75 Atm.) ausgeführt zur Ermöglichung hoher Drücke. Riedler erkannte die wirtschaftliche Bedeutung solcher Betriebsweise und seine Erfolge haben sie zur allgemein angewandten auch für niedere Drücke gemacht.

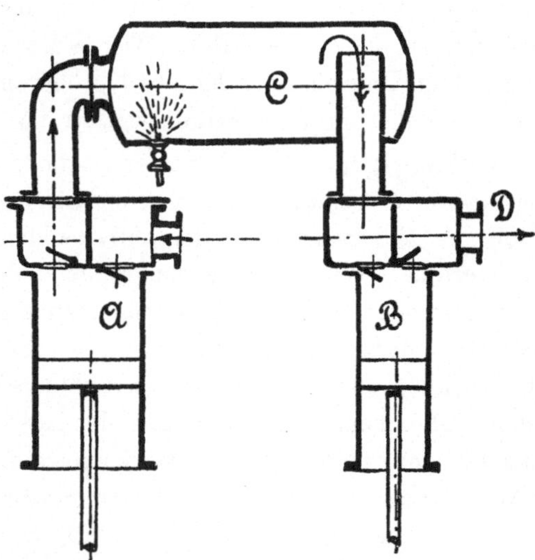

Fig. 7.   Stufenkompressor mit Zwischenkühler.

25. — Die Schaulinien für Stufenkompression. Die Wirkung dieser Zwischenkühlung zeigt sich in der für unsere Zwecke geeigneten Darstellung der Schaulinien (Fig. 8), die von den später (Fig. 9) zu zeigenden Indikatorschaulinien formlich verschieden sind. Die Pressung im Niederdruckzylinder erfolgt auch hier fast nach der Adiabate. Der Niederdruckzylinder liefert den Raum $a_1\,a_2$ heißer Druckluft in den Kühler, der Hochdruckzylinder entnimmt diesem einen auf $a\,a_2$ verkleinerten Raum Druckluft von der Ansaugetemperatur. Die Aufgabe des Zwischenkühlers ist diese Raumverkleinerung. Geschieht die Abkühlung genau bis auf die Ansaugetemperatur, dann zieht sich der Raum der Druckluft auf denjenigen zusammen, der bei isothermischer Kompression im Niederdruckzylinder erreicht worden wäre. Denken wir uns den Hochdruckzylinder von gleichem Querschnitte wie den Niederdruckzylinder, so müßten wir seinen nutzbaren Hub auf $a\,a_2$ bemessen. Es begänne dann die Kompression aus dem Punkte a mit einer Linie, die von der ursprünglichen Isotherme aus dem Anfangspunkt nicht zu sehr abweicht. Der Mehrverbrauch gegen rein isothermische Kompression ist aus den schraffierten Flächen zu erkennen, und es ist der Gewinn ersichtlich, der gegenüber der einstufigen Kompression auftritt. Diese würde als Mehrarbeit die Fläche zwischen Adiabate und Isotherme beanspruchen. Die bei Stufenkompression erzielbaren Gewinne gegenüber einstufiger Kompression bewegen sich zwischen 12—18 v. H., bei Enddrücken zwischen 5 und 8 Atm. Die erzielten Gewinne sind so beträchtlich, daß sich die höheren Anlagekosten in einem Jahre aus den Kraftersparnissen bezahlt machen. Einiges Nähere hierüber wird in dem Abschnitt „Wahl der Stufenzahl" erwähnt werden (Nr. 26).

Bei Entwicklung der theoretischen Schaulinien wurden gleicher Querschnitt und verschiedener Hub der Kolben angenommen. In Wirklichkeit werden die Hübe gleich und die Kolbenquerschnitte verschieden gemacht, Niederruck groß, Hochdruck kleiner, entsprecheud der gewünschten Teilung des gesamten Druckes. Die am Kompressor gewonnenen Indikatorschaulinien weisen daher gleiche Länge auf, und die Niederdrucklinie bewegt sich in den unteren Drücken, die Hochdrucklinie schwebt darüber

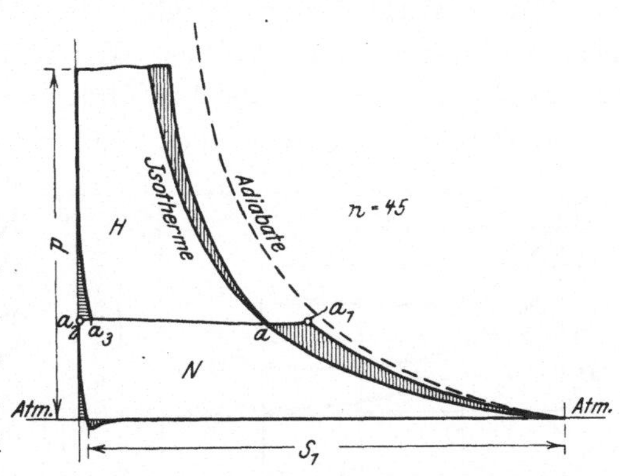

Fig. 8. Schaulinien eines Stufenkompressors.

in den höheren Drücken. In den in Fig. 9 gezeigten Schaulinien würden sich deren Flächen zum Teil decken, wenn wir sie über gleicher Grundlinie zeichnen würden. Dies kommt daher, daß bei der Indizierung des Niederdruckzylinders eine schwächere Meßfeder für die Kolbenkräfte gewählt wurde als für den Hochdruckzylinder. Dies geschieht aus folgendem Grunde: Für niedere Drücke wendet man schwächere Federn an, um deutliche Schaulinien mit großer Höhe zu bekommen. Da aber die Hubhöhe eines Indikatorkolbens mit bestimmter Größe gegeben ist, muß man dann bei hohen Drücken stärkere Belastungsfedern wählen, um den verfügbaren Hubraum des Indikatorkolbens nicht zu überschreiten. In den mitgeteilten Schaulinien ist der Höhenmaßstab der Niederdrucklinie doppelt so groß als der der Hochdrucklinie, daher das Ineinandergreifen der Schauflächen. Der Schaufläche des Hochdruckzylinders entspricht eine doppelt so große Arbeit, als der unmittelbare Vergleich mit der Schaufläche des Niederdruckzylinders erkennen läßt.

Andererseits ist die in den einzelnen Zylindern selbst geleistete Arbeit auch nach deren Kolbenquerschnitten zu berechnen, so daß der Niederdruckschaufläche ein im Verhältnis Niederdruckkolbenfläche zu Hochdruckkolbenfläche vergrößerter Arbeitswert entspricht. Dies ist zum Verständnis solcher Schaulinien zu beachten.

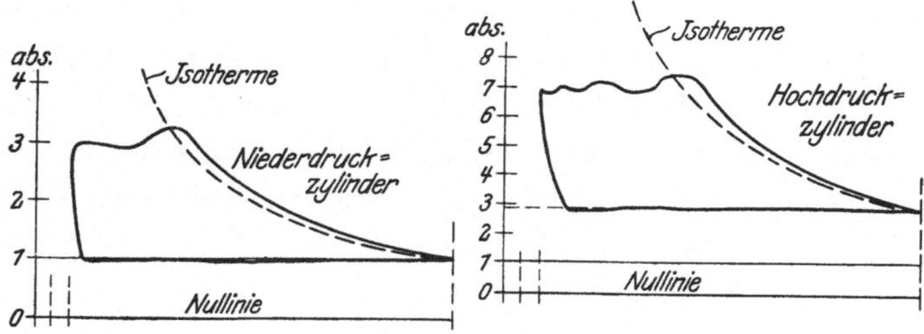

Fig. 9. Indikatorschaulinien eines Stufenkompressors.

26. — Wahl der Stufenzahl. Bei höheren Drücken ist auch eine höhere Stufenzahl wirtschaftlich. Es fragt sich aber noch, wie hoch die Stufenzahl für die üblichen Drücke bis 10 Atm. zu wählen sei. Je größer die Stufenzahl und somit die Wirksamkeit der Kühlung, desto mehr können wir die Kompressionslinie der Isotherme annähern, desto geringer wird offenbar der Kraftverbrauch in dieser Rücksicht. Nun ist aber zu bedenken, daß bei dem Überströmen der Luft aus der niederen zur nächst höheren Stufe arbeitverzehrende Luftwiderstände in den Steuerorganen und Leitungen auftreten, indem ein Teil der von der Niederdruckstufe geleisteten Druckerhöhung in diesen Widerständen verloren geht und von der höheren Stufe nochmals geleistet werden muß. Dazu kommt, daß die mechanischen Reibungsverluste einer Maschine von der Belastung der Maschine nur wenig abhängig sind, also für geringe Druckerhöhung und demnach Arbeitsleistung in den einzelnen Stufen bei geringerer Stufenleistung verhältnismäßig größer werden.

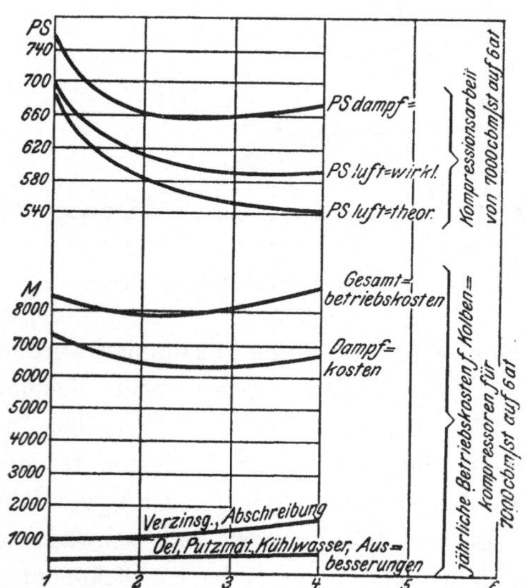

Fig. 10. Kraftverbrauch und Betriebskosten bei verschiedenstufiger Kompression auf 6 Atm. Überdr.

Eine rechnerische Verfolgung dieser Einflüsse führt zu dem Ergebnis, daß der wirkliche Kraftbedarf bei zweistufiger Kompression von

2 Atm. abs. Enddruck ab geringer ist als bei einstufiger und von 4,5 Atm. ab der wirkliche Kraftbedarf dreistufiger Kompression geringer als der zweistufiger ist.

Es wäre jedoch unwirtschaftlich, schon in der Nähe dieser Drücke die höhere Stufenzahl zu wählen, da etwaige Ersparnisse an Kraft völlig aufgefressen werden durch die höheren Kosten für Schmierung, Verzinsung und Amortisation des höheren Anlagewertes. — Es hat sich in Rücksicht auf diese Kosten als praktisch erwiesen, bei Drücken über 4 Atm. abs. zweistufig zu komprimieren, während dreistufige Kompression wohl erst bei Drücken von etwa 15 Atm. ab in Frage kommt.

In Fig. 10 seien noch einige interessante Schaulinien von E. W. Köster mitgeteilt. Sie stellen nach dessen Berechnungen die Verhältnisse für einen Enddruck von 7 Atm. abs. und eine Leistung von 7000 cbm/st dar. Die Zahlen auf der Wagerechten geben die Stufenzahl. Auf den Höhen sind übereinander verschiedene Werte abgetragen. Oben die Zahl der unter verschiedenen Voraussetzungen nötigen P. S., in der Mitte die gesamten Betriebskosten, die sich zusammensetzen aus den Dampfkosten und den übrigen unten angegebenen Einzelbetriebskosten. Man ersieht, daß ein günstiger Kraftverbrauch bei etwa dreistufiger Kompression, der wirtschaftlich günstigste Wert aber bei zweistufiger Kompression eintritt.

Bei verschiedenen Enddrücken können die Kraftersparnisse der zweistufigen Kompression etwa gesetzt werden:

Enddruck $p =$	5	6	7	8	abs.
Ersparnisse % =	⌠11,5	13,5	15	16	nach Köster, Frankfurt a. M.
	⌡10,5	12,2	14,4	16	„ Dampfkesselüberwachungsverein Essen.

VI. Kraftübertragung durch Druckluft.

27. — Höhe des Luftdruckes bei Kraftübertragung. Die Druckluft wird an einer Stelle aus mechanischer Arbeit erzeugt, an einer anderen Stelle aus ihr mechanische Arbeit. Sie ist ein Mittel zur Kraftübertragung. Würden die hierbei auftretenden Energieumwandlungen verlustlos verlaufen, dann wäre die Höhe des Luftdruckes zunächst ohne Bedeutung, und das wirtschaftliche Ergebnis würde nur durch die Höhe der Anlagekosten bedingt. Diese stellen sich aber bei hohem Luftdrucke geringer. Die Kosten der Antriebsmaschinen werden vom Luftdruck wenig beeinflußt, desgleichen die der Kompressoren und Luftmotoren. Eine wesentliche Ersparnis aber gewähren die Druckluftleitungen, die bei Leitung derselben Energie bei hohem Luftdruck von kleinerem Durchmesser und somit billiger werden. Dieser Einfluß ist bei langen Leitungen ausschlaggebend.

Die Voraussetzung der verlustlosen Energieumwandlung trifft aber für die Luftmaschine nicht zu. Wir haben früher erkannt, daß die Druckluft etwa mit der Ansaugetemperatur in den Luftmotor eintritt. Würden wir nun diese Luftmaschine mit kleiner Luftfüllung und großer Expansion arbeiten lassen, so würde die Temperatur der expandierenden Luft etwa in der Weise fallen, wie sie beim Komprimieren steigt. Es ließen sich diese Temperaturen nach der unter „adiabatischer Kompression" (Nr. 8) mitgeteilten Formel berechnen. Für $p = 6$ Atm. und 15^0 Anfangstemperatur ergäbe sich bei Expansion bis auf 1 Atm. eine Temperatur von etwa $— 100^0$ C. Tatsächlich würde allerdings diese Temperatur nicht ganz erreicht werden, da Wärmeüberströmung aus der jetzt höher temperierten äußeren Luft nach dem Luftzylinder stattfindet. Nun würden diese tiefen Temperaturen an sich nicht hindernd sein für die Ausführung der Expansion. Da aber sowohl die Luft im Zylinder als auch die das Auspuffrohr umgebende Luft Wasserdampf enthält, so führt die tiefe Temperatur zu Eisbildung in den Auslaßwegen des Zylinders, so daß der Betrieb bald durch gänzliche Verstopfung des Auslasses unterbrochen wird. Daher können solche Motoren nicht mit weitgehender Expansion betrieben werden. Laufen sie aber mit Vollfüllung, so geht bei der Kraftübertragung derjenige Teil der Arbeit völlig verloren, der auf die eigentliche Kompression verwendet wurde, und nur derjenige Teil wird übertragen, der der Ausschubarbeit der fertigen Druckluft entspricht. In unserem Fig. 1 wäre also $a\,d\,h$ die verloren gehende, $d\,e\,f\,h$ die übertragene Arbeit. Man erkennt, daß die verlorene Arbeit desto größer wird, je höher der Druck der Arbeit übertragenden Luft gewählt wird. In Rücksicht auf diese Erscheinung empfiehlt sich ein geringer Luftdruck.

Als wirtschaftlich günstiger Luftdruck hat sich für verschiedene Verwendungszwecke ein solcher von etwa 6 Atm. abs. eingebürgert. Für einen solchen ist der Wirkungsgrad bei Fernübertragung etwa: bei Halbfüllung 30 v. H., bei Vollfüllung, also im Bergwerksbetrieb $=$ 15 v. H. Zum Vergleich sei angeführt: elektrische Kraftübertragung etwa 70 v. H. Der hier angestellte Vergleich ist nicht ganz zutreffend, da in den Luftmotoren eine geringe Expansion bis zur Temperatur Null etwa zugelassen werden kann. Vgl. hierzu Nr. 75.

28. — Verluste in der Druckleitung. Diese hängen von der Länge der Leitung, der Luftgeschwindigkeit, dem Rohrdurchmesser und dem Zustand der Dichtungen ab. Sie scheiden sich in Druck- und Mengeverluste. Für Schachtleitungen sind wenig Versuchswerte bekannt geworden.

Als Druckverlust werden für Bergwerksbetrieb bei 6 Atm. Anfangsspannung 2—3 Atm. angegeben (Glückauf 03, S. 952). Dies ist auffallend viel und stimmt mit anderen Erfahrungen nicht überein. Der niedere Luftdruck vor der Bohrmaschine wird wohl darauf zurückzuführen sein, daß der Kompressor in der Luftlieferung mit dem Luftverbrauch der Maschinen nicht Schritt halten konnte, so daß zur Zeit der Beobachtung des niederen Luftdruckes auch hinter dem Kompressor ein niederer Druck vorhanden war.

Mangels anderer Zahlen seien daher die der Pariser Druckluftanlage (1891) mitgeteilt. Danach ist der Druckverlust sehr gering, und zwar bei einer mittleren Luftgeschwindigkeit von 6,5 m/sek. und einem Rohrdurchmesser von 300 mm $= 0,05$ Atm. je Kilometer Leitungslänge und die Mengeverluste $= 3$ v. H. bei 16 km Leitungslänge. Zur Erreichung geringen Druckverlustes soll die Leitung möglichst geradlinig verlegt und die Luftgeschwindigkeit nicht zu groß werden. Zur Verminderung der Mengeverluste ist die Leitung gut zu dichten und dauernd in diesem Zustand zu halten.

Neben diesen Verlusten haben wir auch an die Wärmeverluste der Druckleitung zu denken. Wir suchten sie durch mehrstufige Kompression mit Zwischenkühlung auszuschalten; aber es ist zu beachten, daß die Luft aus dem Hochdruckzylinder doch mit einer durch Arbeitsaufwand erworbenen Temperatur austritt, die um etwa 100^0 höher ist als die Ansaugetemperatur, und daß diese Wärme in langer Druckleitung verloren geht.

In der Z. d. Ing. 1892, S. 621 stellt H. Lorenz die zurzeit bekannt gewordenen Versuche zusammen. Darnach wächst der Druckverlust mit dem Quadrate der Strömungsgeschwindigkeit und nimmt mit wachsendem Rohrdurchmesser ab. Lorenz leitet aus den Versuchen eine wenig handliche Formel für den Druckverlust ab.

VII. Ausrüstung der Luftleitungen.

29. — Luftsammler in der Druckleitung. Ein solcher ist immer zu empfehlen, um ein gleichmäßiges Strömen der Luft in der hinter dem Sammler liegenden langen Leitung zu erreichen. Der Sammler soll möglichst nahe am Kompressor stehen und durch eine weite Leitung mit ihm verbunden sein. Er dient auch zum Ausgleich der Luftverbrauchsschwankungen, wie sie bei Bohrmaschinenbetrieb immer vorkommen. Soll dieser Ausgleich wirksam sein, so müssen freilich die Sammler große Räume aufweisen. Auf Gruben verwendet man gerne alte Dampfkessel zu Sammlern. Häufig wird der Raum des Sammlers gleich der minutlichen Ansaugeleistung gemacht.

Im Sammler scheidet sich immer Wasser ab, da die Luft im Sammler abgekühlt wird. Desgleichen scheidet sich aus dem

Kompressor mitgerissenes Öl ab. Daher ist er mit einem Ablaßhahn auszustatten. Er erhält häufig ein Sicherheitsventil und einen Druckmesser; ferner sind größere Kessel mit einem Mannloche, kleinere mit Handlöchern zu versehen. Die Möglichkeit, den Kessel zu reinigen, ist von großer Wichtigkeit für die Sicherheit des Betriebes. Ferner ist ein Auslaßstutzen mit Absperrventil für die Luft und ein Einlaßstutzen vorhanden.

30. — Explosionen an Luftsammlern. Die Anordnung der Stutzen und die durch sie bedingte Luftführung im Sammler ist von großer Bedeutung.

Es sind eine Reihe von Kompressorexplosionen bekannt geworden, die sich auf den Windkessel fortpflanzten, diesen zertrümmerten und durch Brand und umhergeschleuderte Stücke großen Schaden und Todesfälle verursachten.

Die Heftigkeit der Sprengwirkungen lassen in einzelnen Fällen nur den Schluß zu, daß es im Windkessel zur Explosion aufgespeicherter explosibler Gemische gekommen ist. In anderen Fällen führten aus dem Windkessel austretende, längere Zeit anhaltende Flammen zu Bränden und Einäscherung der Maschinenhäuser. In letzterem Falle müssen größere Ölansammlungen im Sammler vorhanden gewesen sein, die durch Fortpflanzung einer Kompressorexplosion durch die Druckleitung nach dem Sammler in Brand gesetzt wurden und Brennstoff für längere Zeit lieferten. Wir erkennen also, daß das Ablassen des im Sammler ausgeschiedenen Schmieröles regelmäßig zu geschehen hat, so daß keine größeren Mengen sich ansammeln können. Es können sich aber noch andere feste, koks- oder pechartige Rückstände im Sammler zeigen, entstanden durch Verdichtung von Öldämpfen. Im Kompressorzylinder kann bei hohen Temperaturen das Öl verdampfen und im kühleren Sammler verdichten sich aus diesen Dämpfen die schwerer siedenden Bestandteile zu den erwähnten Rückständen. Diese können nicht abgelassen werden, sondern müssen durch Kratzen, oft Meißeln entfernt werden. Daher ist auf die Befahrbarkeit des Sammlers Wert zu legen und eine solche Reinigung regelmäßig vorzunehmen. Das Absperrventil hinter dem Sammler gestattet, diesen von der Druckleitung abzuschließen,

Wie kann nun aber die Ansammlung explosibler Gemische im Sammler verhindert werden? Zunächst wäre ein Entstehen solcher Ölgase im Kompressor zu verhindern. Das soll an späterer Stelle besprochen werden (Nr. 97). Mit der Möglichkeit der Ölverdampfung werden wir immer zu rechnen haben.

Fig. 11 gibt einen Luftsammler mit seinen Rohrleitungen, der 1890 auf einer westfälischen Grube eine verheerende Explosion und den Tod des Maschinisten verursachte (die Skizze ist nach einer Beschreibung angefertigt). Die Druckluft wurde oben auf der einen Seite zugeführt und auf der anderen Seite oben wieder abgeführt. Bei einem solchen Betriebe strömt dann die heiße Luft etwa im oberen Teile des Kessels entlang, während im unteren Teile abgekühlte schwerere Luft ruht. Diese nimmt aus der vorbeistreichenden heißen Luft durch Diffusion Ölgase auf, bis bei einer bestimmten Anreicherung ein explosibles Ölgasluftgemisch entsteht. Um solche Ansammlungen zu vermeiden, muß die Druckluft den Sammler in seinem ganzen Querschnitte durchfließen. Dies könnte in Fig. 11 erreicht werden durch tiefere Anordnung einer der Stutzen, etwa des Zuflußrohres (gestrichelt), so daß der Sammler von der Luft in seiner ganzen Fläche durchströmt wird. Noch besser wäre es, den Kessel aufzustellen, durch eine von unten

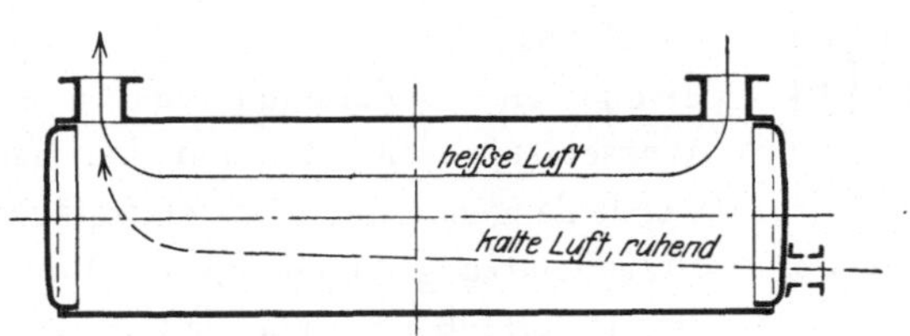

Fig. 11. Liegender Luftsammler.

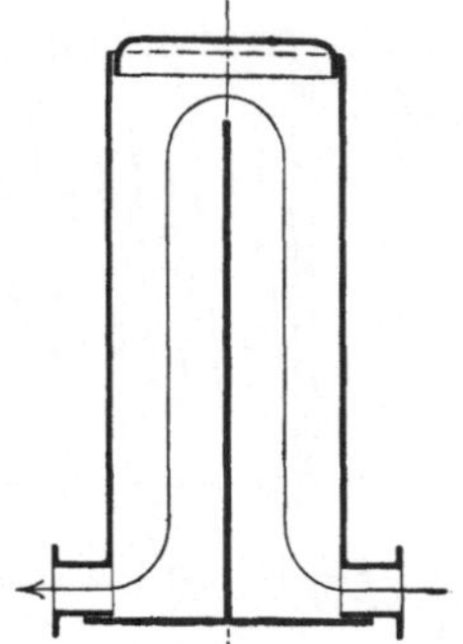
Fig. 12. Stehender Luftsammler.

bis nahe oben reichende Scheidewand in zwei Teile zu trennen, auf der einen Seite unten die Luft zu-, auf der entgegengesetzten Seite unten abzuführen. Dann werden alle Querschnitte in dauernder Strömung durchflossen — Fig. 12.

Was von dem Sammler gesagt wurde, gilt auch von der ganzen Druckleitung.

31. — Anordnung der Saugleitung. Die Saugleitung soll und kann wohl auch meistens kurz und ohne scharfe Krümmungen gehalten werden. Die Luftgeschwindigkeit im Saugrohr muß größer zugelassen werden als die im Druckrohr, um nicht allzu große Rohrdurchmesser zu erhalten. Man beachte, daß die Luft im Saugrohr den sechsfachen (bei 6 Atm. abs. Enddruck) Raum einnimmt wie die Luft im Druckrohr. Rechnen wir für die Druckleitung 6,5 m/sek. und für die Saugleitung 13 m/sek., so müßte der Querschnitt der Saugleitung gleich dreimal dem Querschnitt der Druckleitung gemacht werden. An anderer Stelle wird nur der zweifache Querschnitt angegeben.

Die Widerstände in der Saugleitung erhöhen zunächst den Kraftbedarf, in dem die Saugspannung mehr unter die atmosphärische Linie tritt und die Arbeitsfläche größer wird (vgl. Fig. 2). Die schädliche Einwirkung dieser Saugspannung zeigt sich aber noch in einer Verkleinerung des Raumwirkungsgrades. Der Punkt a_2 Fig. 2 fällt mehr nach links, wenn die Anfangsspannung im Punkte a_1 kleiner wird. Die Anlage wird also schlechter ausgenützt. Es empfiehlt sich daher, an der Saugleitung nicht zu sparen.

32. — Filter in der Saugleitung. Mit der Außenluft wird leicht Staub oder gar Sand angesaugt. Solche Verunreinigungen wirken zerstörend auf die Kolbenlauffläche. Daher ist in die Saugleitung ein Luftfilter einzubauen. Dieser besteht aus einem Tuch aus besonders zubereitetem Baumwollengewebe von großer Oberfläche, durch welches die Luft streichen muß. Damit der Widerstand der Filterfläche nicht zu groß werde, ist eine entsprechend große Oberfläche zu wählen. Die Firma K. & Th. Möller, Brackwerde, bemißt die Filterfläche so, daß bei gereinigter Fläche ein Widerstand von 1 mm Wassersäule eintritt, und bei nach wochenlangem Betriebe eintretender Verschmutzung steigt dieser Widerstand auf 6—8 mm Wassersäule.

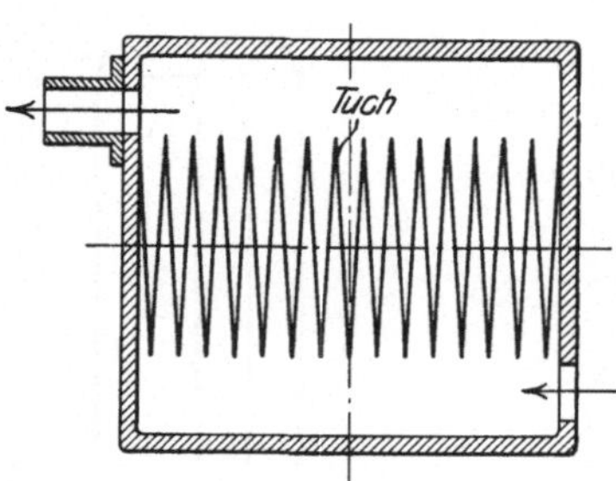

Fig. 13. Schema eines Luftfilters.

Fig. 13 zeigt, wie eine solche große Fläche durch taschenartige Faltung in kleinem Raume untergebracht werden kann. Die einzelnen Taschen müssen durch Rahmen in ihrer Lage gehalten werden, so daß sie sich nicht gegeneinanderlegen und so ihre Fläche verkleinern können.

Fig. 14 zeigt einen Gestelltaschenfilter der Firma K. & Th. Möller, Brackwerde i. W. Die Taschen F sind in senkrechten Ebenen angeordnet. Sie sind senkrecht durch den stehenden Holzrahmen A gesteckt und lagern hinten auf einem Querholz K, das mit Abstandsbolzen L versehen ist. Zwischen je zwei Bolzen sitzt eine Tasche. Vorn sitzen die Taschen zwischen je zwei gitterförmigen Taschenleisten C, die im Hauptrahmen A befestigt sind. Außer dieser seitlichen Lagerung bedürfen die Tuchtaschen eines senkrechten Haltes. Deshalb wird zwischen je eine Tasche ein Holzrahmen G eingeschoben, der zur Bildung einer Halt gewährenden Fläche mit wagerechten Querleisten versehen ist. Diese Rahmen stützen sich hinten auf die Stützleiste K, vorn auf die untere Leiste E eines vorderen mit dem Hauptrahmen verbundenen Rahmens. Sie werden bis in die Tiefe der Tasche vorgeschoben, halten die Taschen in ihrer Lage und spannen das Filtertuch. Durch Vorbewegen der Spannleisten H mit Hilfe des Schraubentriebes J werden die Taschen gespannt. Bei neuem Tuche ist ein gelegentliches Nachspannen erforderlich. Der Hauptrahmen A wird mit Schrauben B an eine gemauerte oder aus Brettern gebildete Wand angeschlossen, die nach vorn in die Saugleitung übergeht.

Die Taschen sind in der Rahmenebene A offen, hinten geschlossen. Die Luft durchströmt den Filter von der Außenseite der Taschen her und tritt durch die Rahmenfläche A gereinigt in die Saugleitung. Der Staub setzt sich an die Außenflächen der Taschen, so daß er ungehindert abfallen kann. Nach wochenlangem Betriebe wird das Tuch durch Abklopfen und Bürsten gereinigt: nach Monaten muß es heraus-

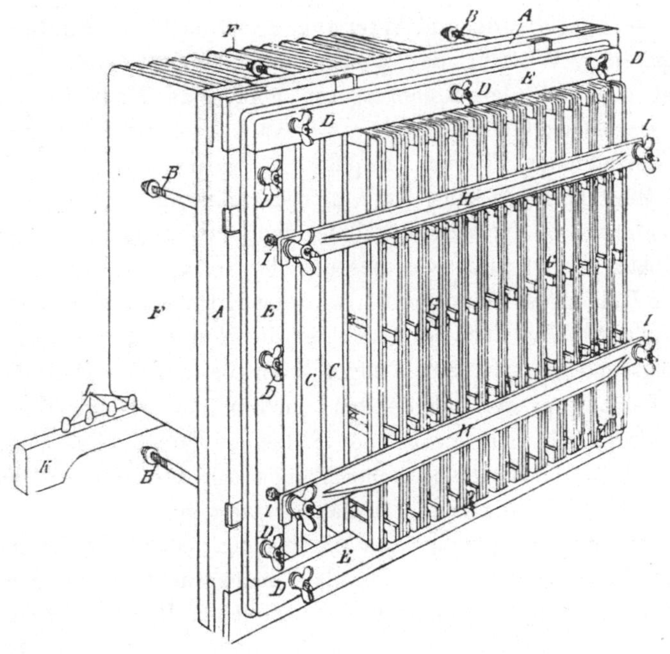

Fig. 14. Gestelltaschenfilter von K. u. Th. Möller, Brackwede i. W.

genommen und durch Ausklopfen gründlich gereinigt werden. Nach Jahren kann auch eine chemische Reinigung erforderlich werden. Ist diese zu gewärtigen, so ist beizeiten ein Ersatztuch zu beschaffen, um Betriebsunterbrechung zu vermeiden.

Beim Einbau ist zu beachten, daß die Taschen in vertikaler Ebene liegen müssen, damit der Staub leicht abfalle. Zum Zwecke der Reinigung usw. soll der Filter sowohl von der Staubluft als auch von der Reinluftseite zugänglich sein; insbesondere muß auf der Rahmenseite A Platz zum Herausziehen der Taschengestelle G vorhanden sein.

Die Filterkammern müssen trocken liegen und zuverlässig entwässert werden können. Der vor dem Rahmen A liegende Reinluftraum muß luftdicht abgeschlossen sein. Das gilt auch für die Türen, die den Rahmen von außen zugänglich machen.

Die freie Filterfläche (abzüglich der überdeckenden Holzflächen) beträgt je Kubikmeter Luft/stunde 0,03—0,01 qm.

Die Kosten eines solchen Filters sind 0,10 $\mathcal{M}$ je Kubikmeter Luft/Stunde für größere Anlagen und können für kleine Anlagen bis 0,70 $\mathcal{M}$ Kubikmeter/Stunde steigen.

VIII. Die Kühlung der Kolbenkompressoren.

33. — Ausführung und Wirkung der Oberflächenkühlung. Die kraftersparende Wirkung der Zwischenkühlung ist bereits dargelegt. Es findet aber bei den Kompressoren noch eine Mantelkühlung und vielfach eine Deckelkühlung statt. Als Kühlmittel dient kaltes Wasser, das die betreffenden Flächen umspült.

Die Mantelkühlung kann den Kraftbedarf bis um 5 v. H. verringern, indem dadurch die Kompressionslinie doch etwas auf die Innenseite der Adiabate verlegt wird, wie dies aus den Schaulinien ersichtlich ist. Bei hohen Kolbengeschwindigkeiten wird der Kraftbedarf aber nicht merklich beeinflußt. Und doch ist auch hier die Mantelkühlung von größter Bedeutung, und zwar für einen ungestörten Verlauf des Betriebes. Sie hält die Temperatur der Zylinderwand niedrig und erleichtert bzw. verbilligt dadurch die Schmierung der Kolbenlauffläche. Das ungünstige Verhalten des Schmieröles bei hoher Temperatur soll in einem späteren Abschnitt (Nr. 96) eingehender behandelt werden.

Die Deckelkühlung kommt zur Ausführung, sobald die Deckelfläche nicht zur Unterbringung von Ventilen beansprucht wird. Sie wirkt hauptsächlich durch Kühlung der im schädlichen Raume verbleibenden Restluft, so daß die Rückexpansionslinie steiler abfällt und so schon äußerlich ein größerer Raumwirkungsgrad erkennbar wird. Sie verhindert ferner im Verein mit der Mantelkühlung die Erwärmung der Ansaugeluft beim Vorbeistreifen an den Zylinderflächen. Es wird somit das angesaugte Luftgewicht, also der Lieferungsgrad, vergrößert und der Kraftbedarf je angesaugtes Luftgewicht verringert. Wie früher erörtert, kommt diese günstige Wirkung in den Schaulinien nicht zum Ausdruck.

34. — Der Zwischenkühler. Der Zwischenkühler wird als geschlossener Röhrenkühler ausgeführt. Zur Erreichung einer großen und wirksamen Kühloberfläche werden enge, dünnwandige Messingröhren verwendet (25—30 mm Durchmesser und 1—1,5 mm Wandstärke). Zwei gelochte Böden eines gußeisernen oder bei größeren Ausführungen schmiedeeisernen Zylinders werden durch Röhren miteinander verbunden. Diese

Böden bilden die Wand je einer Wasserkammer, durch welche das
Kühlwasser zugeführt und auf die Röhren verteilt wird. Die Luft
umspült die Röhren von außen. Luft und Kühlwasser werden im

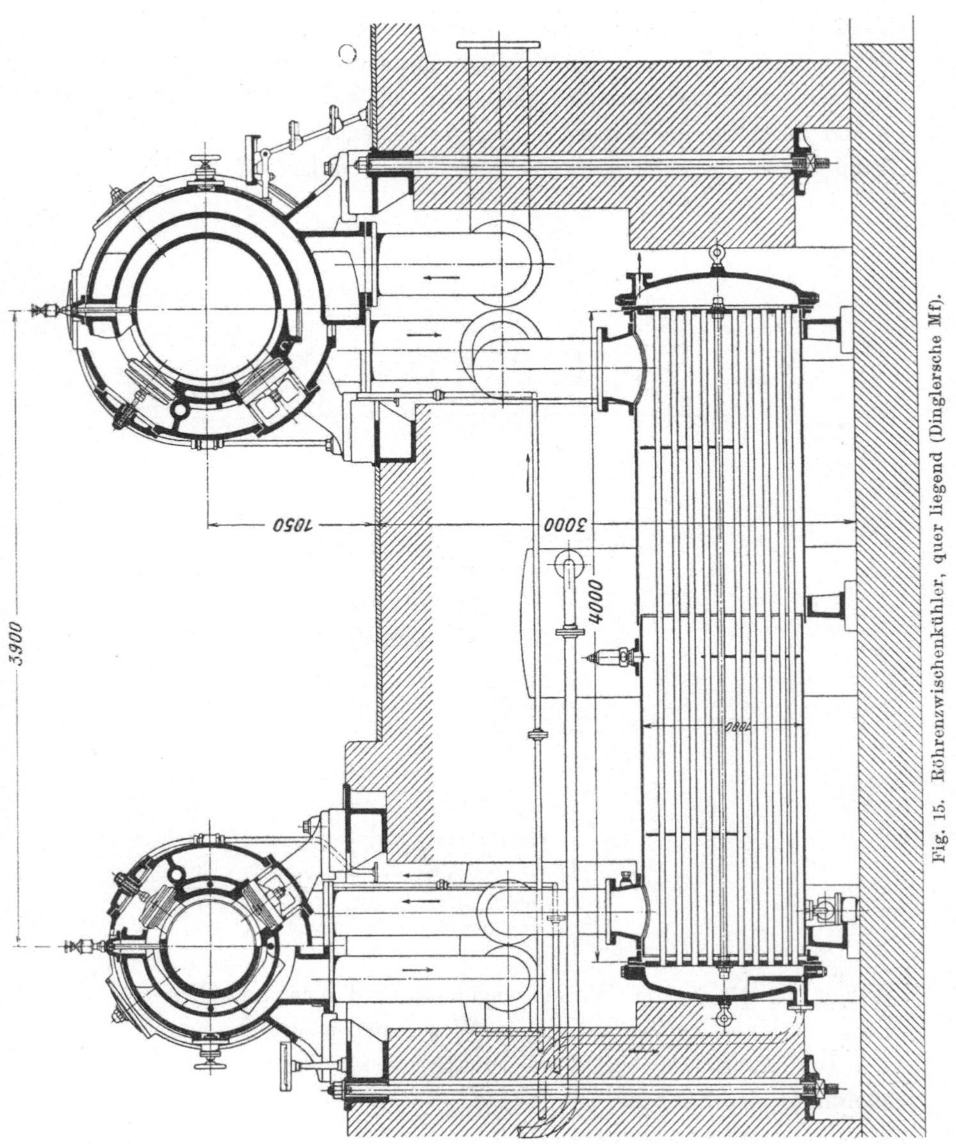

Fig. 15. Röhrenzwischenkühler, quer liegend (Dinglersche Mf).

Gegenstrom geführt. In Fig. 15 tritt die heiße Luft von rechts aus
dem Niederdruckzylinder in den Kühler ein und verläßt ihn gekühlt
auf der linken Seite, um zum Hochdruckzylinder zu strömen. Das
kalte Wasser tritt umgekehrt auf der linken Seite in die dortige Wasser-

kammer ein, durchströmt die Röhren und tritt rechts durch die Wasserkammer erwärmt wieder aus. Die Luft wird durch eingebaute Führungs-
wände schlangenförmig durch den Kühler geleitet, so daß sie meist
senkrecht gegen die Kühlfläche der Röhren stößt und alle Teile der
Kühlfläche gleichmäßig bestreicht. Beim Gegenstrom kommt das kälteste
Wasser mit schon vorgekühlter Luft zusammen und kann sie fast bis
auf seine Eintrittstemperatur abkühlen; im weiteren Verlauf tritt das
schon vorgewärmte Wasser mit der heißesten Luft in Berührung und
kann durch sie hoch erwärmt den Kühler verlassen, so daß es im

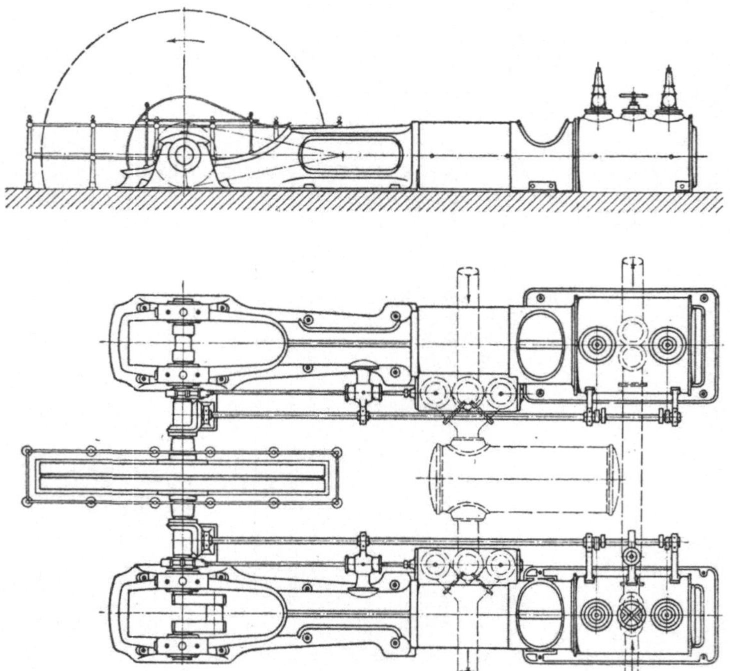

Fig. 16. Zwischenkühler, parallel liegend.

Kühler in günstigster Weise ausgenützt und eine tiefe Kühlung der
Luft mit einer möglichst geringen Wassermenge erreicht wird.

Die Anordnung des Zwischenkühlers ist je nach der Gesamtanordnung der Zylinder verschieden.

Bei hintereinanderliegenden Luftzylindern, sowie bei den in besonderem Abschnitte (Nr. 74, Fig. 65) zu besprechendenEinzylinderstufen-
kompressoren liegt der Zwischenkühler meist parallel der Maschinenachse über, bei größeren Ausführungen auch unter und neben den
Zylindern. Bei nebeneinanderliegenden Luftzylindern und kleinen Ausführungen liegt der Kühler die Zylinder verbindend quer zur Maschinen-

achse, bei größeren Längen des Kühlers parallel zwischen den Zylindern. Fig. 15 zeigt den ersten Fall, Fig. 16 den zweiten, desgleichen Fig. 58 u. 61. Bei stehenden Kompressoren wird der Kühler seitlich vom Zylinder angebracht oder die alsdann von Luft durchflossenen Kühlröhren schlangenförmig um den Zylinder gelegt und durch Wasser, das einen äußeren offenen Mantel durchströmt, gekühlt. Vergleiche dazu die spätere Fig. 55. Bei kleineren marktgängigen Kompressoren wird der Kühler auch in dem besonders ausgebildeten Fundamentrahmen untergebracht.

Die Lagerung des Kühlers oberhalb der Zylinder dürfte im allgemeinen vorzuziehen sein, da der Kühler dann besser zugänglich ist. Dies ist für die nötige Reinigung der Röhren von Kesselstein beziehungsweise Schlamm und von Öl vorteilhaft; auch wird das Fundament durch die Grube zur Aufnahme des Kühlers nicht zerschnitten.

35. — Größe der Kühlfläche und des Kühlwasserbedarfes. Auftretende Lufttemperaturen. Die Größe der ausgeführten Kühloberfläche schwankt beträchtlich. Auf 1 qm Kühlfläche kommen 50—100 cbm Luft/stunde. Demnach für 1 cbm/stunde ist die Kühlfläche 0,02—0,01 qm zu wählen.

Die Größe der Kühler in Durchmesser oder Länge ist oft bedeutend; z. B.: für 6000 cbm Luft/stunde und rund 96 qm Kühlfläche mit 120 Messingröhren 34 mm Durchmesser, 2 mm Wandstärke, 8 m Länge und 850 mm Kesseldurchmesser. Oder: für 5000 cbm/st 50 qm Fläche 336 Stück 2 m lange Messingröhren (25/23 mm Durchmesser).

Die wechselnden Temperaturen bedingen Längenänderungen der Kühlrohre. Um diese gefahrlos zu gestatten, werden die Kühlröhren (von Borsig) nur in den einen Rohrboden fest eingewalzt, in dem anderen stopfbüchsenartig geführt.

Die Maschinenfabrik Zwickau führt Röhrenkühler mit ausziehbarem Röhrenbündel aus, zwecks leichterer Reinigung von Öl, das die Wärmeübertragung hindert.

Ein Zwischenkühler von Hilpert hat ein Rohrbündel, das sich nach einer Seite frei ausdehnen kann.

Der Kühlwasserverbrauch wird recht verschieden angegeben. Er wird desto größer, je höher die Temperatur des zufließenden Wassers und der Kompressionsenddruck ist und je wirksamer gekühlt werden soll. Die Temperatur des Kühlwassers kann mit 10—15° C angenommen werden; die Temperatur des abfließenden Warmwassers mit 20—35°. Die Ansaugetemperatur der Luft wird im Mittel 15° sein. Hinter dem Niederdruckzylinder beträgt sie 100—110°, wird auf 25—30° zurückgekühlt und beträgt hinter dem Hochdruckzylinder wieder

100—120⁰ (bei etwa 6 Atm. abs Enddruck). Bei kühlungsloser adiabatischer Kompression würde sie etwa 220⁰ hinter dem Hochdruckzylinder sein.

Folgende Tabelle kann einen ungefähren Anhalt für den Kühlwasserverbrauch geben. Davon entfallen etwa 2/3 auf die Zwischenkühlung und ein Drittel auf Mantelkühlung.

Enddruck Atm. abs. 3   5   6   9
Wasser in vom Hundert des angesaugten Luftraumes 0,15 0,18 0,2 0,4

Andere Quellen geben das Zwei- bis Dreifache dieser Werte an.

36. — Kühlung durch die Außenluft. Bei Kühlwasserknappheit ist das vorhandene Wasser zur Mantelkühlung zu benutzen. Eine geringe

Fig. 17. Rippenzwischenkühler eines Einzylinderstufenkompressors der Zwickauer
Maschinenfabrik.

Zwischenkühlung kann dann bei Stufenkompression dadurch erzielt werden, daß die Überleitung vom Niederdruckzylinder zum Hochdruckzylinder als Rippenkühler ausgebildet wird, der durch die umgebende Luft eine Kühlung erfährt. Eine nicht unbeträchtliche Kühlwirkung kann auch in einfach wirkenden einseitig offenen Zylindern stattfinden (Fig. 1), indem beim Linksgange des Kolbens die innere heiße Zylinderwand mit der kühlenden Außenluft in Verbindung tritt. Diese Anordnung ist bei Kühlwassermangel immer zu empfehlen. Alsdann hat auch der Kühlwassermantel zu entfallen, so daß die kühlende Außenluft unmittelbar auch mit der äußeren Wand des Kompressorzylinders in Verbindung tritt. Eine ähnliche Kühlwirkung tritt ein bei den offenen Kolben der Einzylinderstufen-Kompressoren, die daneben auf die übrigen Kühlmittel nicht verzichten (Fig. 65).

Fig. 17 zeigt die äußere Ansicht eines Einzylinderstufen-Kompressors mit Rippenzwischenkühler (Zwickauer Maschinenfabrik).

37. — Die Mischkühlung bei nassen und halbnassen Kompressoren. Bei den besprochenen Kühlverfahren kam die Luft und das Kühlwasser nicht in unmittelbare Berührung, sondern der Wärmeaustausch fand durch Metallwände hindurch statt. Es kann aber auch eine unmittelbare Berührung stattfinden durch Einbringen des Kühlwassers in den Zylinder. Dies geschieht bei den „nassen Kompressoren“ und bei den „Einspritzkompressoren auch halbnasse“ genannt. Die bisher erwähnten waren „trockene Kompressoren“.

Fig. 3 zeigte einen nassen Kompressor. Derselbe ist schon früher beschrieben. Der Wasserinhalt hatte neben der Aufgabe, den schädlichen Raum zu vernichten, die fernere, die Kompressionswärme der Luft aufzunehmen. Bei den geringen Drehzahlen solcher Kompressoren konnte eine genügende Kühlwirkung wohl eintreten, im übrigen war die Art der Kühlung mittelst einer ungeteilten Wassermasse so ungeeignet wie möglich. Dies würde sich bei höheren Drehzahlen, wenn solche möglich gewesen wären, bald gezeigt haben. Auch war die Kühlwassererneuerung mangelhaft.

Die halbnassen oder Einspritzkompressoren suchten eine .wirksame Kühlung durch feine Verteilung des eingeführten Wassers zu erreichen. Es wird eine besondere Druckpumpe notwendig, die das Wasser mit einem etwas höheren als dem Kompressionsdrucke in den Zylinder führt. Die Kühlung ist während der Zeit der Kompression erforderlich. Bei ungesteuerter Einspritzung tritt aber gerade während der Kompression weniger, während des Ansaugens mehr Wasser in den Zylinder. Eine Steuerung der Einspritzung macht die Maschine verwickelter. Dann sind Einrichtungen nötig zur feinen Verspritzung des Wassers. Diese führen aber als empfindliche Teile zu Betriebsstörungen, indem sie sich durch Unreinlichkeiten, Rost oder Kesselstein verstopfen. Diese Verunreinigungen führen auch einen raschen Verschleiß von Kolben und Zylinder sowie auch der etwaigen Steuerschieber herbei. Da zudem die Wasserfüllung höhere Drehzahlen wegen zu fürchtender Wasserschläge nicht zuläßt, hat man auch diese Bauart zu gunsten der trockenen Kompressoren verlassen.

IX. Die Luftschaltorgane.

38. — Die Luftsteuerungen im allgemeinen. Der im Zylinder hin und her laufende Kolben soll abwechselnd Luft von außen einsaugen und dann diese nach dem Druckraume stoßen. Daher muß das Zylinderinnere zu geeigneter Zeit einmal mit dem Außenraum in Verbindung treten und dabei vom Druckraume abgeschlossen sein, das andere Mal vom Saugraum abgeschlossen werden und mit dem Druckraum in Verbindung treten. Es ist dieselbe Arbeitsweise, wie sie bei den Wasserpumpen seit alters bekannt ist. Auch bei den Kompressoren können selbsttätige Ventile für die Durchschleusung der Luft durch den Zylinder verwandt werden. Etwa 50 v. H. der in Gebrauch stehenden Grubenkompressoren sind solche Ventilkompressoren. An diesen Ventilen entdeckte man aber einige Schönheitsfehler: sie erledigten ihre Aufgabe mit zuviel Geräusch; da schritt man zur Dämpfung ihrer Bewegung. Anderen mißfiel eine gewisse Widerspenstigkeit ihrer Bewegungen; da übten sie durch äußere Kräfte einen sanften Zwang auf die Ventile. Wieder anderen erschien ihre freie Bewegung unzuverlässig für die wichtige Arbeit des Ansaugens, und sie gingen zu völlig zwangsweise von außen bewegten Saugschiebern über; doch keiner konnte sie als Druckventil ganz entbehren, da nur ihre frei bewegliche Natur eine Anpassung an wechselnde Drücke ermöglicht.

X. Die Luftschaltung durch Ventile.

39. — Selbsttätige massige Ventile. Bild 18 zeigt auf der linken Seite selbsttätige im Zylinderdeckel untergebrachte federbelastete Ventile Vs und Vd. Wir betrachten die Vorgänge der linken Seite. Das Saugventil ist geöffnet, das Druckventil geschlossen. Das Saugventil öffnet sich in der Richtung der einströmenden Luft nach dem Innern des Zylinders; das Druckventil wird sich mit dem austretenden Luftstrom nach außen öffnen. Die bewegende

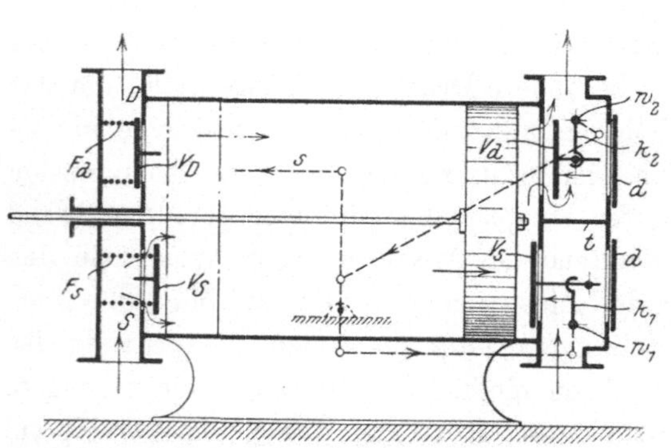

Fig. 18.   Ventilkompressor; links selbsttätige, rechts
gesteuerte Ventile.

Kraft ist jeweils der Druckunterschied zwischen außen und innen, der auf die entsprechenden Flächen des Ventils einwirkt. Daher ist in der gezeichneten Kolbenstellung das Saugventil durch den äußeren Überdruck geöffnet, das Druckventil durch den Überdruck des Druckraumes geschlossen. Ist der Kolben ganz rechts angelangt, so soll das Saugventil sich schließen. Deswegen ist das Ventil durch die Zugspannung einer Feder Fs belastet, die das Ventil auf seinen Sitz zu senken sucht. Dies gelingt am Ende des Kolbenhubes noch nicht ganz, obgleich infolge der abnehmenden Geschwindigkeit des Kolbens und somit verminderter Strömungsgeschwindigkeit der gegen das Saugventil stoßenden Luft die ventilöffnende Kraft nachläßt. Kehrt der Kolben zum Druckhube nach links um, dann schließt sich alsbald das Saugventil. Die Luft im Zylinder wird komprimiert, und in dem Augenblick, wo der Druck im Innern etwas größer geworden ist als der Druck über dem Druckventil, öffnet sich dieses, und die Druckluft wird bis Ende des Hubes ausgedrückt. Gegen Hubende nähert sich das Druckventil dem Sitze, ohne ihn aber erreichen zu können, da bis zur Kolbenendlage hin ja immer noch Luft, wenn auch mit geringerer Geschwindigkeit, ausgestoßen wird. Nach Kolbenumkehr schließt sich das Druckventil bald infolge des abnehmenden Druckes im Zylinder und der Einwirkung des Federdruckes F_d. Während dieser Zeit strömt Luft aus dem Druckraum in den Zylinder zurück. Nachdem die im schädlichen Raume befindliche Luft sich genügend ausgedehnt hat, erfolgt bei bestimmter Stellung des Kolbens das Öffnen des Saugventiles. Wir erkennen also: selbsttätige Ventile öffnen sich durch die auf ihre Flächen wirkenden Druckunterschiede in der Richtung des vordringenden Luftstromes und werden durch Rückstrom und Federbelastung geschlossen. Das eine Ventil kann sich nur öffnen, nachdem das andere geschlossen ist. Die Ventile können sich nicht bei Hubwechsel des Kolbens schließen, sondern etwas verspätet nach Kolbenumkehr.

40. — Dämpfung der Ventilbewegung. Betrachten wir noch einmal den Schluß des Druckventiles, nachdem der Kolben zum Saughub aus der linken Endstellung heraus nach rechts umgekehrt ist (punktierte Stellung). Die Federkraft, der von außen wachsende Überdruck und die aufgespeicherte Massentriebkraft bewegen das Ventil mit wachsender Geschwindigkeit gegen seinen Sitz, auf den es dann aufschlägt. Der hierbei auftretende Stoß ist desto größer, je größer die Masse des Ventiles ist, und je höher der Hub des Ventiles war, da bei höherem Hube die Aufschlagsgeschwindigkeit offenbar größer ist. Nun müssen wir aber, um einen genügend großen Durchflußquerschnitt unter dem geöffneten Ventil zu erhalten, das Ventil sich entweder hoch heben lassen oder bei erzwungenem niederen Hube den Umfang des Ventiles größer machen. Also entweder hoher Hub oder große Masse; auf jeden Fall einen Schlag. Neuerdings wählt man kleinen Hub, großen aber auf mehrere Ventile verteilten Umfang und beschränkt die Masse des Ventiles durch Anwendung ganz dünner, durch gitterartige oder ähnliche Sitze genügend gegen Durchbiegung geschützter Ventilplatten. Man mußte sich erst zu der Erkenntnis durchringen, daß auch solch dünne Ventilplatten genügende Führung und Dichtung ermöglichen.

In Verfolg einer vermeintlichen Einfachheit bemühte man sich aber lange, mit je einem massigen hochhubigen Ventile auszukommen, und bekämpfte die Ventilschläge durch Dämpfung der Schlußbewegung, indem im letzten Augenblicke dem fallenden Ventile elastische Widerstände in den Weg gestellt wurden. Nun ist aber zu bedenken, daß jede Verzögerung des Ventilschlusses eine vermehrte Druckluftrückströmung zuläßt, so daß der Lieferungsgrad sinkt. Allerdings merkt man davon wenig in den Schaulinien.

Fig. 19 zeigt ein Saugventil mit Luftpuffer. Das Ventil V ist mit dem Pufferkolben K verbunden. Dieser bewegt sich in einem sonst geschlossenen und mit Öffnungen o_1 und o_2 versehenen Zylinder. Beim Schlusse des Ventiles überläuft der Kolben die oberen Löcher o_1, und die über ihm befindliche Luft wird durch ihn zusammengepreßt und bewirkt so eine Verlangsamung der Ventilschlußbewegung und eine Dämpfung des Schlages.

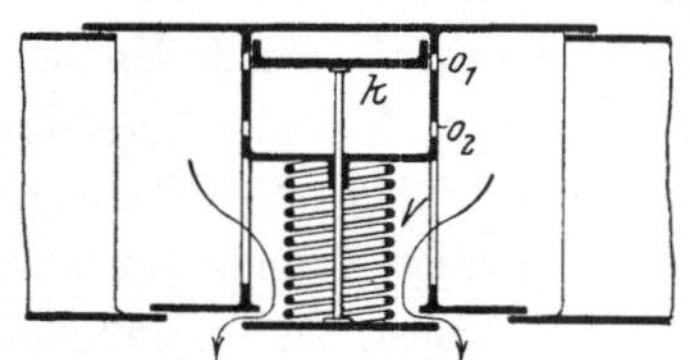

Fig. 19. Ventil mit Luftpuffer.

Diese dämpfende Wirkung wird hier auch für den Schluß der Öffnungsbewegung angewandt. Nähert sich hierbei das Ventil seinem unteren Stande, dann überfährt der Kolben die unteren Löcher o_2 und komprimiert die unter ihm befindliche Luft.

Das Öffnen des Saugventiles geschieht aus der gezeichneten Stellung heraus. Dabei muß der Kolben K in dem oberen Raume so lange einen Unterdruck erzeugen, bis die Löcher o_1 überfahren sind. Die Schlußdämpfung bedingt also erhöhte Widerstände beim Öffnen des Saugventiles. Desgleichen verzögert sich die Einleitung der Schlußbewegung des geöffneten Ventiles.

Bei anderen Ausführungen ist an Stelle der Zylinderlöcher o_1, o_2 eine Durchbohrung im Kolben K angeordnet. Dann muß während jeder Ventilbewegung die Luft der Zylinderseiten durch diese Öffnung laufen Der hierbei auftretende Widerstand ist desto größer, je größer die Geschwindigkeit des Ventiles ist, also am größten in der Schlußbewegung. Es findet hier eine dauernde Bremsung der Ventilbewegung statt. Die Ventilwiderstände sind also größer als bei ungehinderter Bewegung. Wie schädlich solche Widerstände sind, ist schon früher (Nr. 20) erörtert worden. Sie verzehren aber auch unmittelbar Kraft. Es ist ein vermehrter Kraftverbrauch von 5—10 v. H. bei Versuchen gemessen worden.

Diese Ventile müssen für eine bestimmte Drehzahl eingestellt werden. Dann schlagen sie bei geringeren Drehzahlen und schließen zu langsam bei höheren; alsdann schlechter Raumwirkungsgrad.

Sie erfordern im Betriebe eine sorgfältige Wartung, da sie sich sonst leicht festsetzen infolge der engen Führung des Pufferkolbens. Luftpufferventile werden in Deutschland schon seit Jahren kaum mehr gebaut. Sie waren bis 1903 aber sehr verbreitet.

An Stelle eines Luftpuffers verwendeten Schüchtermann & Kremer, Dortmund, einen Ölpufferkolben. Die ganze Bauart ist verwickelt. Für den Arbeitsbedarf der Ventile gilt dasselbe wie oben.

Man vergleiche einige Formen in Glückauf 1903 S. 295; Z. d. Ing. 1902 S. 1461 und Z. d. Ing. 1908 S. 1750.

Heute (1911) hat die Firma Schüchtermann & Kremer die Öl-pufferventile verlassen und baut die einfachen Ventile neuer Bauart Rogler und Hörbiger. (Vgl. Nr. 44.)

41. — Gesteuerte Ventile. Kleinhubige Ventile erfordern einen großen Sitzumfang zur Erzielung des nötigen Durchflußquerschnittes. Man erhält dann eine größere Anzahl Teller oder Ringventile. Die große Dichtungslänge solcher Ventile läßt einen großen Rückfluß der Druckluft nach dem Zylinderraum während der Zeit niederer Zylinder-spannungen vermuten. Die Vielgliedrigkeit erscheint verwickelt. Da-her ist das Bestreben wohl erklärlich, hochhubige Ventile mit geringerem Sitzumfange zu verwenden. Diese erleiden aber eine große Schluß-verspätung, das heißt sie schließen erst spät nach Kolbenumkehr, er-geben Rückfluß von Druckluft und einen schlagenden Schluß. Werden sie aber kurz vor Beendigung des Kolbenhubes durch äußere Kräfte zwangsweise dem Ventilsitz bis auf eine geringe Entfernung genähert, so kann ihr selbsttätiger Schluß kurz nach Kolbenumkehr und sanft erfolgen. Es erfordert dies aber neben richtiger Anordnung ein genaues Einstellen der Steuerung, daß nicht das Ventil zu frühe niedergedrückt werde, wodurch ein Zurückhalten von Luft unter Druckerhöhung statt-findet, also neben Kraftverlust die Einwirkung des schädlichen Raumes vergrößert wird, noch daß die Steuerung das Ventil in den Sitz hinein-zudrücken strebt, was einen Bruch eines der beteiligten Glieder her-vorrufen würde. Die richtige Steuereinstellung muß dann im Betriebe dauernd erhalten bleiben, erfordert also bei Abnützung eine Nach-stellung. Die ganze sich auf vier Ventile erstreckende Steuerung wird verwickelt. Solche Kompressoren gleichen fast Ventildampfmaschinen. Man ist auch allgemach von diesen gesteuerten Ventilen abgekommen. Sie sind insbesondere durch die Bauarten von Riedler (etwa seit 1890) allgemein bekannt geworden. Fig. 20 stellt das Saugventil eines Riedler-kompressors dar. Die Ventilspindel trägt unten einen Ansatz, welcher durch den seitlichen, durch eine Welle drehbaren Daumen im geeigneten Augenblicke erfaßt und niedergedrückt wird. Danach geht der Daumen wieder zurück und das Ventil bleibt durch den eintretenden Zylinderüberdruck geschlossen und kann bei eintretendem Saughube sich leicht öffnen. Um den Schluß der Öffnungsbewegung stoßfrei zu gestalten, ist die Ventilspindel mit einem Luftpufferkolben ausgestattet.

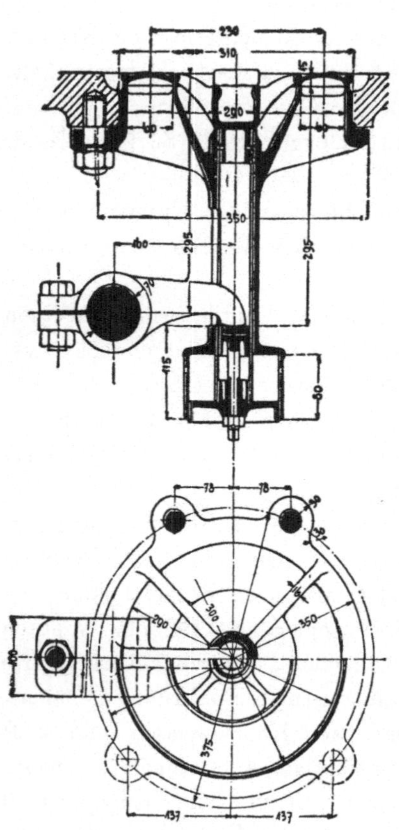

Fig. 20. Gesteuertes Saugventil
(aus v. Ihering, Gebläse).

Fig. 18 zeigte auf der rechten Seite im Deckel angeordnete gesteuerte Ventile. In den Saug- und Druckraum dringen von außen die Steuerwellen w_1 und w_2 ein. Sie werden durch das punktiert gezeichnete Gestänge, das etwa durch eine Exzenterstange s bewegt wird, schwingend bewegt. Auf diesen Steuerwellen sitzen die Knaggen K_1 und K_2, die unter Vorsprünge der Ventilspindeln greifen. Die in der gezeichneten Kolbenstellung eintretenden Bewegungen sind durch Pfeile angedeutet. Es ist zu ersehen, daß hierbei das obere Druckventil gegen seinen Sitz gedrückt wird, während das untere Saugventil durch die sich von ihrem Anschlage entfernende Knagge nicht beeinflußt wird. Nach Kolbenumkehr kehrt auch das Steuergestänge um. Das Druckventil wird von seiner Knagge freigegeben; die Knagge des Saugventiles nähert sich diesem, um es am Ende des Saughubes dem Sitze zuzuführen.

42. — Rückläufiges Druckventil von Stumpf, durch den Kompressorkolben gesteuert. Stumpf verwendet, wie viele andere, als Saugsteuerung einen zwangläufig bewegten Schieber, für die Drucksteuerung ein Ventil, das in einfachster Weise am Ende des Druckhubes durch den sich dem Deckel nähernden Kolben zwangsweise seinem Sitze genähert wird. Die Betrachtung der Fig. 18 lehrt uns, daß hier eine knifflige Aufgabe gelöst wurde. Das freigängige Druckventil öffnet sich in der Bewegungsrichtung, die der Kolben im Druckhube hat; es schließt sich also in der dem Endlauf des Kolbens entgegengesetzten Richtung. Ein Schließen des Druckventils durch den Kolben erscheint also ohne Zwischenschaltung von bewegungsumkehrenden Hebeln ausgeschlossen. Ein Mittel fand sich in der völligen Um-

kehr der natürlichen Bewegungsrichtung des Druckventils. Das deshalb
rückläufig genannte Druckventil öffnet sich in einer nach dem Zylinderinnern gerichteten Bewegung und kann daher am Ende des Druckhubes vom Kolben in nach außen gehender Bewegung geschlossen
werden.

Fig. 21 zeigt einen Teil eines Zylinderdeckels. Der sich dem
Deckel nähernde Kolben ist an den Kolbenringen und der Be-
festigungsmutter erkenntlich. Im Deckel sehen wir den Saugschieber
und daneben im Schnitt das rückläufige Druckventil. Das bewegliche
Ventil ist der innere, etwa wie ein Trompetenmundstück aussehende

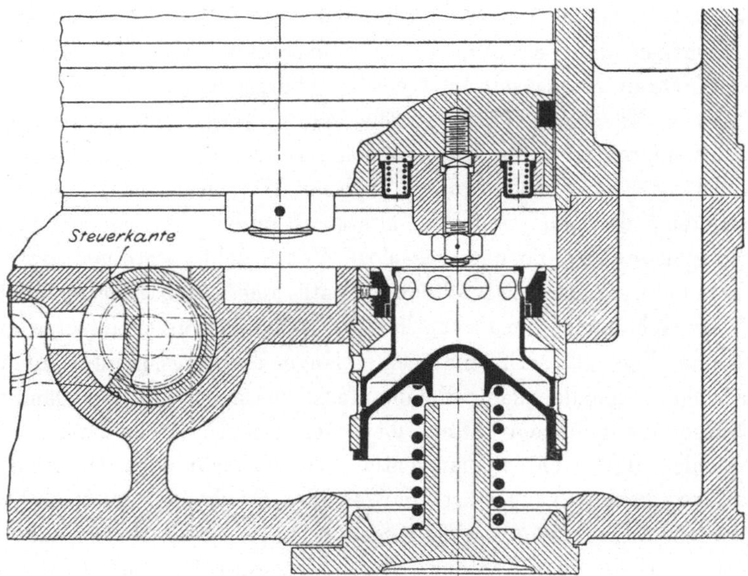

Fig. 21. Rückläufiges Druckventil von Stumpf.

Teil. Mit einem engeren und einem weiteren Zylindermantel wird es
in Bohrungen des Deckels geführt. An dem Rande des erweiterten
äußeren Teiles strömte die Druckluft während des Druckhubes durch
die Röhre des Ventils nach außen. Nähert sich der Kolben ganz dem
Deckel, dann drückt er mit einem elastischen Vorsprunge gegen den
inneren Rand der Ventilröhre und zwingt dadurch das Ventil nach
außen auf seinen Sitz. Dieses ist in unserem Bilde schon geschehen
und der Kolben nach Schluß des Druckventiles bereits zum Saughube
umgekehrt. Der kegelförmige Ventilsitz ist nicht starr im Deckel gelagert, sondern elastisch durch Federdruck, so daß kein Brechen der
Teile erfolgt, falls der Kolben das Ventil zu weit nach außen drückt.
Das Ventil hat außer der eigentlichen Ventilsitzdichtung noch eine

Kolbenschleifdichtung. Es ist also weniger einfach, als es auf den ersten Blick erscheint. Die Eröffnung des Ventils geschieht durch den Überdruck auf den stufenkolbenförmigen Teil der Ventilröhre. Vom Zylinder her drückt die Druckluft auf diese Kolbenfläche, von der anderen Seite durch eine Bohrung die Luft der Druckleitung. Der auf dieser Seite liegende Ringraum dient auch als Puffer für die Öffnungsbewegung des Ventiles. Die Dichtheit dieses Ventiles dürfte kaum besser sein als die eines vielspaltigen selbsttätigen Ventiles mit großer Dichtungslänge.

Nach den Erfahrungen der Firma Borsig arbeiten nicht zu große Ventile, wenn sie für einen bestimmten Druck und eine bestimmte Geschwindigkeit eingestellt sind, gut und ohne jedes Flattern. Ändern sich hingegen die Verhältnisse, so schlagen die Ventile. Die Firma ist seit Jahren zu masselosen Ventilen übergegangen.

43. — Masselose Ventile. Ein anderer Weg, und wie es scheint der aussichtsreichere, die Massenschläge zu vermeiden, ist, die Ventile möglichst masselos zu gestalten. Dieser Weg war nicht einfach zu beschreiten, da man, von den älteren Ventilen her kommend, Anforderungen stellte, die das masselose Ventil schlechterdings nicht erfüllen konnte. Zunächst mußte ein Ventil eine „gute Führung" haben, damit es sich immer genau auf dieselbe Stelle des Sitzes aufsetze; man vergleiche Fig. 20. Da muß eine lange Führungsspindel mit dem Ventilringe verbunden sein, die die Masse vermehrt nnd zur Dämpfung der Massenbewegung ein Pufferkolben, der wiederum neue Masse bringt. Die Erfolge der leichten Blattventile, die schlecht oder gar nicht geführt sind, haben uns gelehrt, daß es nichts schadet, daß das Ventil auf seinem Sitze kleine Verrückungen erleidet. Soll der Gedanke des schlagfrei arbeitenden Ventiles folgerichtig weiter geführt werden, so muß man zu kleinem Hub, also großem Spaltumfang bzw. großer Zahl von Einzelventilen übergehen. Hier schreckt uns die zu erwartende Undichtheit: großer Spaltumfang und dünnes blattförmiges Ventil. Die alten massigen Ventile waren fest und fein sauber am Sitze abgedreht. Das mußte wohl dichten. Das dünne Ventil wird sich verziehen und verbiegen. Gerade seine Biegsamkeit aber mag eine gute Dichtung gewährleisten. Es wird sich unter dem Überdruck der Form des Sitzes anpassen. Im übrigen läßt sich diese Frage nur aus Versuchen, die den Lieferungsgrad messen, entscheiden. Solche sind wenig bekannt geworden. Nach Messungen (1910) erwies sich der Lieferungsgrad bei etwa 7 Atm. abs. eines großen zweistufigen Kompressors mit kleinhubigen vielspaltigen Blattventilen um 7 v. H. geringer als der Raumwirkungsgrad von rund 97 v. H. Bei einem dreistufigen Kompressor mit den Meyerschen Blattventilen (Nr. 47) nur um 3 v. H.

geringer. Dies ist durch die geringeren Druckunterschiede in den einzelnen Stufen erklärlich. Bei einem zweistufigen Kösterkompressor (Nr. 59 u. 73) mit Saugschieber und einspaltigem hochhubigen Rückschlagventil ergab sich nach jahrelangem Betriebe ein Minder von 3 v. H. und nach Katalogangabe der Firma Pokorny & Wittekind (1911) wird bei solchen Kompressoren ein Minder von nur $1^1/_2$ v. H. erreicht (bei einem Raumwirkungsgrade von rund 97 v. H.).

Im folgenden sollen einige Formen aus der Menge herausgegriffen werden. Es zeigt sich ein Bestreben nach immer einfacheren Formen.

44. — Das Hörbiger-Ventil (Budapest, 1896). Dieses zuerst bekannt gewordene masselose Ventil erreicht die Verwendung einer einfachen dünnen (2—3 mm) Ventilplatte durch Vereinfachung der Führung unter Wegfall von Bolzen und Hülsen und durch einen kleinen Hub (4 bis 5 mm). Fig. 22 zeigt eine über schneidenförmig gearbeitetem Ventilsitze befindliche Ringplatte. In geringer Entfernung über derselben ist ein zweiter Ring (1,5 mm stark) angebracht. Er soll zur Dämpfung des Schlages beim Anstoßen an die obere Hubbegrenzung dienen, indem im Betriebe der Zwischenraum zwischen Ventil und Polsterscheibe mit Öl ausgefüllt ist, das beim Aufschlagen herausgepreßt wird. Auf diese Weise wird die Bewegung der gegenüber dieser Polsterscheibe massigeren Ventilscheibe gedämpft. Zur Führung des Ventils dienen drei blattartige Lenker (0,7 mm stark), die einerseits an der unteren Ventilplatte, anderseits an dem oben im Sitze befestigten Fänger vernietet sind. Sie sind so eingebaut, daß sie das Ventil nach unten drücken. Sie bilden also gleichzeitig Führungs- und Belastungsfeder. Die erreichte Verringerung der Massen gegenüber den bis dahin üblichen Ventilen ist erstaunlich.

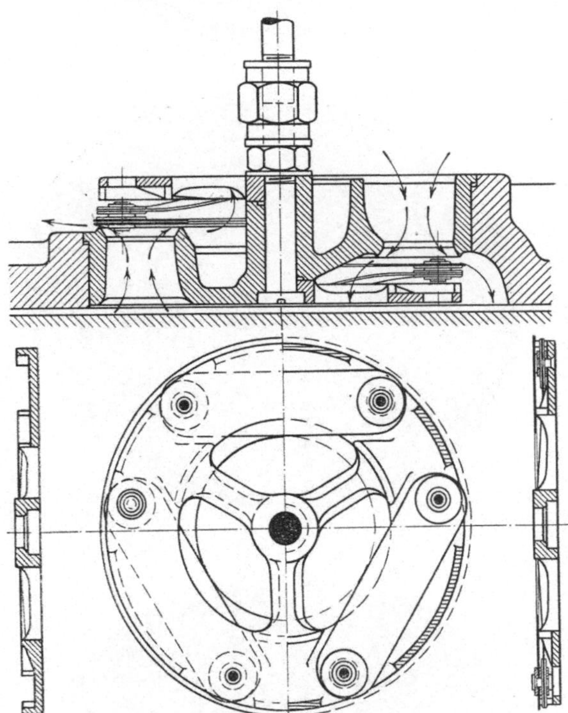

Fig. 22. Altes Hörbiger-Ventil.

Ein von der Dinglerschen Maschinenfabrik gebauter Kompressor (Fig. 58) ergab (1903): schädlicher Raum 2 v. H., Raumwirkungsgrad 96 v. H., mechanischer Wirkungsgrad 89,5 v. H. und 9,6 cbm angesaugte und auf 6,3 Atm. gedrückte Luft für 1 P. S.$_{ind}$. Die Drehzahl war 70—90/min. Das Arbeiten der Ventile war gut.

Die schneidenartige Ausbildung des Ventilsitzes ist später nicht mehr ausgeführt worden.

Eine neuere als Rogler & Hörbiger-Ventil bezeichnete Ausführung des Ventils zeigen die Fig. 23 und 24. Ein mehrspaltiger Ventilsitz B wird von einem mehrringigen Plattenventil A überdeckt. Dieses ist in der Mitte am Sitz befestigt. Der innere Ring ist durch besondere Gestaltung zum federnden Lenker ausgebildet. Eine besondere Belastungsfeder wird nicht verwendet. Als Hubfänger dient eine elastische Platte C, welche sich federnd an den festen Hubfänger D anlegt.

Es zeigt sich in dieser Entwicklung das Streben nach Vereinfachung.

Fig. 23. Rogler und Hörbiger-Ventil von Schüchtermann & Kremer, Dortmund.

Diese Form wird von der Firma Schüchtermann & Kremer in Dortmund verwendet (1911).

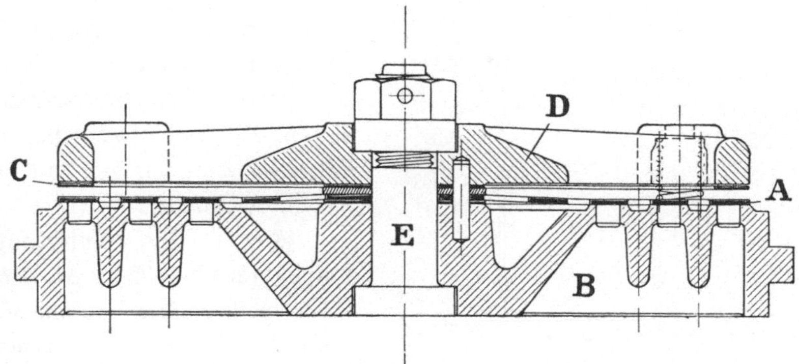

Fig. 24. Querschnitt zu Fig. 23.

45. — Das Lindemann-Ventil. Das Lindemann-Ventil (Fig. 25) (etwa 1903) bringt eine Vereinfachung des älteren Hörbiger-Ventiles. Die Polsterscheibe ist weggelassen und die Führungslenker sind mit dem stählernen Ventilring D ($^3/_4$—$1^1/_2$ mm) aus einem Stück; über dem Ventil ist eine leichte Feder E. B ist der Ventilsitz, C die über

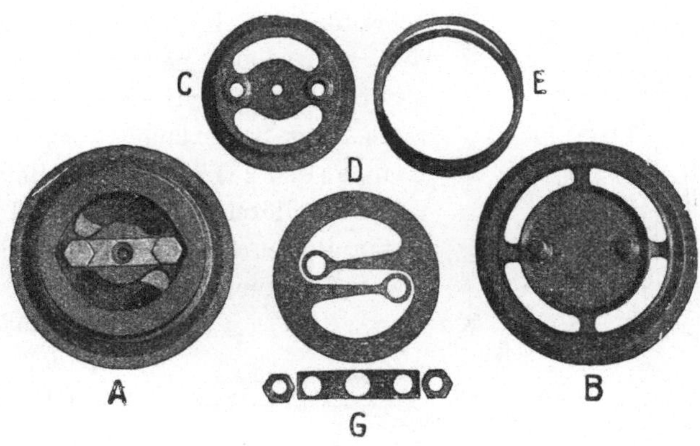

Fig. 25. Lindemann-Ventil von Borsig, Tegel.

dem Ventil befestigte Hubbegrenzung. Saug- und Druckventile sind völlig gleich, so daß eine billige Massenherstellung möglich ist und nur wenig Ersatzteile vorrätig zu halten sind. Sie haben eine hohe Lebensdauer (Tiegelgußstahl) und sind auch gegen Staub unempfindlich. Sie ergeben geringen schädlichen Raum (1—2 v. H.), wenn sie, wie es häufig geschieht, in die Zylinderdeckel eingebaut werden. Die Ventile sollen eine hohe Umlaufszahl (kleinere Ventile bis 900/min) anstandslos ermöglicht haben. Fig. 26 zeigt einen Schnitt durch ein zusammengestelltes und eingebautes Druckventil.

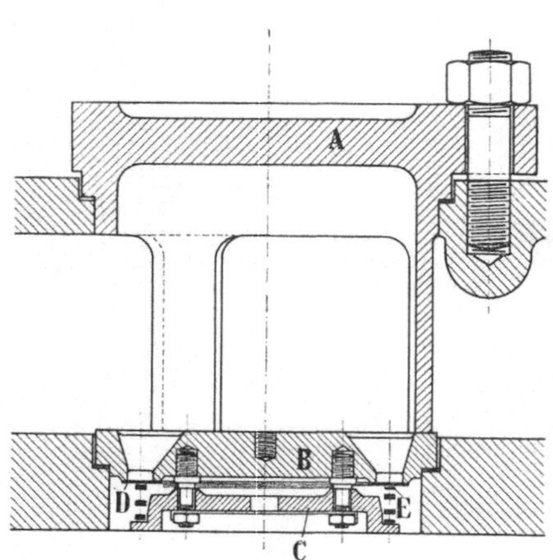

Fig. 26. Einbau des Lindemann-Ventiles.

Ein Kompressor von 5000 cbm Luft/Stunde und $n = 90$/min. ergab (1910): Raumwirkungsgrad 97 v. H. und 9,47 cbm angesaugter Luft auf 7,5 Atm. für 1 P. S. i./Stunde.

46. — Die Gutermuthklappe (etwa 1902). An Stelle eines sich senkrecht hebenden Ventiles verwendet Gutermuth eine sich um eine zur Sitzfläche parallele Achse drehbare Klappe. Fig. 27 zeigt auf der Unterseite des liegenden Kompressors solche Klappen eingebaut. Wir betrachten die Klappen der rechten Seite. Die durch die rechte Öffnung gespeiste Saugklappe ist bereits geschlossen, die links daneben liegende Druckklappe wird beim Vorschreiten des Kolbens die Druckluft in den nach links gehenden Kanal überströmen lassen. Dort wird sie dem Zylinderraum eines Stufenkolbens zugeführt. Die Klappe (Fig. 28) ist an dem Befestigungsende spiralförmig gewunden und an einem festen Bolzen befestigt. Diese Spiralfeder bildet Belastungsfeder und Führung. Die Klappe hat den Nachteil, daß der aufgewandte Sitz und Dichtungsumfang nur zum Teil dem Austritte der Luft dient; andererseits ermöglicht sie infolge gerade dieses einseitigen Durchflusses eine gute Führung

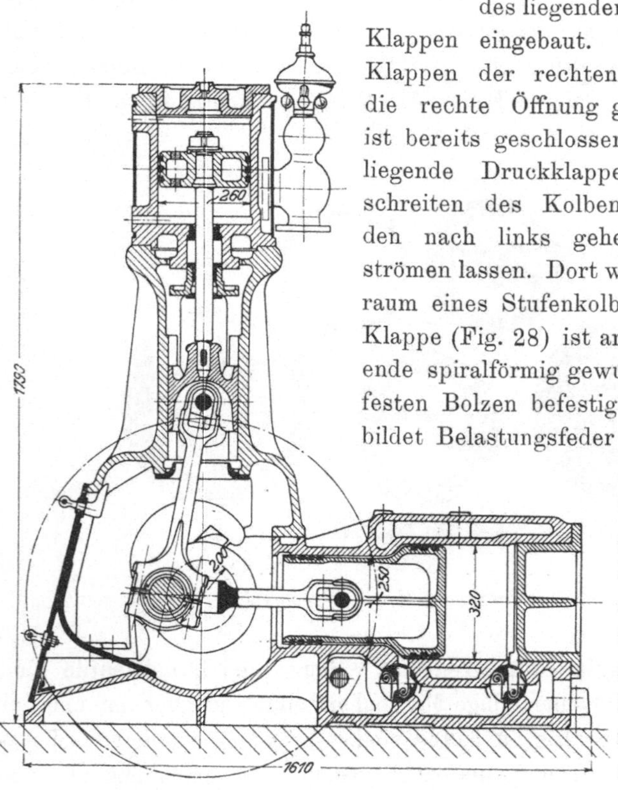

Fig. 27. Kompressor mit Gutermuthklappe von Humboldt, Kalk.

des Luftstromes von außen durch das Ventil nach dem Zylinder. Die
Klappen bilden längliche Rechtecke und ruhen auf gitterförmigen Sitzen.
Die Sitze und Klappen sind in einem kegelförmigen Körper untergebracht, der in einer entsprechenden Bohrung quer unter dem Kompressorzylinder liegt und leicht herausgenommen werden kann.

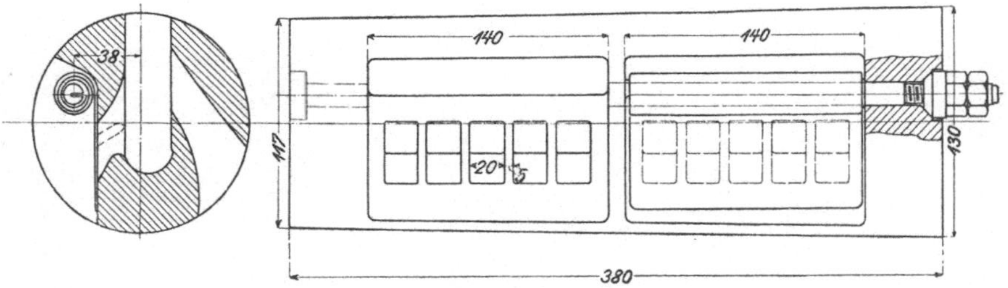

Fig. 28. Gutermuthklappe.

Ein elektrisch angetriebener Kompressor von Humboldt, Kalk, hatte
(1905) folgende Ergebnisse: Bei etwa 1300 cbm/st $n = 116$/min und
5 Atm. Enddruck, Lieferungsgrad 90 v. H. und ein Kraftbedarf von
0,086 Kw für 1 cbm Luft/Stunde. Der Lieferungsgrad ist nach der in

Fig. 29. Streifenventil von Rud. Meyer, Mülheim-Ruhr.

Nr. 21 geschilderten Weise durch Aufpumpen von Behältern und Um-
rechnung gewonnen. (Vergl. die Zahlen in Nr. 44 gegen Ende).

47. — Das Streifenventil von Rud. Meyer. Fig. 29 zeigt dieses
Ventil. Es ist eine möglichst weitgehende Aufteilung der Sitzfläche
vorgenommen, um einen großen Spaltenumfang auf kleinem Raume zu
erhalten. Auf einem kreisförmigen Sitze sind parallele schmale
Öffnungen angebracht. Sie werden durch schmale Blechstreifen über-

deckt. Die Führung geschieht durch im Sitz befindliche Bolzen, über die die Ventilstreifen mit weiteren Löchern gesteckt werden. Die Belastung geschieht durch schwache Federn an den Enden der Streifen.

Fig. 30 zeigt den Einbau der Ventile oben und seitlich im Zylindermantel.

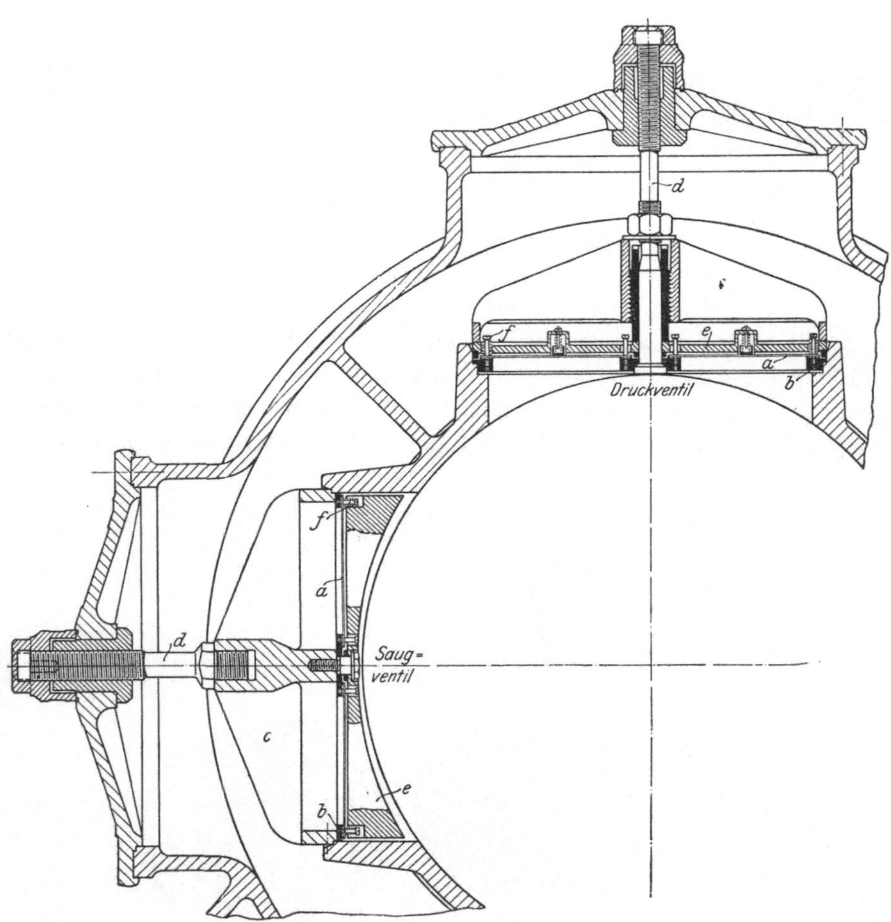

Fig. 30. Einbau des Meyer-Ventiles.

Ein Kompressor von Rud. Meyer, Mülheim (Ruhr) ergab (1908): Bei einer Ansaugemenge von etwa 3500 cbm/st. und $n = 88$/min., und 6 Atm. Druck: Raumwirkungsgrad $= 97$ v. H. und mechanischer Wirkungsgrad $= 91,8$ v. H. und 9,93 cbm Luft/Stunde je P. S. ind. Der Gang der Ventile war geräuschlos. Diese Ventile sind zur Zeit (1911) in etwa 5000 Ausführungen vertreten.

48. — Das selbstfedernde Ringventil, System Hohenzollern. Dies in Fig. 31 dargestellte Ventil benutzt das Ventil selbst als Feder.

Selbstfedernde Ringe 3 sind um den zylindrischen gelochten Ventilsitz 1 herumgelegt. Die Hubbegrenzung geschieht durch den übergestülpten Korb 2. In 4 ist das zusammengestellte Druckventil ersichtlich.

Die bewegte Masse scheint hier auf den geringsten Wert gebracht.

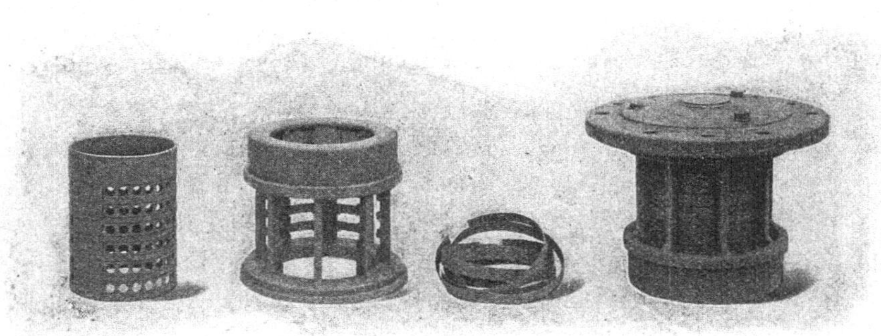

Fig. 31. Selbstfederndes Ventil; Maschinenfabrik Hohenzollern.

49. — Das normale Ringplattenventil. Bei den masselosen Ventilen zeigt sich das Bestreben nach Vereinfachung und Normalisierung. Die Lenker werden weggelassen und durch eine geräumige Führung

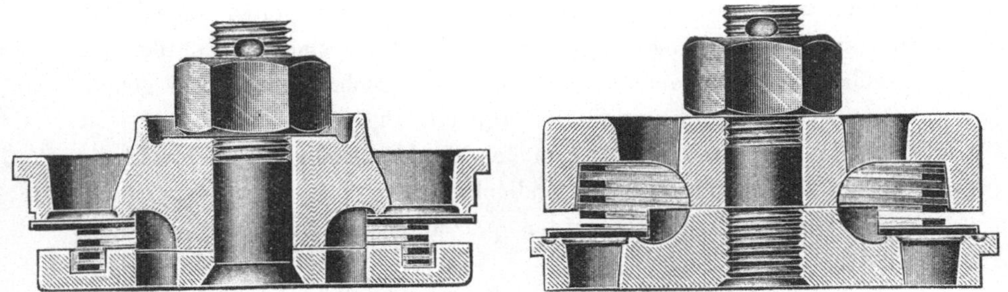

Fig. 32. Saug- und Druckventil der Zwickauer Maschinenfabrik.

der Platte an Bolzen ersetzt. Die Herstellung der Belastungsfeder aus dem Material der Platte erscheint auch umständlicher als die Verwendung einer besonderen Belastungsfeder. An Masse läßt sich nicht viel sparen; die Massen für Platte und Feder müssen nun einmal darangewendet werden.

Fig. 32 zeigt ein solches wegen seiner Einfachheit zur Massenherstellung geeignetes Ventil der Zwickauer Maschinenfabrik. Ähnliche Formen werden von anderen Firmen gebaut.

50. — Einbau der Ventile. Der Einbau der Ventile in die Zylinderdeckel ist sehr beliebt, besonders für nicht zu große Ausführungen, bei welchen der Raum der Deckel zur Unterbringung der Saug- und Druckventile ausreicht. Für größere Ausführungen mit langem Kolbenhube und entsprechender Kolbengeschwindigkeit mag der Raum im Deckel wohl etwas eng werden, so daß man dann zur Unterbringung der Ventile im Zylindermantel schreitet.

Fig. 18 zeigte schon solche Deckelventile. Durch eine Trennungswand t ist der Deckelraum in einen unteren Saug- und einen oberen Druckraum geteilt. Um die Ventile zugänglich zu machen, sind ihnen gegenüber in dem abschließenden Außendeckel durch Deckel d verschlossene Handlöcher angebracht. Die Anordnung der Ventile in den ebenen Deckeln ermöglicht einen sehr kleinen schädlichen Raum. Die günstige Deckelkühlung (Nr. 33) ist hier freilich nicht möglich. Siehe die Fig. 53, 55, 58, 65, 68, 84.

Die Ventile des hinteren Deckels sind wohl gut zugänglich, weniger die vorderen nach der Antriebsseite zu. Noch unzugänglicher werden diese Ventile, wenn der Luftzylinder bei Dampfmaschinenantrieb zunächst der Führung gesetzt wird und der Dampfzylinder hinten, eine Anordnung, die wegen der hierdurch ermöglichten freien Ausdehnung des Dampfzylinders empfehlenswert ist.

Bei Anordnung der Ventile im Zylindermantel können diese beliebig zugänglich gemacht und die hohlen Deckel gekühlt werden. Fig. 30 zeigte die Anordnung eines Meyer-Ventiles oben und eines an der Seite. Meist ist das zweite Ventil unten angebracht. Dann ist es aber weniger zugänglich. Manchmal sind die Ventile auch zu beiden Seiten angebracht, oder vier oder mehr Ventile sind gleichmäßig über den Kreis verteilt. Vergleiche Fig. 15.

Gegenüber dem Ventil ist in der abschließenden Zylinderwand ein durch Deckel verschlossenes Handloch.

Die Gutermuthklappen werden quer unter dem Zylinder angeordnet. (Fig. 27.)

Die Ventilsitze werden nicht im Materiale des Zylinders gebildet, sondern in diesen besonders eingesetzt. Sie werden aus Flußeisen, bei kleineren Ausführungen aus Phosphorbronze hergestellt, können herausgenommen, auch nachgearbeitet oder ersetzt werden. Der Sitz stützt sich auf einen Vorsprung der tragenden Wand und wird von der Außenwand her durch irgendein Schraubengetriebe fest gegen diesen Vorsprung gedrückt. In Fig. 26 drückt der das Schauloch verschließende Deckel A durch einige Ansätze den Ventilsitz nieder. In Fig. 30 oben wird der Sitz durch die im Deckel gehende Schraube b und den Balken c niedergedrückt.

Der Deckel selbst ist an seinem Umfange mit Schrauben am Zylinder
befestigt.

Für die Saugventile ist nun noch eine dritte Anordnung möglich
und vorteilhaft. Bei offenen Zylindern können sie in der Kolbenfläche
angeordnet werden. Fig. 33—35
zeigen selbstfederndeVentilklappen
in dem Boden des langen Kolbens.
Durch einen Stutzen des ringförmigen Wulstes tritt die Luft
von außen ein und durch recht-
eckige Schlitze im Kolben aus
diesem Wulst in den Hohlraum
des Kolbens; von hier durch die
Kolbensaugventile in den Zylinder.
Beim Niedergang des Kolbens
öffnen sich die Saugklappen. Die
Druckklappen sind im oberen
Deckel angeordnet.

Die Zugänglichkeit der Saugventile ist bei dieser Anordnung
geringer als bei den anderen.
Sie bietet aber immerhin den Vorteil, daß der ganze Deckel
für die Anordnung der
Druckventile zur Ver-
fügung bleibt, also große
Spaltumfänge gewählt
werden können. Fig. 35
zeigt die Ausnützung der
Kolbenfläche. In gleicher
Weise ist die Deckel-
fläche ausgenützt. Der
Hauptvorteil der An-
ordnung liegt aber in
der Ausnützung der
Massenbewegung der mit
dem Kolben bewegten

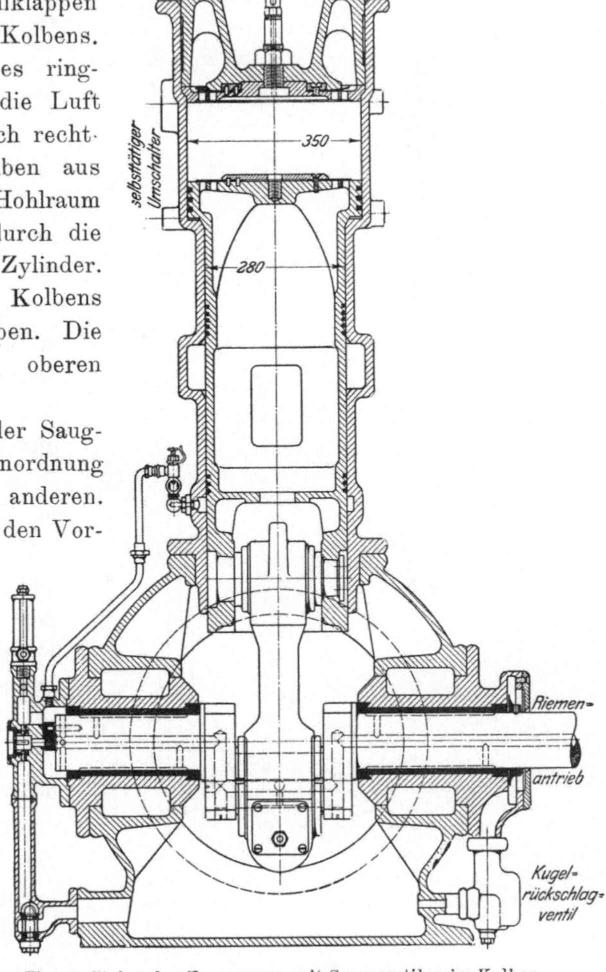

Fig. 33 Stehender Kompressor mit Saugventilen im Kolben.
Maschinenbauaktiengesellschaft Balcke.

Ventile zum Öffnen und Schließen derselben. Am Ende des Abwärtshubes
verlangsamt der von der Kurbel beeinflußte Kolben seine Geschwindigkeit.
Die Ventile aber wollen dem Kolben infolge ihrer Trägheit voreilen:
sie bestreben sich zu schließen. Beim kurz darauf erfolgenden Aufgang stemmen sich die Ventile der Aufwärtsbewegung des Kolbens ent-

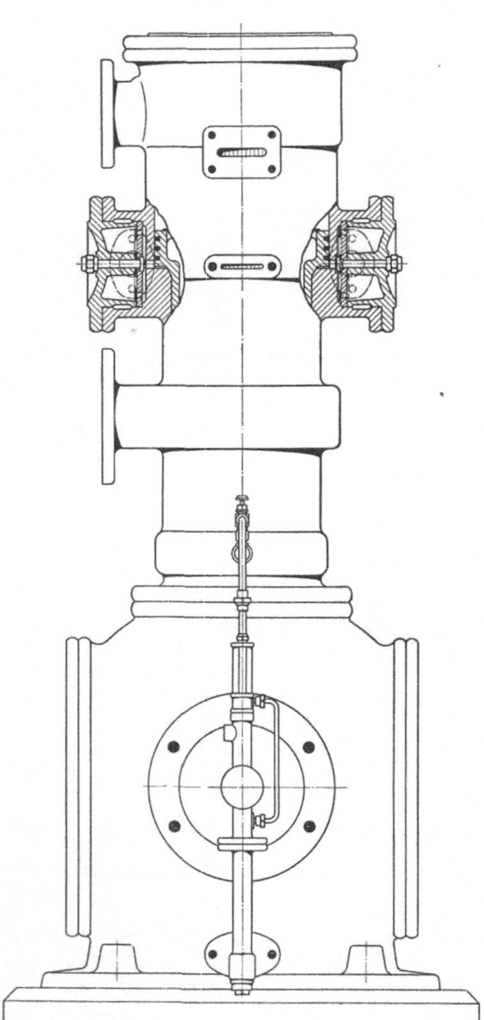

Fig. 34. Stehender Kompressor mit Saugventilen im Kolben. Maschinenbauaktiengesellschaft Balcke.

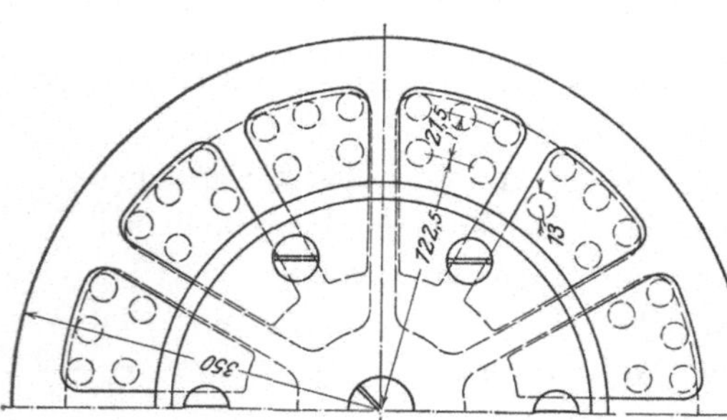

Fig. 35. Kolben zu Fig. 34.

gegen und werden dabei bald vollends geschlossen. Es wird also ohne besondere Schlußkraft ein zeitiger Schluß der Saugventile erreicht. Am anderen Hubende liegen die Verhältnisse für das Öffnen des Saugventiles ähnlich günstig. Geht der Kolben zum Saughube aus seiner oberen Stellung nach unten, so bleiben die trägen Ventile hinter dem Kolben zurück; das heißt, sie öffnen sich. Je größer die Kolbengeschwindigkeit ist, desto größer werden auch diese die Ventile steuernden Kräfte: dies ist günstig, da bei rascherem Gange die Ventilbewegungen in kürzerer Zeit erfolgen müssen. Nun kann man zwar einen rascheren Schluß der Ventile durch stärkere Federbelastung erzielen. Je stärker diese aber ist, desto größer müssen die die Ventile öffnenden und den Arbeitsbedarf vermehrenden Luftüberdrücke sein. Für das Druckventil ist dieser Mehrbedarf nicht so groß, besonders bei hohen Enddrücken, da dasselbe nur einen kleinen Teil des ganzen Kolbenhubes geöffnet ist. Anders für das Saugventil, das fast während eines ganzen Hubes geöffnet ist. Ein größerer Öffnungsunterdruck im Zylinder vermehrt den Kraftbedarf merklich. (Die

Schaufläche Fig. 2 wird größer.) Das angesaugte Luftgewicht wird kleiner. Deshalb sind starke Federbelastungen zur Erzwingung eines schnellen Schlusses hier untunlich. Wir erkennen daher, welche Vorteile die Anordnung der Saugventile im Kolben gerade für schnelllaufende Kompressoren besitzt (vgl. Nr. 77).

51. — Luftgeschwindigkeit in den Ventilen. Diese darf bestimmte Werte nicht übersteigen, wenn die Druckverluste in den Ventilen nicht zu groß werden sollen. Es wird daher eine Höchstgeschwindigkeit vorgeschrieben. Diese tritt ein, wenn die Kolbengeschwindigkeit in der Mitte des Hubes am größten ist. Bei folgenden Geschwindigkeiten treten Druckerhöhungen von weniger als 1 v. H. auf:

$$\text{Saugventil} = 15\text{---}25 \text{ m/sec und Spaltquerschnitt} = \text{etwa } \tfrac{1}{4}\text{---}\tfrac{1}{8} \, F,$$
$$\text{Druckventil} = 25\text{---}35 \text{ m/sec } \quad \text{\textquotedbl} \quad\quad \text{\textquotedbl} \quad = \text{\textquotedbl} \quad \tfrac{1}{8}\text{---}\tfrac{1}{12} \, F,$$

wenn F der Querschnitt des Kompressorkolbens ist.

XI. Die Luftschaltung durch gesteuerte Schieber.

52. — Gesteuerte Schieber im allgemeinen. Die Schwierigkeit der Beherrschung der Ventilbewegung, besonders bei den Saugventilen, lassen uns nach anderen Steuerorganen Ausschau halten. Wir erinnern uns des Schiebers der Dampfmaschine, der bei entsprechender Einrichtung gestattet, während eines ganzen Kolbenhubes Dampf in den Zylinder einströmen zu lassen. Es muß daher auch möglich sein, Luft während eines ganzen Hubes in den Zylinder einzusaugen. Da solche Schieber durch äußere Maschinenkraft bewegt werden, ist diese Bewegung der Willkür der Druckschwankungen der Luft entrückt und geschieht immer, auch bei hohen Drehzahlen, in einmal vorgeschriebener Weise. Einleitung und Schluß der Saugwirkung können an die Hubenden des Kolbens verlegt werden. Die Steuerkanäle können ausreichend groß bemessen werden, daher kleine Saugwiderstände zu erreichen sind. Dann durchströmt die Luft diese Saugorgane in geschlossenem Strome. Es besteht daher nicht die Gefahr, daß die Aussaugeluft in dem Schieber so erwärmt wird wie beim Durchgang durch Ventile, in welchen der Luftstrom in feine Streifen zerlegt wird, die mit den heißen Metallteilen in Berührung kommen.

53. — Antrieb und Wirkung des Saugschiebers. In Fig. 36 sind ein Saugschieber und sein Antrieb in einer das Verständnis erleichternden, wenn auch nicht den Ausführungen formlich entsprechenden Anordnung gegeben. Vor dem in Ansicht gezeichneten Kompressorzylinder ist der im Schnitt gezeichnete Schieberkasten angeordnet, auf dessen wagerechter Gleitfläche der Schieber gleitet. Er deckt gerade mit den zunächst zu betrachtenden schwarz ausgetuschten Teilen die beiden von der Gleitfläche nach den beiden Zylinderseiten gehenden Kanäle c und c_1. Die Muschel des Schiebers überdeckt den Saugraum S, und über dem Rücken desselben befindet sich der Druckraum D. Der Schieber wird durch ein Exzenter e angetrieben, der punktiert gezeichnete Kompressorkolben K durch die Maschinenkurbel M. Nehmen wir rechtssinnige Drehung der Maschinenwelle an, so sehen wir, daß das Exzenter e der Maschinenkurbel M um etwa 90° nacheilt. Dementsprechend eilt auch der Schieber der Bewegung des Kolbens um einen halben Hub nach. Wir finden also jeweils den Schieber an der Stelle, wo der Kolben vor einem halben Hube war. Augenblicklich bewegt sich

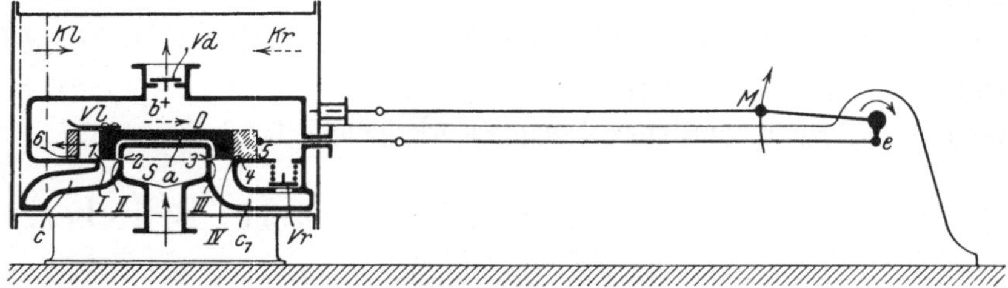

Fig. 36. Anordnung und Antrieb eines Saugschiebers.

der Kolben aus seiner linken Endstellung nach rechts, der Schieber aus seiner Mittelstellung nach links. Daher wird sehr bald die Schieberkante 2 die Kanalkante II nach links überfahren haben, so daß der Kolben aus dem Saugraume S Luft durch den linken Kanal c ansaugt. Nach Vollendung des Saughubes (180° Drehung der Welle) steht der Kolben rechts; der Schieber ist nach links gegangen unter Offenhaltung des Saugkanals und ist wieder nach rechts in seine Mittelstellung, wie gezeichnet, zurückgegangen. Er schließt also genau mit Ende des Saughubes den Saugkanal wieder ab. Dieselbe Saugwirkung entsteht beim Rückhub auf der rechten Seite (dafür gelten die punktiert gezeichneten Pfeile).

Das Ansaugen geht also prächtig vonstatten. Wie steht es aber mit dem Fortdrücken der Luft? Denken wir uns eine Stellung kurz vor der gezeichneten. Der Kolben nähert sich dem linken Ende, die Luft vor sich her drückend. Der Schieber nähert sich von rechts her seiner Mittelstellung, und am Ende des Druckhubes hat seine Kante 1 die Kanalkante I überfahren und so die linke Zylinderseite zur gewünschten Zeit von dem Druckraum abgeschlossen.

Beim Rechtsgange des Kolbens findet auf der rechten Zylinderseite Kompression statt. Der Schieber geht hiebei, wie aus dem Bilde zu sehen, zunächst nach links. Die Schieberkante 4 überfährt die Kanalkante IV und verbindet den rechten Zylinderraum mit dem Druckraum. Das ist zu diesem Zeitpunkte nicht erwünscht, da die schon fortgedrückte Luft des Druckraumes D in den Zylinder zurückströmt und dann nochmals auszuschieben ist. Der Schieber sollte den Kanal *IV III* erst öffnen, wenn durch den Kolbenrechtsgang die Spannung des Druckraumes im Zylinder erreicht ist. Dies kann nicht mit einem einfachen, aber wohl mit einem Doppelschieber erreicht werden. Da aber der Leitungsdruck schwankend ist und zudem auch die Erreichung eines bestimmten Druckes im Zylinder je nach den Ansauge- und Temperaturverhältnissen zu verschiedener Kolbenstellung eintritt, so würde bei gleichbleibender Eröffnung des Druckraumes einmal ein niederer, ein andermal ein höherer Druck im Zylinder herrschen; beides führt zu Kraftverlusten.

54. — Anordnungen des Rückschlagventils. Man entbindet daher den Schieber von der Aufgabe der Drucksteuerung, indem man an den Schieberteil *34* noch die Verlängerung *45* ansetzt, die während des Druckhubes den Zylinderkanal überdeckt, also den Druckraum vom Zylinder völlig abperrt. Der Auslaß der Druckluft geschieht dann durch ein besonderes Druckventil V_r, das irgendwo am Zylinder angebracht sein könnte. In Fig. 34 rechts ist es in der Druckraum und Zylinderkanal trennenden Wand angeordnet und führt so die Luft auf kürzestem Wege in den Druckraum. Statt im Kanal vor dem Schieber kann es auch erst hinter dem dann kurzen von *1—4* reichenden Schieber angeordnet werden, wie es durch V_d angedeutet ist. Dann tritt zu Beginn des Druckhubes zwar nicht die Luft aus der Druckleitung in den Zylinder zurück, aber immerhin noch nachteilig genug der Luftinhalt das Schieberkastens, der in diesem Falle recht klein gehalten werden müßte. Eine Anordnung des Druckventils hinter dem Schieber mit besonderer Wirkung wird unter Nr. 59 (Köstersteuerung) mitgeteilt werden.

Eine dritte Anordnung des Ventils auf dem Schieber hat viele Anhänger gefunden. Dies ist in Fig. 36 links dargestellt. An den Schieber ist die Verlängerung 16 angesetzt. Diese enthält einen Kanal, der oben durch das Druckventil V_l abgedeckt ist. Während des Druckhubes der linken Seite bewegt sich der Schieber aus der gezeichneten Stellung nach rechts, um am Ende desselben wieder in der gezeichneten Lage angekommen zu sein. Der Schieberkanal in 16 ist daher während dieser Zeit über dem Zylinderkanal, und sobald die nötige Luftpressung erreicht ist, entweicht die Luft durch das sich öffnende Ventil V_l in den Druckraum. Hier ist die beim Beginn des Druckhubes in den Zylinder rückströmende Druckluft auf die geringe Menge vermindert, die sich in dem Kanalraum des Schiebers befindet.

Ferner beachten wir, daß der Druckluftausfluß, der zwar während des ganzen Hubes durch das Ventil V_l ging, durch den Schieber am

Ende des Kolbenhubes zwangsweise abgeschlossen wird. Die gezeichnete Stellung des Kolbens zeigt dies deutlich. Ist also am Ende des Druckhubes das Druckventil V_l noch nicht geschlossen, so kann doch während des sich anschließenden Saughubes keine Druckluft nach der Saugseite des Zylinders zurück, da der Schieber ja die Verbindung unterbrochen hat. Das Druckventil des nach links gehenden Schiebers braucht sich daher mit dem Schlusse nicht zu beeilen; es hat damit Zeit, bis der Kolben zum Druckhube der linken Seite umkehrt. Wir brauchen daher dem Ventil keine starke Federbelastung zu geben. Auch bezüglich der Vermeidung von Stößen beim Schlusse steht das Ventil unter günstigen Verhältnissen. Während es sich schließt, herrschen über und unter demselben gleiche oder doch nicht sehr verschiedene Luftspannungen. Der Schluß geschieht also entsprechend der Federkraft sanft. Bei gewöhnlichen Druckventilen herrscht zur Zeit des Schlusses oben hohe Druck-, unten niedere Saugspannung, so daß es stoßend auf seinen Sitz kommt.

Diese zuletzt geschilderten Vorteile sind allen hinter dem Schieber angeordneten Ventilen eigen, z. B. Köstersteuerung.

Diese Anordnungen scheinen sich daher besonders für hohe Drehzahlen zu eignen wegen der zwangsweisen Bewegung der Saugsteuerung und der günstigen der Drucksteuerung.

Die Anordnung des Rückschlagventils auf dem Rücken des Saugschiebers ist von Weiß (Basel) angegeben worden (etwa 1883); vgl. Fig. 38.

Mit der Köstersteuerung sind auch bis $n = 600/\text{min}$. Drehzahlen erreicht worden. Dem steht aber gegenüber, daß mit kleinen masselosen selbsttätigen Ventilen (Borsig) bis $n = 900$ anstandslos erreicht worden sind, nach dem Berichte (1910) allerdings zunächst auf dem Versuchsstande.

55. — Druckausgleich durch den Schieber. Mittel und Wirkung des Druckausgleiches nach Wellner sind bei Besprechung des schädlichen Raumes (Nr. 16) schon dargestellt. Unabhängig von Wellner kam F. J. Weiß, Basel (etwa 1883), auf den Gedanken des Druckausgleiches und zwar in verbesserter Form unter Verwendung eines Saugschiebers und Benutzung desselben zur Herstellung des Druckausgleiches. Die Bauart von Weiß hat lange den Kompressorenbau beherrscht und zahlreiche Nachahmer gefunden. Sie verlor nach Erkenntnis der Vorteile der Stufenkompression ihre Bedeutung für Kompressoren, während sie für Vakuumpumpen noch angewendet wird. In dem Schieber (Fig. 36) ist in der Nähe der inneren Kanten ein Kanal a angeordnet, der in der Kolbenendstellung (Schieber in Mittelstellung) die beiden Zylinderseiten miteinander verbindet, so daß die Druckluft

des linken schädlichen Raumes auf die rechte Seite überströmt. Nach
einer kleinen Weiterbewegung nach links überfährt das rechte Ende
dieses Überströmkanals die Kanalkante *III*, so daß die Räume wieder
voneinander getrennt sind. Vergl. eine Ausführungsform Fig. 38 in
Nr. 58.

56. — Formen des Saugschiebers. Wie dem Dampfschieber, so
kann auch dem Luftschieber verschiedene Form gegeben werden.

Der in Fig. 36 dargestellte Schieber ist ein ungeteilter Flachschieber, der beide Zylinderseiten gleichzeitig steuert, daher wegen der
langen von der Mitte nach den Seiten gehenden Kanäle *c* große schädliche Räume bedingt und wegen dieser des Druckausgleiches benötigt.
Zur Verminderung der schädlichen Räume kann der Schieber geteilt
und je einer über kurzen Kanälen an jeder Zylinderseite angeordnet
werden. Geteilte Flachschieber scheinen bei Kompressoren nicht angewandt worden zu sein; dagegen
findet meist eine Teilung der folgenden abgeänderten Formen des Flachschiebers statt.

In Fig. 37 sind drei Schieber-
formen in einfachen Linien in Ver-
bindung mit ihren Gleitflächen am
Zylinder gezeichnet. Auf der rechten
Seite sehen wir vorne seitlich einen
Flachschieber *F*, der auf einer am

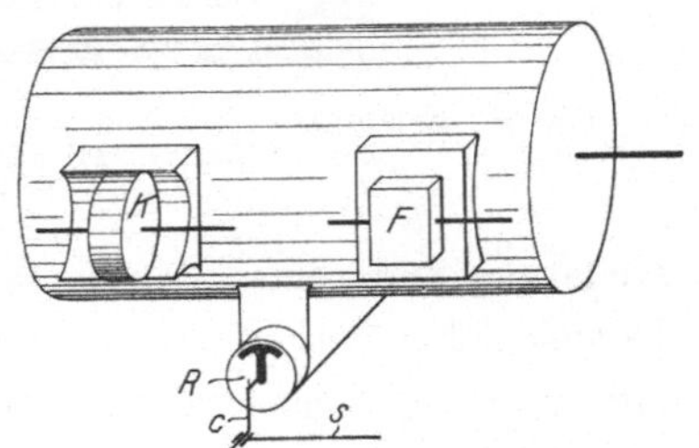

Fig. 37. Verschiedene Formen des Saugschiebers.

Zylinder angearbeiteten vertikalen Ebene gleitet. In der Mitte unten
sehen wir einen „Rundschieber" *R*. Denken wir uns einen in wagerechter Ebene liegenden Flachschieber (siehe Fig. 34) und seine Gleit-
bahn um eine senkrecht zu seiner Schubrichtung (also auch senkrecht
zur Bildebene) liegende Achse *b* zu einem Teil einer Zylinderfläche
gekrümmt, so erhalten wir einen Rundschieber. Er wird wie der Flachschieber durch eine der Zylinderachse parallele Stange *s* unter Einschaltung einer Kurbel *c* schwingend hin und her gedreht. Auf der
linken Seite ist ein „Kolbenschieber" *K* dargestellt. Seine hohlzylindrische
Gleitfläche ist zur Hälfte weggeschnitten. Der Kolbenschieber entsteht
aus dem Flachschieber, wenn wir diesen um eine zu seiner Schubrichtung parallele Achse zu einem vollständigen Zylinder aufrollen,
desgleichen seine Gleitfläche.

Der Rundschieber hat vor dem Flachschieber den Vorzug eines etwas
geringeren Raumbedarfs, da die Gleitfläche als Zylindermantel weniger
Längserstreckung hat, denn als Ebene. Ferner lassen sich der Rundschieber und seine Führung als Zylinderform leichter und genauer be-
arbeiten. Der Rundschieber hat vor dem Flachschieber große Ver-

breitung gefunden. Vom neueren Maschinenbau ist er aber fast ganz verlassen worden, da er auch bei sorgfältigster Herstellung und genauestem Einschleifen nicht bei allen im Betriebe auftretenden Temperaturen dicht hält, sich auch verzieht und dann klemmt. Schon normalerweise verbrauchen Flach- und Rundschieber durch Reibung eine große Kraft, da sie durch den Luftdruck auf ihre Gleitfläche gepreßt werden. Der mechanische Wirkungsgrad solcher Kompressoren ist daher nicht hoch = 85—87 v. H. gegen 90—93 v. H. bei Kolbenschieber-

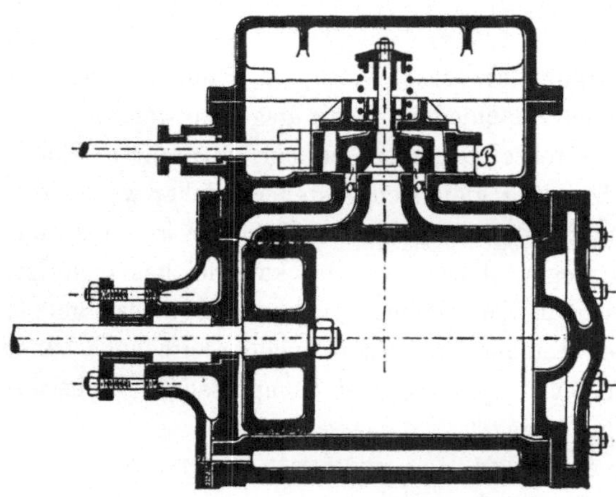

Fig. 38. Kompressor mit Saugschieber von Weiß.
(Aus v. Jhering, Gebläse.)

steuerung und reiner Ventilsteuerung. Der Ölverbrauch der Flach- und Rundschieber ist groß. — Der Kolbenschieber ist ganz von Druckluft umgeben. Er wird nach keiner Seite an seine zylindrische Gleitfläche angepreßt. Um eine Abdichtung desselben auf seiner Gleitfläche zu erzielen, kann er (bei kleinen Ausführungen) eingeschliffen werden. Meist geschieht seine Abdichtung wie bei sonstigen Kolben durch selbstspannende bronzene oder gußeiserne geteilte Dichtungsringe, die in Nuten des Kolbens eingelegt werden. Der Kolbenschieber erfährt demnach nur die geringe

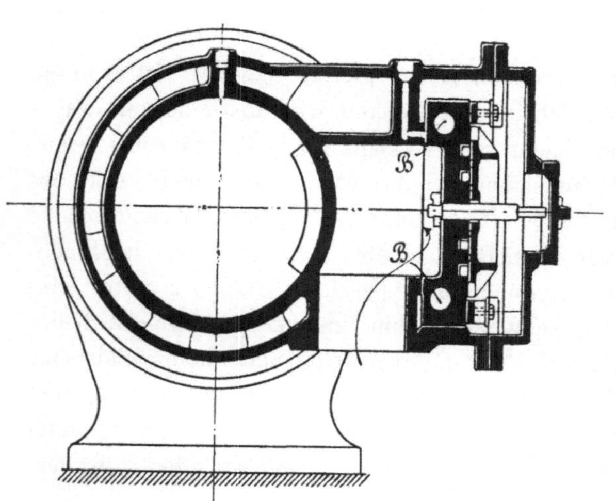

Fig. 39. Kompressor mit Saugschieber von Weiß.
(Aus v. Ihering, Gebläse.)

Reibung, die durch die Anpressung der Dichtungsringe gegen das Gehäuse entsteht, ist aber von durch Druckluftbelastung erzeugter Reibung frei. Der Kolbenschieber erleidet wegen seiner symmetrischen geschlossenen

Form auch keine nachteiligen Gestaltsänderungen durch Temperaturschwankungen; er wird nie zu Klemmungen Veranlassung geben, seine
Dichtheit leidet durch Abnutzung keinen Schaden infolge der selbst-
spannenden Ringe.

Der Kolbenschieber ist wegen dieser Vorzüge der heute herrschende
Schieber.

57. — Anordnung des Saugschiebers. Die in Fig. 36 gegebene
Anordnung eines Flachschiebers mit zur Zylinderachse paralleler Schubrichtung in einer wagerechten Mittelebene des Zylinders kommt nicht
zur Ausführung. Üblich ist die Anordnung nach Fig. 37 in einer vertikalen Seitenebene; dies ist auch die gewöhnliche Anordnung der Kolben-

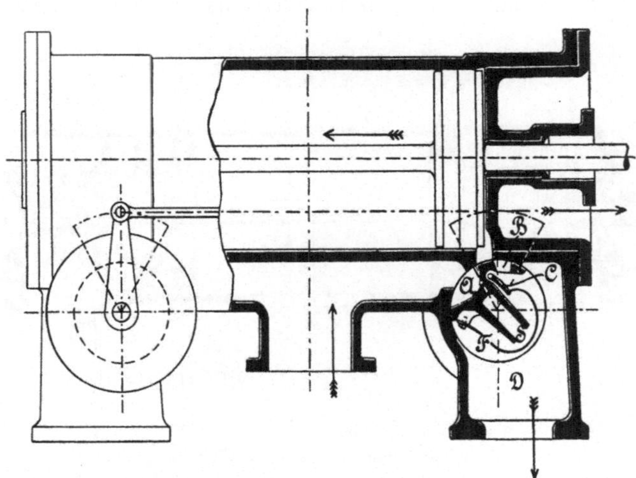

Fig. 40. Kompressor mit geteiltem Rundschieber von Strnad. (Aus v. Ihering, Gebläse.)

schieber. Rundschieber werden mit ihrer Drehachse senkrecht zur
Zylinderachse gestellt, und zwar manchmal oben, meist unten den
Zylinder berührend (vergl. die spätere Fig. 40). Die Anordnung unten
hat den Vorzug, daß etwaiges Wasser durch den Schieber ablaufen
kann, und daß dem Schieber das für ihn dringend nötige Öl besser
zufließt. Auch Kolbenschieber werden manchmal unten angeordnet.
Zur Erzielung eines geringen schädlichen Raumes wird der Rundschieber auch in der Ebene des Zylinderdeckels untergebracht. Vgl.
die frühere Fig. 21.

Die Schubrichtung der Schieber kann auch horizontal und senkrecht zur Zylinderachse sein. Dies ist angebracht, wenn wegen der
Antriebsdampfmaschine mit Ventilsteuerung eine zur Zylinderachse
parallele sich drehende Steuerwelle angeordnet ist. Von dieser aus
können dann die Querschieber bequem durch Exzenter angetrieben
werden (Fig. 43). Solcher Antrieb hat den Vorzug der Verminderung

der hin und her schwingenden Massen, da die Antriebskraft in Form gleichmäßig drehender Bewegung bis in die Nähe der schwingend zu bewegenden Schieber geführt wird. Die Anordnung des Druckventils, meist Rückschlagventil genannt, kann dabei ganz beliebig und wie bereits geschildert geschehen. Es ergibt sich daher eine große Mannigfaltigkeit der „Systeme", und wem die Zahl der vorhandenen nicht genügt, kann ohne Schwierigkeiten neue hinzufügen.

58. — Ausgeführte Saugschieber. In Fig. 38 ist die Urform aller Saugschieber an einem einstufigen Kompressor von Weiß (Basel) gegeben. Er ist ein ungeteilter Flachschieber mit Druckventil auf dem Rücken des Schiebers und Druckausgleichskanal. Der Ausgleichskanal B hat runden Querschnitt und geht von der einen Seite zur anderen nicht

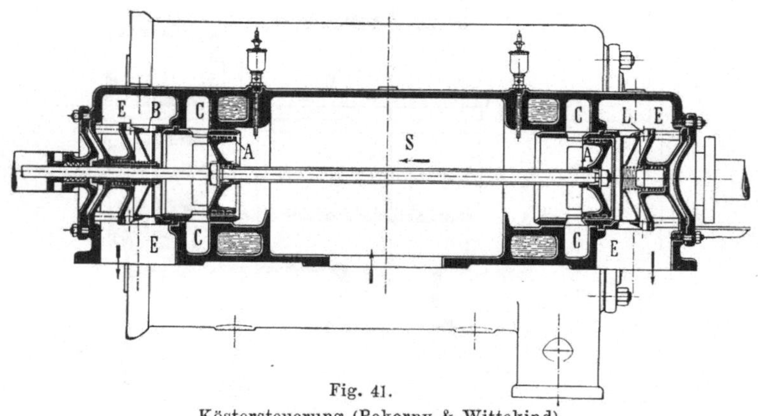

Fig. 41.
Köstersteuerung (Pokorny & Wittekind).

unmittelbar, sondern seitlich ausbiegend um den störenden Mittelbolzen herum. Der Zylinder ist mit Mantel und Deckelkühlung versehen. Man ersieht aber, daß der Schieberkasten einen großen Teil des Mantels von der Kühlung absperrt, sowie daß die Zylinderkanäle nur schlecht gekühlt sind, die Schiebergleitfläche aber überhaupt kaum gekühlt werden kann.

Zylinder und Schieberschmierung sind sorgfältig durchgebildet; erstere wird später besprochen werden (Nr. 94).

Fig. 40 zeigt uns den Kompressor von Strnad (1890) mit einem nach Zylinderseiten geteilten Schieber in der Form des Rund- oder Drehschiebers (auch Corlisshahn genannt). Diese Teilschieber sind unter dem Zylinder angeordnet. Man erkennt die außerordentliche Verkleinerung der schädlichen Räume durch die Teilung des Schiebers (auf $2^{1}/_{2}$ v. H.). Auf einen Druckausgleich konnte daher zugunsten eines geringeren Arbeitsaufwandes verzichtet werden. Er würde bei einem geteilten Schieber auch zu umständlicher Anordnung führen.

Auf der rechten Zylinderseite beginnt gerade das Ansaugen aus dem mittleren Saugkanal, während der nach unten gehende Druckraum gerade vom Zylinder abgeschlossen wurde. Auf der einen Seite ist der Antrieb des Drehschiebers durch Stange und Kurbel zu sehen. Das Druckventil ist als Klappe C auf dem Rücken des Rundschiebers angeordnet und durch die Feder F belastet. Der Kompressor ist in anderen Ausführungen mit Kühlmantel versehen, der hier größere Mantelflächen bestreichen kann als bei ungeteiltem Schieber.

Fig. 41 u. 42 zeigt in dieser Köstersteuerung (Ausführung von Pokorny & Wittekind, Frankfurt a. M.) einen seitlich am Zylinder angeordneten geteilten Kolbenschieber. Die Kanäle C führen nach dem Zylinder. Durch sie wird gerade auf der rechten Seite aus dem mittleren Saugstutzen S Luft in den Zylinder angesaugt, auf der linken Seite Luft aus demselben ausgedrückt. Das den Druckraum E abschließende Rückschlagventil B ist noch geschlossen, wird sich bei weiterem Linksgange des Kompressorkolbens heben

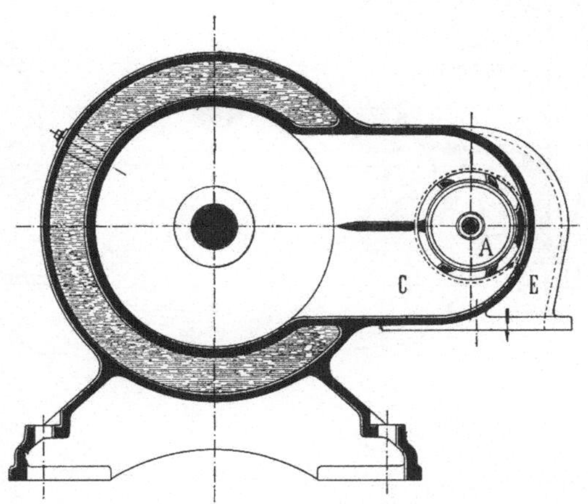

Fig. 42. Köstersteuerung (Pokorny & Wittekind).

und die Luft nach E überströmen lassen. Die Eigentümlichkeit der Anordnung des Druckventils wird im nächsten Abschnitt besprochen werden.

Fig. 43 endlich zeigt im Gegensatz zu den bisherigen Längskolbenschiebern einen Querkolbenschieber Bauart Icken, ausgeführt von der Firma G. A. Schütz, Wurzen i. Sa. Auf einer zur Maschinenachse parallelen Steuerwelle sitzen Exzenter, welche durch kurze Stangen zwei Kolbenschieber antreiben. Für jede Zylinderseite sind also hier zwei Schieber vorgesehen. Der rechte Schieber steuert nur den Einlaß der Luft und hält diese Öffnung während des Druckhubes geschlossen, der linke Schieber steuert nur den Auslaß der Luft und hält diese Öffnung während des Saughubes geschlossen. Das Rückschlagventil ist gleichachsig mit dem Kolbenschieber, diesen umfassend und hinter der Drucköffnung angeordnet, diese vom Druckraum abschließend. Die beiden Schieber sind durch im Deckel eingelassene Querstangen miteinander verbunden. Wir finden also hier eine weitere Teilung des Schiebers auch nach Saug- und Druckwirkung vorgenommen, so daß durch die rechten Steuerkanäle nur die kalte Außenluft, durch die linken Kanäle nur die heiße Druckluft strömt. Dies muß von günstigem Einfluß auf die Ansaugewirkung sein, da eine Erwärmung der Ansaugeluft so weit wie irgend tunlich vermieden ist. Auch sind die schädlichen Räume offenbar auf ein geringeres Maß gebracht.

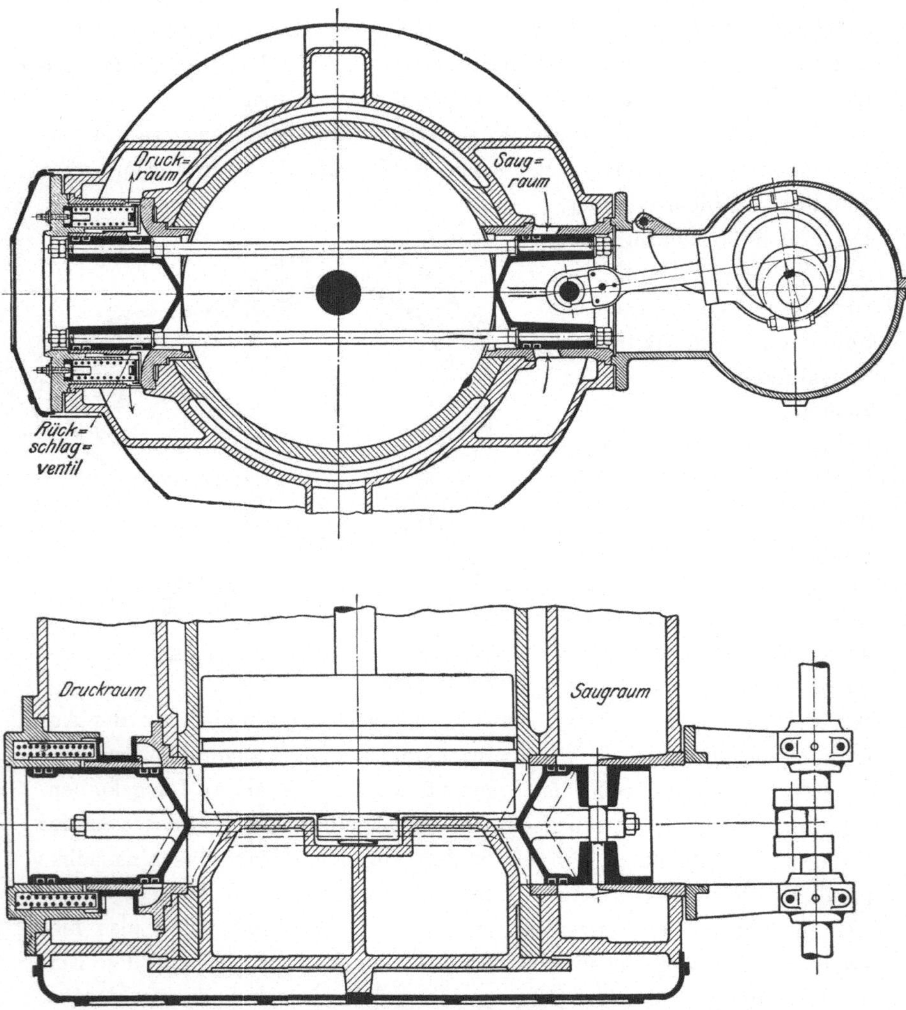

Fig. 43. Querkolbensteuerung von Icken, Ausführung von G. A. Schütz, Wurzen.

Die zu diesem Kompressor gehörige Dampfsteuerung durch quer bewegliche Ventile wird an anderer Stelle (Nr. 89) besprochen werden (vgl. Fig. 88).

59. — Die Köstersteuerung (etwa 1895). Diese Kolbenschiebersteuerung ist im vorigen Abschnitt schon gestreift worden. Wenn sie hier eine besondere Besprechung erfährt, so rechtfertigt sich dies durch die große Zahl von in Bergwerksbetrieben laufenden Kösterkompressoren und die Tatsache, daß sie wegen der besonderen Anordnung des Rückschlagventils eine Klasse für sich bildet.

Fig. 44 zeigt in vereinfachter Darstellung einen wagerechten Schnitt der schon in Fig. 41 u. 42 vollständig dargestellten Steuerung. Der Kolbenschieber A erscheint etwas zu breit. Die die Steuerwirkung bedingenden Dichtungsringe (nicht dargestellt) sitzen enger aneinander. Durch den mittleren Stutzen wird angesaugt. Die hinter den Druckventilen sitzenden Druckräume K führen außerhalb des Saugstutzens in dessen Längenmitte zusammen und leiten die Luft durch den gestrichelten Stutzen weiter. Die Steuerkolben laufen in hohlzylindrischen Gleitflächen, deren Länge so bemessen ist, daß der Steuerkolben in seiner Außenstellung nahe an das Ende dieser Gleitbüchse gelangt. Das Besondere der Steuerung ist nun, daß das hinter dem Steuerkolben angeordnete Druckventil das Ende dieser Gleitbüchse

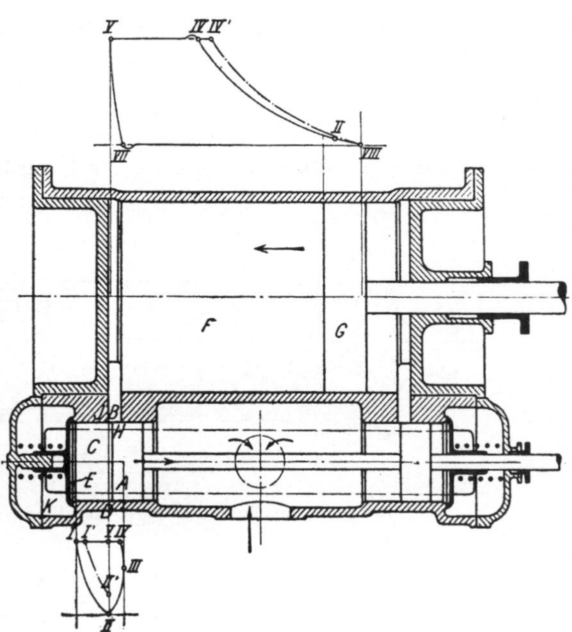

Fig. 44. Köstersteuerung. Schema.

abschließt. Die Wirkung dieser Anordnung ist nun folgende. Nähert sich der Kompressorkolben seinem linken Hubende, so nähert sich der Steuerkolben, aus seiner rechten Endlage kommend, dem Kanale B, der die Druckluft in den Raum C und durch das geöffnete Druckventil E in den Druckraum K entläßt. Bei Endlage des Kompressorkolbens hat der Steuerkolben A den Kanal B dann überfahren und C von B abgesperrt. Das Druckventil E ist noch geöffnet; der Steuerkolben geht weiter gegen E vor und verdrängt die Luft in C fast völlig nach dem Druckraum K. Da die Fläche A im Verhältnis zur Fläche des Kompressorkolbens gering ist, kann sich das Druckventil infolge der Federbelastung gegen den geringen Widerstand eines schwachen durch den Vorgang von A bedingten Luftstromes in der langen Zeit eines Hubes (bis zum Beginn des nächsten Druckhubes) sanft schließen.

5*

Das Ventil hat zunächst die Vorteile eines jeden hinter dem Saugschieber angeordneten Ventils gegenüber völlig freigängigen Ventilen (vgl. Nr. 54). Es wird sich aber wegen des gegen seine Fläche während des Schließens gerichteten schwachen Luftstromes noch geräuschloser schließen. Das Ausdrücken der Restluft aus dem Raume C ist aber noch von weiterem Vorteile. Bliebe im Raume C eine beträchtliche Menge Druckluft zurück, so flösse diese, wenn der Steuerkolben auf seinem Rechtsgange den Kanal B überfährt, was mit dem Beginn des Druckhubes der linken Seite (etwa in Fig. 44 dargestellt) eintritt, diese Druckluft in den Zylinder zurück, die Anfangsspannung der Ansaugeluft und somit den Kraftverbrauch erhöhend. Der Raum zwischen Saugschieber und Rückschlagventil ist eben ein zweiter schädlicher Raum, der hinter dem Schieber liegend auf das Ansaugen zwar keine schädliche Wirkung ausübt, da seine Luft während dieser Zeit in C zurückgehalten wird, dessen

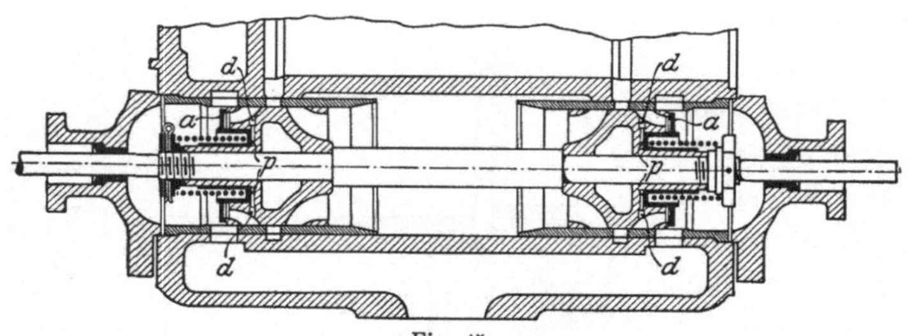

Fig. 45.
Steuerung der Maschinenfabrik Augsburg und Nürnberg.

Luft aber am Ende des Saughubes bzw. am Anfange des Druckhubes in den Zylinder überströmt und vom neuem komprimiert werden muß. Es ist genau dieselbe schädliche Wirkung wie bei Druckausgleich, nur daß es hier die schädliche Luft derselben Zylinderseite ist, die am Anfang des Druckhubes überströmt, während beim Druckausgleich die Restluft der zweiten Zylinderseite auf die erste überströmt.

Diese Verluste werden bei der Köstersteuerung vermieden. Sie eignet sich für hohe Drehzahlen. Es sind für Leistungen bis 100 cbm/Stunde Drehzahlen bis 600/min. erzielt worden.

Der mechanische und der Raumwirkungsgrad kommen denen bester Kompressoren gleich.

Bezüglich der Vermeidung der schädlichen Wirkungen des Raumes C ist noch zu erinnern, daß dieses auch durch Kleinhaltung des Raumes erreicht werden kann, wie dies durch Anordnung des Rückschlagventils auf dem Rücken des Schiebers geschieht. Man vergleiche hiezu die Schieber von Weiß (Fig. 38), von Strnad (Fig. 40). Auch für Kolbenschieber wird diese Anordnung gewählt, z. B. von den Vereinigten

Maschinenfabriken Augsburg und Nürnberg (Fig. 45). Das Ventil ist auf der Stirnseite angebracht, und rechtwinklig von der Mantelfläche des Steuerkolbens nach der Stirnseite gehende Kanäle führen die Luft dem Ventil zu. Die Bauart Icken (Fig. 43) erreicht dasselbe bei ruhendem Ventil durch geschickte räumliche Anordnung.

Da das Druckventil, wie alle Kompressorendruckventile mitten im Kolbenhübe, also bei großer Kolbengeschwindigkeit geöffnet wird, ist zu befürchten, daß dasselbe mit Schlag auf seine Hubbegrenzung aufschlägt. Deshalb verwendet Köster für die Dämpfung der Öffnungsbewegung einen oberen Luftpuffer, wie dies aus den Bildern zu ersehen ist.

Für Großkompressoren, worunter Kompressoren von etwa 15 000 cbm/Stunde Luftlieferung verstanden werden, baut die Firma Pokorny & Wittekind eine abgeänderte Köstersteuerung. Die in den Figuren 41 und 42 dargestellte Steuerung weist einen Steuerkolben auf, der nach Ende des Druckhubes mit seiner einen Endfläche die Luft

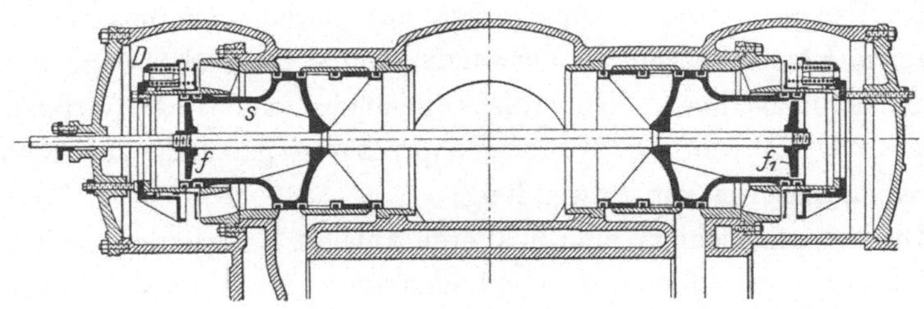

Fig. 46.
Köstersteuerung für Groß-Kompressoren (Pokorny & Wittekind).

zwischen dieser und dem Rückschlagventil durch dieses in den Druckraum schiebt, während auf seine entgegengesetzte Endfläche Luft von Ansaugespannung wirkt. Er leistet also Arbeit, die mit wachsender Kompressorgröße ebenfalls wächst; desgleichen nimmt der Hub zu. Diese Arbeit muß von der Welle durch ein Exzenter übertragen werden. Zu solcher Arbeitsübertragung ist ein Exzenter nicht geeignet, dessen großes Reibungsmoment zu Kraftverlusten bzw. zu Störungen Veranlassung gibt. Es ist daher ratsam, das Exzenter zu entlasten. Dies geschieht in der in Fig. 46 ersichtlichen neuen Form durch Verkleinerung der luftverdrängenden Steuerkolbenfläche. Dies wird durch Ausbildung als Stufenkolben erreicht, dessen Stufenquerschnitt s die Luftverdrängung übernimmt, während die Flächen der kleineren Kolben f und f_1 dauernd dem Drucke des Druckraumes D ausgesetzt sind und sich gegenseitig entlasten. Ferner zeigt die Steuerung eine Aufteilung der Steuerkanäle in zwei schmälere parallel liegende zwecks Verringerung des Schieberhubes.

Der Stufenkolben erfordert nun eine Umänderung des Rückschlagventils von einem Tellerventil in ein Ringventil. Die doppelte Spaltlänge erlaubt, bei gleichem Durchgangsquerschnitte den Hub des Ringventils auf beinahe die Hälfte zu verkleinern. Dies ist bei größeren Ausführungen, die eine Vergrößerung der Maße bedingen, von Vorteil bezüglich der Vermeidung von Schlägen. Das Ringventil bietet an sich den Vorteil geringerer Maße gegenüber dem Tellerventil. Bei Vergrößerung der Fläche liegt der Ersatz des Tellerventils durch ein Ringventil nahe, auch ohne Anwendung des Stufensteuerkolbens. Der entlastete Stufenkolben ist das Wesentliche der neuen Bauart.

XII. Die Antriebskräfte der Kompressoren.

60. — Die Antriebskräfte im allgemeinen. Durch Riemen oder Zahnrad werden kleinere Kompressoren angetrieben. Bei Antrieb durch rasch laufende Elektromotoren werden häufig Zahnrad oder Riemengetriebe zwischengeschaltet; daneben gehen Bestrebungen, die Kompressoren unmittelbar durch raschlaufende Elektromoren anzutreiben.

Im Bergbaubetrieb kommen fast nur durch Dampfmaschinen angetriebene Kompressoren zur Verwendung, und zwar überwiegend durch Kolbendampfmaschinen. Neuerdings kommen auch Dampfturbinen als Antrieb für die von den Kolbenkompressoren gänzlich abweichenden Turbokompressoren zur Anwendung.

Die Dampfmaschinen sind in älteren Anlagen Einzylinder- beziehungsweise Zwillingsmaschinen, also mit einstufiger Expansion. Wegen des hohen und durch die Bauart der Verbundmaschinen zu erniedrigenden Dampfverbrauches wendet man jetzt fast ausschließlich zweistufige Dampfexpansion an, obgleich die Zwillingsmaschinen noch Anhänger besitzen. Als Vorteil der Zwillingsmaschine in Verbindung mit Zwillingskompressoren wird hervorgehoben, daß von den zwei voneinander unabhängigen Maschinenseiten gegebenenfalls eine einen halben Betrieb aufrechterhalten könnte, wenn an der anderen Seite ein Schaden geschähe. Der Vorteil ist aber durch den an sich größeren Dampfverbrauch der Dampfmaschine und den größeren Kraftbedarf des Einstufenkompressors teuer erkauft. Besser ist es, sich durch vorrätige Ersatzteile vor längeren Betriebsunterbrechungen zu sichern.

Ferner tritt die besondere Anordnung einer Abdampfmaschine hervor. Der Abdampf anderer Maschinen, etwa der Fördermaschinen, wird als Triebdampf nutzbar gemacht und hinter der Abdampfmaschine kondensiert (darüber in Nr. 62 mehr).

Selbst dreifache Expansionsmaschinen sind zum Antriebe von Kompressoren verwendet worden.

Neuerdings bringt man den Dampfverbrauch der Antriebsmaschinen durch Anwendung überhitzten Dampfes noch weiter herunter.

In neuester Zeit ist eine Bauart der Dampfmaschine, Gleichstrom-dampfmaschine genannt, durch die Arbeiten von Professor Stumpf geschaffen worden, die als Einzylindermaschine mit überhitztem Dampf dieselben Dampfverbrauchszahlen nachweist, wie Dreifachverbund-maschinen. Wenn sich diese Bauart bewährt, wie dies zu erwarten steht, so werden in Zukunft die verwickelten Bauarten aussterben und die einstufige Dampfmaschine auch den Kompressorantrieb beherrschen. (Vgl. Z. d. Ing. 1910 S. 1890 u. f., Bericht von Professor Stumpf.) Ein durch Gleichstromdampfmaschine angetriebener Kompressor wird in Nr. 74ᵃ und 76 beschrieben und in Fig. 68 bis 70 und 78 dargestellt werden.

Der Elektromotor wird wenig verwandt. Er eignet sich zum An-trieb von Kolbenkompressoren nicht besonders (vgl. Nr. 63—66), da er in der fast allein in Betracht kommenden Form des Drehstrommotors eine Regelung der Drehzahl nur unter erschwerenden Umständen gestattet. Er hat mehr Aussicht beim Antrieb von Turbokompressoren; doch da macht ihm für große Ausführungen die Dampfturbine als Frischdampfturbine sowohl wie als Abdampfturbine Konkurrenz. Er wird aber neuerdings für die Sonderausführungen der fahrbaren unter-irdischen Kompressoren verwendet (vgl. Nr. 79—83). Die Gasmaschine kommt nur in ganz vereinzelten Fällen zur Anwendung.

60 a. — Durch Gasmaschine angetriebener Kompressor. Der Antrieb durch Gasmaschine ist naheliegend, wenn Kraftgas aus anderen Betrieben vorhanden ist, z. B. auf Gruben mit Kokereibetrieb, dessen Abgase für Kraftzwecke frei sind. Die Firma Pokorny & Wittekind stellte den ersten Kompressor mit unmittelbarem Gasmaschinenantrieb auf dem Festlande auf. Als Gasmaschine wurde eine doppelt wirkende Zweitaktgasmaschine gewählt. Zweitaktgasmaschinen gestatten wegen des fast zwangläufigen Ladevorganges eine Änderung der Drehzahl in weiten Grenzen und eignen sich daher gut für den Antrieb von Kompressoren. Ein besonders gesteuertes Einlaßorgan regelt die Gas-zufuhr. Ein von Hand einstellbarer Leistungsregler bewirkt die Ver-änderung der Drehzahl. Bei Viertaktmotoren wird der Ladevorgang stark durch die Kolbengeschwindigkeit beeinflußt, so daß bei Drehzahl-änderungen eine sorgfältige Drosselungseinstellung für Luft und Gas stattfinden muß, wenn die Maschine nicht zum Stillstand kommen soll. Darstellungen solcher Antriebe mit Schnittfiguren sind zu finden: Glückauf 1908, S. 1382 und 1393 Fig. 1—4; Z. d. Ing. 1909, S. 1732 Fig. 52 u. 53. In Z. d. Ing. 1907 S. 1305 ist eine Darlegung der Gründe zu finden, warum sich die Zweitaktmaschinen besser regeln lassen als Viertaktmaschinen.

Für kleinere Ausführungen eignen sich die einfacheren Viertakt-motoren. Sie besitzen als Sauggasmotoren den Vorteil, daß sie ohne Konzession aufgestellt werden dürfen.

61. — Kraft- und Dampfverbrauch von Kompressoren. Der Kraftverbrauch von Kompressoren ist je nach den Ausführungen sehr verschieden. Für einstufige Kompression beträgt die Leistung etwa 8,5 cbm Luft auf 6 Atm. für jede indizierte Pferdestärkestunde.

Für die für größere Leistungen allein maßgebende zweistufige Kompression und beste Ausführung werden für 1 P. S. $_{ind.}$ erreicht 9,5—10,3 cbm/stunde auf 6—7 Atm. abs., und zwar sowohl mit Kolben schiebersteuerung als auch mit reinem Ventilbetrieb.

Der mechanische Wirkungsgrad beträgt 87—93 v. H.
(Der Raumwirkungsgrad   „   90—98 v. H., im Mittel 95 v. H.)
Für 1 cbm Luft/stunde kann also gerechnet werden $^1/_9$—$^1/_{10}$ P. S. $_{ind.}$

Der Dampfverbrauch ist nun erstens vom Kompressor und zweitens, und zwar überwiegend, von der Dampfmaschine abhängig, deren Dampfverbrauch je nach Betrieb und Umständen zwischen 14 kg/P. S./ Stunde (bei einstufiger Expansion) und 4,5 kg/P. S./Stunde (bei Überhitzung und dreifacher Expansion) schwankt. Die Gleichstromdampfmaschine erreicht den letzteren geringen Wert mit einstufiger Expansion in einem Zylinder.

Rechnen wir nun rund für 1 cbm Luft/stunde 0,1 P. S. $_{ind.}$, so können wir auch je nach der Art der Dampfmaschine den Dampfverbrauch mit 1,4—0,45 kg/cbm berechnen (bei zweistufiger Kompression). Für die Maschinen mit höherem Dampfverbrauche wird noch ein Zuschlag von 12—20 v. H. zu machen sein, wenn sie, wie zu vermuten, mit einstufiger Kompression arbeiten.

Die Kosten der Dampferzeugung sind ebenfalls sehr verschieden. Im Mittel rechnet man 1000 kg für 2 ℳ. Im übrigen richte man sich für Überschlagsrechnungen nach den in Nr. 2 gegebenen Gesamtkosten der Lufterzeugung. Man vergl. Harth in Glückauf 1907 S. 811: Vergleichende Kostenberechnung für verschiedene Antriebs- und Betriebsarten.

62. — Abdampfverwertung durch Kompressoren. Fig. 47 u. 48 zeigt einen zweistufigen Kolbenkompressor, angetrieben durch eine Abdampfmaschine. Die Kraft liefert der Abdampf anderer Maschinen (von etwa 1 Atm. abs.), insbesondere der Fördermaschinen. Dieser kann dadurch verwertet werden, daß er hinter der Abdampfmaschine in einem Kondensator niedergeschlagen wird. Zum Ausgleich von Abdampflieferung und -verbrauch ist vor der Abdampfmaschine ein Abdampfakkumulator (Wärmespeicher) eingebaut (Fig. 49 linker Zylinder). Dieser Wärmespeicher Fig. 50 ist mit aus Eisenblech gepreßten, flachen, wassergefüllten Schalen etagenförmig ausgesetzt. Der Abdampf wird in ihm so geführt, daß er gegen die Böden dieser Eisenschalen stößt und sie beheizt.

Zu Zeiten größerer Abdampflieferung wird sich der Druck im Wärmespeicher erhöhen und der höher temperierte Dampf an den kühleren Schalen abkühlen und durch seine Kondensation eine störende Drucksteigerung verhindern. Die Wassertemperatur wird dabei höher: Das Wasser speichert die Mehrwärme auf. Zu Zeiten größeren Abdampfverbrauches sinkt der Druck im Wärmespeicher, und aus dem jetzt höher temperierten Wasser bildet sich Dampf, so ein störendes Sinken des Dampfdruckes verhindernd. In Fig. 48 sind die hinten liegenden Niederdruckdampfzylinder leicht an ihren großen Kolbenflächen zu erkennen. Ihr Kolbenschieber liegt zur sicheren Abführung des Niederschlagwassers unterhalb des Zylinders (Fig. 47).

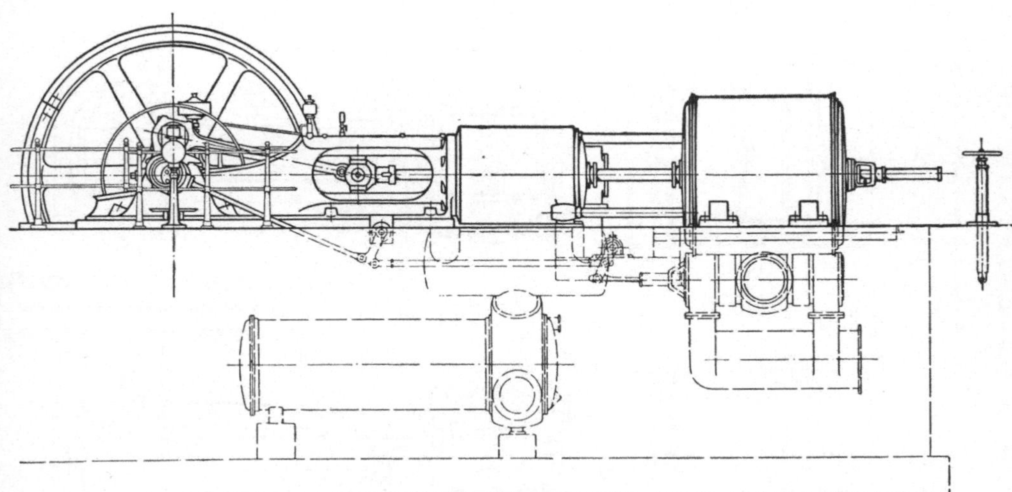

Fig. 47. Aufriß zu Fig. 48.

Warum macht man diese umständliche Anordnung und verläßt die frühere Übung, die Fördermaschinen an eine Zentralkondensation anzuschließen und den Dampf in diesen Maschinen bis auf Kondensatorspannung zu expandieren?

Die in den letzten Jahren auf den Gruben eingeführten Zentralkondensationen haben nicht den wirtschaftlichen Vorteil gebracht, den man auf Grund der an Betriebsmaschinen gemachten Erfahrungen erwartet hatte. Die Ursache liegt in der abweichenden ungünstigen Arbeitsweise der Fördermaschinen. Diese arbeiten mit wechselnden zeitweise großen Füllungen mit zwischenliegenden Pausen. Sie liefern den Abdampf in für die Mittelleistung reichlich bemessene Kondensatoren so stoßweise, daß eine wirtschaftliche Ausnutzung des Abdampfes erst durch den Einbau des geschilderten Wärmespeichers in die Auspuffleitung möglich wird, der den stoßweise fließenden Abdampfstrom in gleichmäßiger Strömung der Abdampfmaschine zuführt. Durch den Anbau der Abdampfmaschine wird der Gedanke der stufenweisen Dampfexpansion weiter ausgestaltet; eine Verbundfördermaschine wird dadurch zu einer Dreifachverbundmaschine. Auch hierdurch wird sich die Dampfausnutzung vergrößern, ohne daß die Komplikation der dritten Dampfstufe den Betrieb der Fördermaschine in irgendeiner Weise belastet.

Die zur Verfügung stehenden Abdampfmengen könnten verschieden verwertet werden, etwa zur Erzeugung von Elektrizität oder von Druck-

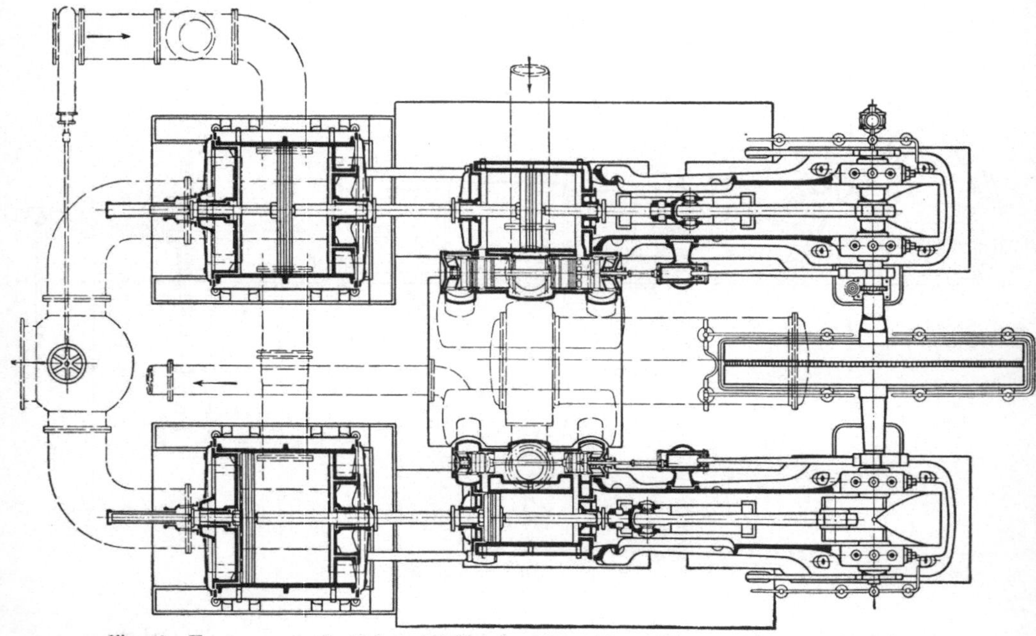

Fig. 48. Kompressor mit Abdampf-Kolbendampfmaschine. (Firma: Pokorny & Wittekind.)

luft. Letzteres empfiehlt sich besonders wegen des zeitlichen Zusammenfallens hohen Luftverbrauches durch die Kohlenbohrmaschinen und großer Förderung dieser gewonnenen Kohle. So wird die Abdampfanlage stets möglichst ausgenutzt, was für Abschreibung und Verzinsung von Vorteil ist. Der Abdampfkompressor liefert unter Berücksichtigung der in Frage kommenden höheren Anlagekosten die Druckluft zu einem Drittel bis die Hälfte des Preises, zu dem sie in einem besten Frischdampfkompressor erzeugt werden kann (nach Köster in Z. d. Ing. 1909, S. 1727, und Wolff in Glückauf 1910, S. 705).

Die erste derartige Anlage wurde von Pokorny und Wittekind 1908 in Österreich, zwei weitere Anlagen 1909 in Deutschland in Betrieb gesetzt.

In Konkurrenz mit der Abdampfverwertung durch Kolbenmaschinen tritt die durch Turbomaschinen. Zur Erzeugung von elektrischem Strome ist die Turbomaschine wegen der drehenden Bewegung des Stromerzeugers sowohl wie wegen der wirtschaftlicheren Abdampfausnutzung durch die Turbine allein am Platze. Handelt es sich um Erzeugung von Druckluft, so stehen sich Kolben und Turbomaschinen nahe gleichberechtigt gegenüber. Arbeitet die Dampfturbine zwar günstiger als die Abdampfkolbenmaschine, so arbeitet doch nach den bisherigen Erfahrungen der Kolbenkompressor günstiger als der Turbokompressor für die in Frage kommenden Luftdrücke. Nach Köster (1909) ist die Gesamtanordnung mit Kolbenmaschinen günstiger als die mit Turbomaschinen, ein Bild, das sich freilich alle Tage mit neueren Ausführungen verschieben könnte. Zudem ist nicht allein der Dampfverbrauch zu berücksichtigen, sondern auch die gesamten Anlagekosten. Auch hierdurch könnte eine Verschiebung der Werte stattfinden. Für

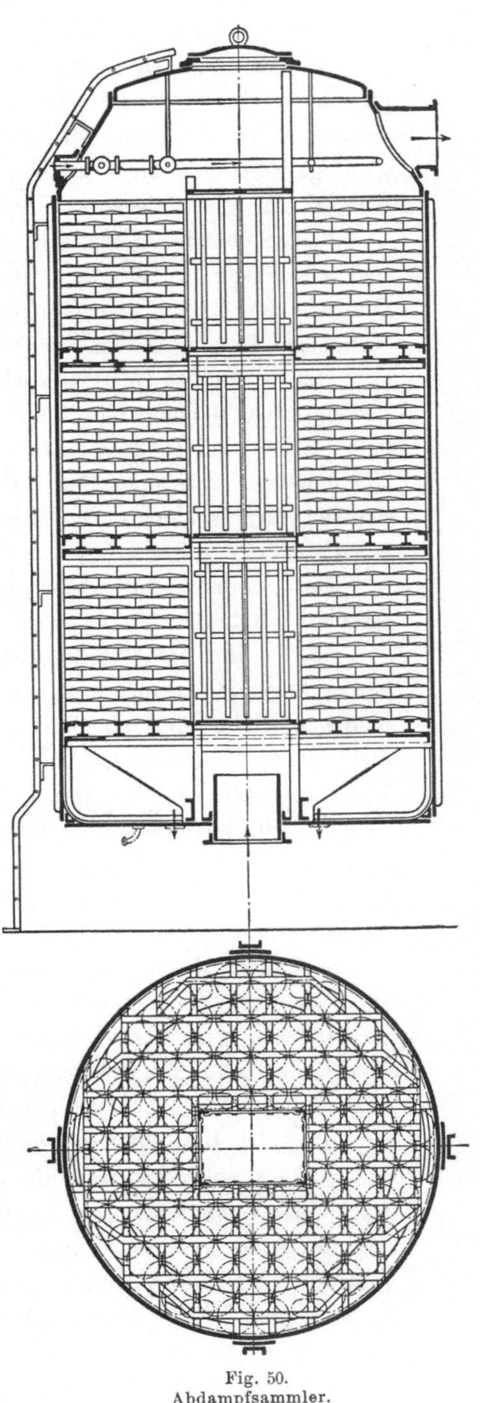

Fig. 50.
Abdampfsammler.

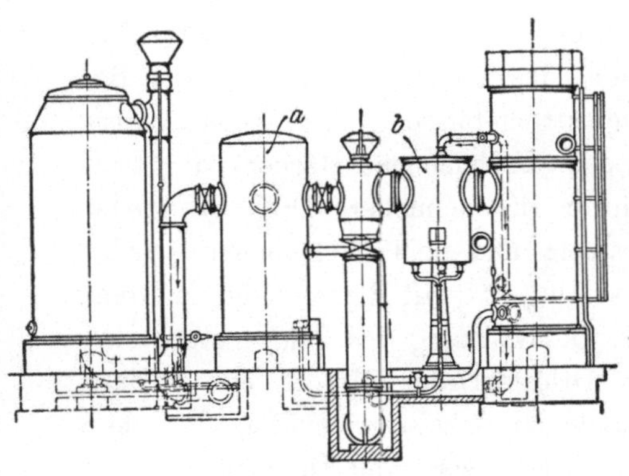

Fig. 49.
A usrüstung zur Abdampfverwertungsanlage.

etwa gleichartige Ausführungen stellte sich der Dampfverbrauch von Kolbenkompressor zu Turbokompressor wie 0,96 : 1 (Z. d. Ing. 1910, S. 1601).

Es sei noch an Hand der Figur 49 die Abdampfführung besprochen. In diese ist vor dem Sammler ein Ölabscheider a eingebaut. Der Abdampf tritt entölt in den Wärmespeicher. Das ist günstig, weil dann nicht die Wärmeaustauschflächen mit Öl beschmutzt werden, das als schlechter Wärmeleiter den Austausch behindert. Aus dem links stehenden Wärmespeicher geht der Dampf nach den Zylindern und aus diesen, wo er wieder Öl aufgenommen hat, durch einen zweiten Ölabscheider b nach dem rechts stehenden Kondensator. Das ölfreie Kondensat (5 g in 1 cbm) wird zur Kesselspeisung benutzt.

Der verwandte Wärmespeicher ist in Fig. 50 zu sehen. Durch das untere 600 mm weite Rohr strömt der Abdampf zu. Er verteilt sich seitlich und steigt durch die Lücken der gegeneinander versetzten (3200 Stück) Wasserschalen auf und geht durch den oberen rechten Stutzen zur Maschine. Die Schalen lassen in der Mitte einen Fahrschacht frei, durch welchen das Innere zugänglich wird.

Ein Vergleich mit Abdampfturbokompressor folgt in dem späteren Abschnitt Nr. 118.

63. — Der elektrische Antrieb von Kompressoren. Wegen der später folgenden Besprechung der Regelung des Luftdruckes auf gleichbleibende Höhe muß eine kurze Erwähnung der Betriebseigenschaften elektrischer Motoren geschehen. Es kann nur eine Aufzählung, keine Erklärung erfolgen, die tief in die Motorentheorie eingreifen müßte. Wenn auch die elektrische Kraftübertragung auf Gruben durch hochgespannten Drehstrom geschieht, so wird doch meist ein kleiner Teil dieser Drehstromenergie in Umformern in niedergespannten Gleichstrom verwandelt, da dieser für verschiedene Verwendung zweckmäßig erscheint zum Betrieb von Lampen, unterirdischen Lokomotiven und auch unseren Kompressoren. Gleichstromnebenschlußmotoren haben vor anderen den Vorzug einer durch Veränderung der Felderregung regelbaren Drehzahl. Bei Schwächung des Motorfeldes wird die den Betriebsstrom rückdämmende gegenelektromotorische Kraft des Ankers geringer, der Betriebsstrom und sein Drehmoment stärker, der Lauf des Ankers schneller, bis die durch die schnellere Drehung wieder wachsende Gegenkraft den Ankerstrom und sein Drehmoment wieder auf die Größe des Lastmomentes verringert. Mit dieser höheren Drehzahl läuft der Motor dann weiter. Bei Stärkung des Feldes stellt sich in ähnlicher Weise eine niedere Drehzahl des Motors ein. Diese Regelung geschieht ohne Widerstände im Arbeitsstromkreis, also ohne merkliche Verluste. Es kann auf diese Weise eine Drehzahländerung etwa im Verhältnis 1 : 2 erreicht werden.

64. — Regelbare Drehstrommotoren. Größere Kompressoren, insbesondere obertägige von der elektrischen Zentrale betriebene, werden mit normalen Drehstrommotoren ausgerüstet (Asynchronmotoren). Solche haben die für viele Zwecke unangenehme Eigenschaft, daß ihre Drehzahl nahezu unveränderlich ist. Nur durch Einschaltung kraftverzehrender Widerstände in den (sekundären) Ankerstromkreis kann eine Verminderung der Drehzahl erreicht werden. Eine Regelung der Luftlieferung muß daher bei gleichbleibender Drehzahl versucht werden. Neuerdings sind Ausführungen von Drehstrommotoren mit fast verlustloser Drehzahlregelung bekannt geworden durch das System Brown, Boveri-Scherbius und durch andere. Der (sekundäre) Ankerdrehstrom wird dem Anker eines Drehstromkollektormotors als Arbeits (Primär-) Strom zugeführt. Die in letzterem erzeugte mechanische Energie wird entweder durch Zwischengetriebe auf die Welle des ersten Motors zurückgeführt, oder zum Antrieb einer Drehstromdynamo verwendet, deren Strom an das Netz zurückgegeben wird. Ein Drehstromkollektormotor kann etwa wie ein Gleichstrommotor geregelt werden, indem sein durch transformierten Drehstrom (aus dem sekundären Stromkreis entnommen) erregtes Feld durch Schaltung im Transformator in seiner Stärke verändert werden kann. Einer Schwächung dieses Feldes entspricht ein verstärkter Ankerstrom mit größerer Leistung im Sekundärmotor, dementsprechend eine geringere Drehzahl und Leistung des Hauptmotors. So kann dessen Drehzahl ohne die sonst geübte Einschaltung verlustbringender Widerstände in seinen Ankerstromkreis geregelt werden.

Die Anlagekosten werden durch Hinzunahme einer bzw. zweier elektrischer Maschinen erhöht; doch macht sich dies aus den Stromersparnissen bezahlt, wenn häufige Drehzahländerungen erforderlich sind, oder wenn für eine im Werden begriffene Grube mit zunächst geringerem Druckluftbedarf von vornherein eine für spätere Verhältnisse passende Anlage aufgestellt werden soll, die dann zu Anfang mit wesentlich unternormaler Drehzahl laufen muß. Für Kompressoren sind solche Anlagen bis jetzt noch nicht bekannt geworden, wohl aber für Ventilatorantrieb, für welchen die Betriebsverhältnisse ähnlich liegen. Näheres ist aus einer von Brown, Boveri & Cie. herausgegebenen und bei Julius Springer-Berlin erhältlichen Schrift zu ersehen (Anordnungen zur Regulierung von Wechselstrominduktionsmotoren, System Brown-Boveri-Scherbius 1910; auch in Stahl und Eisen 1909, Nr. 15).

Eine mechanische Regelung bei gleichbleibender Drehzahl wird später besprochen werden, Nr. 92 und 93.

65. — Einfluß der Drehstromkolbenkompressoren auf das Kraftwerk. Hier muß noch der Einfluß durch Drehstrom angetriebener Kolbenkompressoren auf das Kraftwerk besprochen werden.

Der Drehstrommotor läuft mit fast gleichbleibender Umfangsgeschwindigkeit. Die höhere Drehzahl n bei Leerlauf und die niedere n_1 bei voller Belastung sind nur um 1,5—3 v. H. voneinander verschieden; wird der Motor von außen durch die Arbeitsmaschine zu Schwankungen innerhalb dieser Grenzen gezwungen, so wechselt seine Zugkraft zwischen Null und der Höchstkraft. Wird er zu höherer Geschwindigkeit gezwungen, als seinem Leerlauf entspricht, so wirkt er als Generator, Strom in das Netz zurückliefernd.

Nun wird aber der Drehstrommotor durch die wechselnden Kraftverhältnisse eines Kompressors zu Schwankungen von annähernd dieser Größe gezwungen. Der Luftwiderstand wechselt bei jedem Hube von einem geringen bis zu einem Höchstwert, und nur durch große Schwungmassen können die Drehgeschwindigkeitsschwankungen seiner Welle auf $^1/_{100}$ herunterbracht werden. Dies bedeutet aber schon eine große Leistungsschwankung am Drehstrommotor von einem Drittel bis zur Hälfte der Gesamtleistung. Diese wird aus dem Netz gedeckt und wirkt störend auf dasselbe ein, wenn die Leistung des Kompressors mehr als etwa die Hälfte bis ein Drittel der Zentralenleistung beträgt.

Näheres hierüber ist in einer Abhandlung von Havlizek in Z. d. V. d. Ing. 1900, S. 561 u. f. zu finden.

Der elektrische, unmittelbare Antrieb obertägiger Kompressoren erscheint überhaupt nicht besonders wirtschaftlich infolge der mehrfachen Kraftübersetzungen und erhöhten Anlagekosten. Es wird für ihn geltend gemacht, daß durch Erhöhung der Grundbelastung der elektrischen Zentrale diese den gesamten Kraftbedarf billiger erstelle, so daß diese Anordnung Vorteile bieten könne, auch wenn der Kompressor selbst unwirtschaftlicher arbeite. Diese Anordnung soll berechtigt sein, sobald die Kilowattstunde für 1,7 Pf. zu erzeugen möglich sei. Vgl. die Kostenrechnung in Glückauf 1907 S. 811.

66. — Das Inbetriebsetzen eines elektrisch betriebenen Kompressors. Die spätere Fig. 90 zeigt einen elektrisch angetriebenen Kompressor von 830 P. S. bei 5000 Volt Spannung und 50 Perioden/sec, $n = 125$—121/min. Der Anker ist mit Schleifringen und Kurzschlußvorrichtung versehen. Durch die Schleifringe wird während des Anlassens der (sekundäre) Ankerstrom durch einem schaltbaren Flüssigkeitswiderstand geführt, so daß schädlich hohe Anlaufstromstärken vermieden werden. Nachdem auf diese Weise der Motor auf seine Drehzahl gebracht ist, werden die Bürsten durch einen Handgriff abgehoben. Dies geschieht dabei so, daß durch die Abhubbewegung noch vor dem Abheben die Schleifringe kurz geschlossen werden. Umgekehrt erfolgt beim Wiederauflegen der Bürsten erst dieses, dann die Aufhebung des Kurzschlusses.

Der Anlaßwiderstand ist ein in Fig. 51 dargestellter Flüssigkeitsanlasser ohne Kurzschlußvorrichtung. Er besteht aus zwei übereinanderstehenden Behältern. Der untere dient zur Aufnahme der Flüssigkeit, der obere enthält die zum Stromschluß nötigen Elektrodenbleche. Durch eine Flügelpumpe kann die Flüssigkeit aus dem unteren Gefäß in das obere gedrückt werden. In diesem allmählich in die Höhe steigend, vermindert die Flüssgikeit mehr und mehr den Widerstand zwischen den Elektroden, so daß der Motor ungefährdet in Bewegung kommt. Wenn der Motor seine volle Drehzahl hat, wird die Wicklung seines Ankers in der oben erwähnten Weise kurzgeschlossen.

Aus dem oberen Gefäß des Anlassers fließt die Flüssigkeit bald durch ein nicht völlig geschlossenes Ventil wieder in den unteren Raum, so daß der Anlasser wieder betriebsbereit ist.

Die Ergebnisse an diesem Kompressor waren: für 1 P. S. $_{\mathrm{ind.}}$ des Motors $= 8,4$ cbm/Stunde Luft auf 7 Atm. abs.

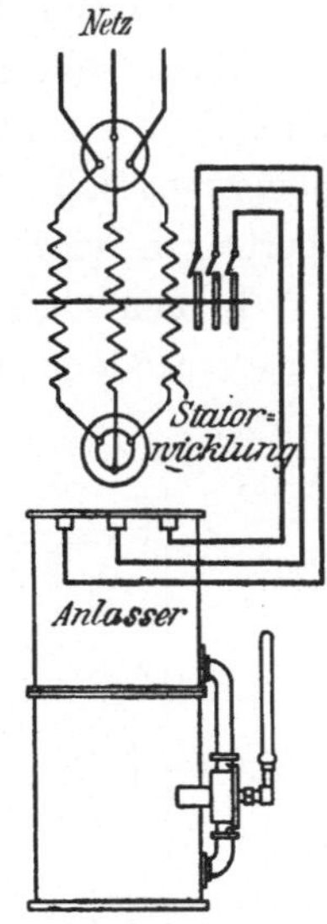

Fig. 51.
Anlaßwiderstand für
einen Drehstrommotor.

XIII. Anordnungen der Kompressoren.

67. — Zusammenstellung verschiedener Anordnungen. Diese richtet sich zunächst nach Menge und Druck der Luft. Bei niederen Drücken entschließt man sich für einstufige Kompression; bei höheren für zweistufige, die wieder in zwei verschieden großen getrennten Zylindern oder in einem Stufenzylinder vorgenommen werden kann. Für kleinere Luftmengen wendet man einen, für größere mehrere Zylinder an.

Die Zylinder können einfachwirkende offene oder zweifachwirkende geschlossene sein; eine besondere Klasse bilden die Stufenzylinder.

Dann ist der Kompressor irgendwie anzutreiben. Die Triebkräfte können verschieden sein: für kleinere Leistungen Riementrieb, für größere Kraftmaschinen, als Dampfmaschinen, Gasmaschinen, Elektromotoren. Diese Maschinen haben zum Teil einen oder mehrere Zylinder, z. B. Dampfmaschinen mit ein- oder zweistufiger Expansion. Dann können Luft- und Kraftzylinder liegend oder stehend angeordnet werden, oder die eine Gruppe liegend, die andere stehend (vgl. Fig. 27). Die Mannigfaltigkeit der möglichen Anordnungen ist also sehr groß.

In Fig. 52 sind einige liegende Anordnungen vorgeführt.

a zeigt einen Riemenantrieb, *b* und *c* Antrieb durch Elektromotor; in *a* und *b* kann auch an Stelle der einfachen Luftzylinder *L* je ein Einzylinderstufenkompressor wie in *c* treten. In *d* erfolgt der Antrieb des Einstufenzylinders durch Einzylinderdampfmaschine, deren Zylinder parallel zum Luftzylinder liegt. Die Anordnungen *a—d* haben das Gemeinsame, daß die Kraft durch ein Kurbelgetriebe auf den Luftkolben übertragen wird.

In den übrigen Anordnungen sind je ein Dampf- und Luftzylinder hintereinandergelegt. In *e* ein einstufiger Dampfzylinder und desgleichen

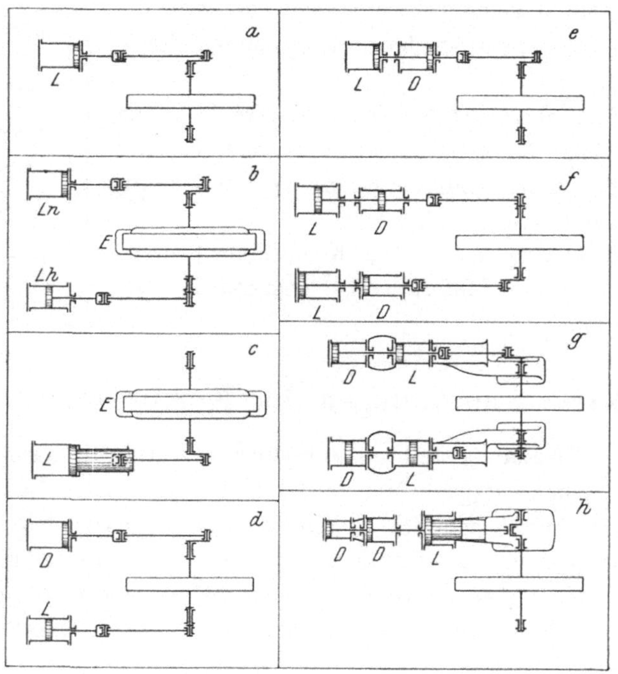

Fig. 52. Schema verschiedener Kompressor-Anordnungen.

Luftzylinder, in *f* dasselbe mit zwei parallelen Maschinenseiten als Zwillingsmaschine; die Anordnung *g* sieht der von *f* zunächst gleich, es sind aber zwei Unterschiede vorhanden; erstens liegen Dampf- und Luftzylinder vertauscht, und zwar der Luftzylinder vorne an der Kurbelseite, der Dampfzylinder hinten, und zweitens arbeiten Dampf- und Luftzylinder zweistufig: eine Verbunddampfmaschine treibt einen Stufenkompressor; in *h* liegen der Hoch- und Niederdruckdampfzylinder sowie der Einzylinderstufenkompressor hintereinander. Es kommen wohl auch Anordnungen vor, bei welchem die Stufenkompression in zwei hintereinanderliegenden Zylindern geschieht.

In den bisherigen Bildern sind liegende Anordnungen gegeben. Diese werden wegen ihrer leichteren Zugänglichkeit meist vorgezogen. Für kleinere marktgängige Formen wird die stehende Anordnung gewählt. Für größere Ausführungen wählt man stehende Anordnung wohl nur bei Mangel an Grundfläche. Große stehende Kompressoren sind sehr unzugänglich. Sonst hat die stehende Kolbenmaschine vor der liegenden den Vorzug, daß die Kolbengleitflächen wesentlich geschont werden, da die Kolben nicht mit ihrem Gewichte gegen dieselben drücken. In den Figuren 33, 53, 55 sind kleinere stehende Kompressoren dargestellt.

Die Anordnung der Zylinder nach g ist günstiger als die nach f. Diese Anordnung wurde von der Firma Pokorny & Wittekind zuerst getroffen und wird seitdem von anderen Firmen ebenfalls verwendet. Der Dampfzylinder, besonders bei Heißdampfmaschinen, dehnt sich nach Höhe und Länge bedeutend mehr aus als der wassergekühlte Luftzylinder. Daher ist es günstig, letzteren an den starren Rahmen der Maschine anzusetzen und den Dampfzylinder nach hinten zu nehmen, wo seinem Ausdehnungsdrang kein Hindernis entgegensteht. Bei vorne liegendem Dampfzylinder beeinflußt dieser Rahmen und Luftzylinder, wobei hauptsächlich in den Kolbenstangenführungen starke Zwängungen auftreten. —

68. — Stöße bei Kraftwechsel im Gestänge. Die Anordnungen Fig. 52 a—d haben das Gemeinsame, daß die Kraft durch ein Kurbelgetriebe auf den Luftkolben übertragen wird. Hierbei muß die Kraft durch verschiedene gegeneinander bewegte Gelenkflächen hindurchwandern, wobei Verluste durch Reibung entstehen. Wenn die Kurbeln aus einer ihrer Endlagen nach innen zurückkehren, müssen alle von ihnen geradlinig bewegten Teile ihre Bewegungsrichtung ändern. Dabei wechseln die Anlageflächen in den Gelenken, und wenn hierbei große Spielräume zu durchlaufen sind, trifft der voreilende Kurbelzapfen mit einer bestimmten Geschwindigkeit in der neuen Triebrichtung auf das bis dahin in der Totlage in Ruhe verbliebene Gestänge. Die hierbei auftretenden Stöße sind desto größer, je größer die Spielräume sind, und je größer die Umfangsgeschwindigkeit des Kurbelzapfens ist. Bei parallelen Zylindern mit versetzten Kurbeln tritt ein Stoß doppelt so oft, nach jeder Viertelumdrehung, auf. Die Spielräume in den Gelenken sind daher durch beste Bearbeitung auf das geringst mögliche Maß zu bringen und die Betriebsabnutzungen durch Nachstellung zu beseitigen.

Die Anordnungen e—h dagegen haben das Gemeinsame, daß Kraft- und Luftzylinder hintereinander liegen und die Kraft durch eine einfache Stange auf den Luftkolben übertragen wird. Das außerdem angeordnete Kurbelgetriebe kommt bei der Kraftübertragung nur mittelbar in Betracht, indem das Schwungrad als Kraftspeicher die jeweiligen Unterschiede in Kraftlieferung und Verbrauch auszugleichen hat. Die durch die gelenkigen Gestänge hin und her flutende Kraft ist also hier wesentlich geringer als bei den Anordnungen mit völligem Kraftausgang vom Kurbelzapfen. Daher fällt die Reibung geringer aus: Der mechanische Wirkungsgrad wird günstiger. Auch hier findet eine Richtungsumkehr des hin- und hergehenden Gestänges in den Totlagen statt. Die Umkehr wirkende Kraft geht aber dabei nur zum kleinen Teile von dem Kurbelzapfen bzw. dem Schwungrade aus. An dem Kolben des Gestänges selbst greifen solche Kräfte an, zunächst am Dampfkolben, der im Augenblick der Bewegungsumkehr treibenden Frischdampf erhält. Dann ist hinter dem Luftkolben im schädlichen Raume Druckluft aufgespeichert, die ebenfalls den Kolben in der Totlage nach der entgegengesetzten Richtung treibt. Zum Rückwerfen der Gestängemassen stehen also am Gestänge selbst genügende Kräfte zur Verfügung, so daß die Bewegungsumkehr mit solcher Beschleunigung erfolgt, daß der durch das Schwungrad vorbewegte Kurbelzapfen sich bemühen muß, hinter dem selbständig voreilenden Gestänge nachzueilen, um es nach einem kleinen Wettlaufe hinter dem Totpunkte zu erreichen. Er legt sich dann sanft gegen das Gestänge und ist zunächst froh, mit ihm Schritt halten zu können. Bei später eintretendem größeren Kraftverbrauch wird er dann kräftiger vordrängen. Maschinen solcher Anordnung laufen ruhiger als die der ersten Anordnung und eignen sich daher besser für hohe Drehzahlen. Die Anordnung d wird von einigen empfohlen, weil hier durch die Versetzung der Kurbeln ein besseres Zusammenfallen der höchsten Kraftleistung mit dem höchsten Kraftbedarf zu erzielen ist als bei hintereinanderliegenden Zylindern, bei denen der höchste Triebdampfdruck nicht einmal mit geringstem Widerstande, sondern sogar mit einer Kraftentfaltung im Luftzylinder zusammenfällt. Wir haben aber gesehen, daß dieses Zusammenfallen treibender Drücke im Hubwechsel nicht ungünstig, sondern gerade günstig wirkt, da diese Kraftentfaltung sehr notwendig zum Zurückwerfen des Gestänges gebraucht wird und Stöße zwischen Kurbelzapfen und Schubstange dadurch vermieden werden. Ein zum Schwungrad wandernder Kraftüberschuß ist gar nicht vorhanden, er wird unmittelbar im Gestänge verbraucht. Das Hin- und Herfluten der Kraft im Getriebe ist kaum größer als in der Anordnung d. Diese bietet also kaum Vorteile, sondern Nachteile.

Die Summierung von treibendem Luft- und Dampfdruck zu Beginn des Hubes wurde früher als schädlich angesehen: sie belaste das Gestänge zu sehr; das ist aber unschädlich, wenn man das Gestänge stark genug macht. Eine Sparsamkeit ist hier nicht am Platze. Die im Gestänge aufgewendeten Massen wirken bei hoher Drehzahl günstig als Kraftausgleicher, ähnlich wie das Schwungrad, indem sie bei Hubbeginn die Kraftüberschüsse in sich aufnehmen und sie gegen Hubende, wo die Dampfkraft nachläßt und der Luftwiderstand steigt, nutzbar abgeben. Bei diesem Kraftfluß im starren Gestänge finden keinerlei Verluste satt. Die Massen der Gestänge entlasten dabei auch das Schwungrad.

XIV. Ausgeführte Kompressorenanlagen.

69. — Überblick über die zu besprechenden Anlagen. In den folgenden Abschnitten sollen einige Ausführungen gegeben werden. Zunächst einstufige, dann zweistufige Kompressoren, darunter auch Einzylinderstufenkompressoren. Später dann als Sonderbauarten schnelllaufende Kompressoren und fahrbare Kompressoren, letztere meist elektrisch betrieben und zur Gruppe der schnellaufenden gehörig. Dem elektrischen Antrieb ist schon früher (Nr. 63—66) ein besonderer Abschnitt gewidmet worden. Die Eigenschaften der Antriebsmotoren sind dann nochmals bei der Besprechung der Regelung auf gleichbleibenden Luftdruck heranzuziehen. Ein weiterer Abschnitt ist der Frage der Schmierung und der Besprechung von Kompressorexplosionen gewidmet.

Eine völlige Sonderstellung nimmt dann der hydraulische Kompressor des Wasserkraft-Druckluftsyndikates Mülheim a. Rh. ein. Am

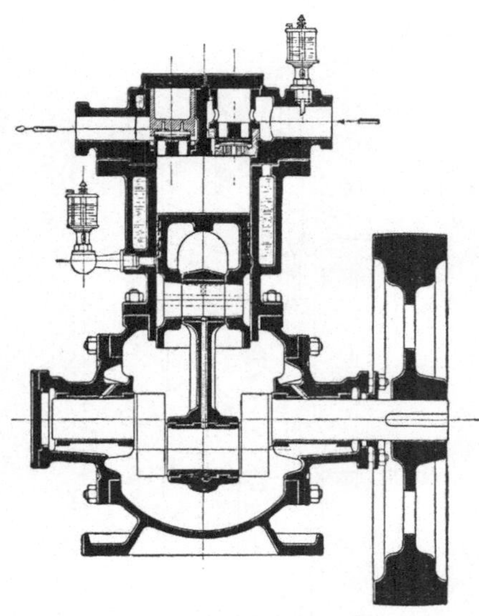

Fig. 53. Stehender Einstufenventilkompressor Maschinenbauaktiengesellschaft Balcke.

Schlusse des Buches sollen dann die Turbokompressoren eine kurze Besprechung erfahren. Einige Betriebsfragen werden zwischendurch zu erörtern sein.

70. — Einstufenventilkompressoren. Fig. 53 zeigt einen stehenden einfachwirkenden Ventilkompressor der Maschinenbauaktiengesellschaft Balcke. Der Antrieb erfolgt durch die seitliche Riemenscheibe. Die Ventile im oberen Deckel sind leicht zugänglich nach Abnahme des Verschlußdeckels (ohne Abnahme von Leitungen). Die Ventilsitze können ebenfalls leicht herausgenommen werden. Sie werden durch den Deckel mit Hilfe von Abstandsstücken niedergepresst. Die ganze

Maschine ist eingekapselt. Der Kurbelzapfen läuft durch ein unteres Ölbad. Schmierung ist reichlich vorgesehen im Ansaugeluftstrom und für die Kolbengleitfläche.

Sie werden gebaut mit 100—200 mm Durchmesser, 50—130 mm Hub, 550—330 Umdrehungen in der Minute und 10—150 cbm Luft-

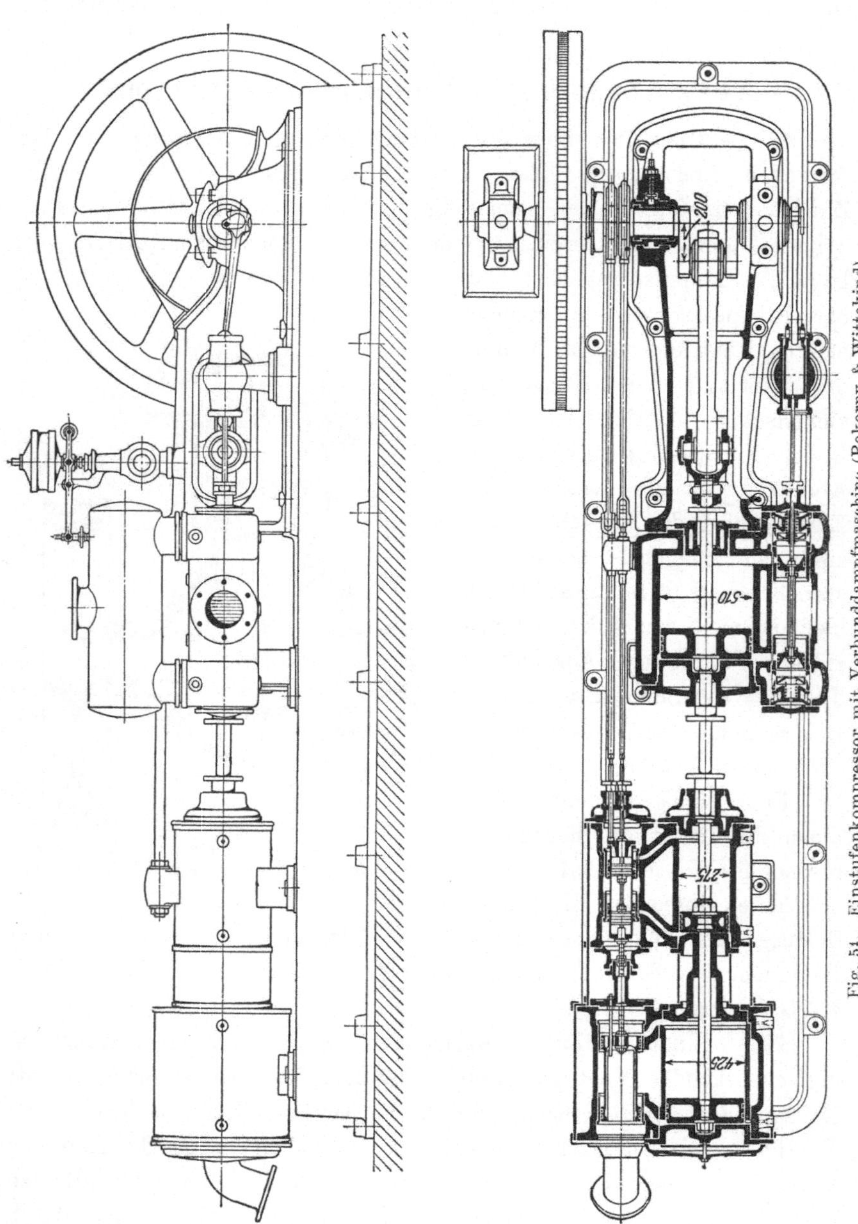

Fig. 54. Einstufenkompressor mit Verbunddampfmaschine (Pokorny & Wittekind).

Stunde erfordern bei 6 Atm. Druck 2—20 P. S. und kosten 500 bis 1500 *ℳ*.

Sie werden verwandt zur Druckluftlieferung zum Anlassen von Gaskraftmaschinen, zum Füllen von Windkesseln usw.

71. — Einstufenschieberkompressoren. Hierfür sind schon Beispiele in den Figuren 38 bis 40 gegeben. Es sind dies Kompressoren für 6 Atm. abs. Druck; für solchen Druck werden heute nur zweistufige Kompressoren gebaut. Für einstufige Anordnung mochte der in Fig. 38 erkenntliche Druckausgleich erforderlich erscheinen; aber schon Fig. 40 zeigt, daß auch er hier entbehrt werden kann. Der Druckausgleich wird heute nicht mehr angewandt auch bei einstufigen Kompressoren,

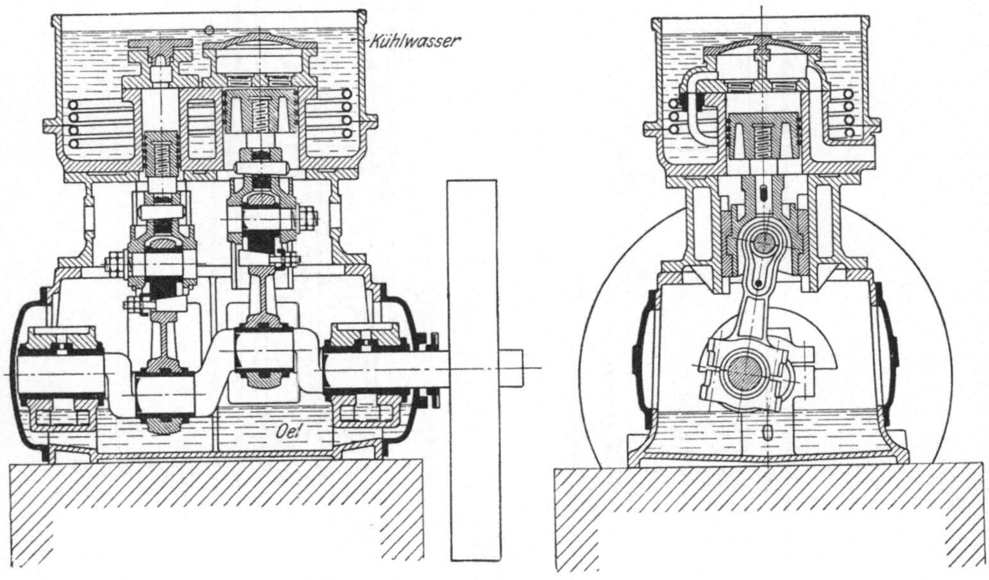

Fig. 55. Zweistufenventilkompressor. (Weise & Monski).

die für niedere Drücke unter 4 Atm. ausgeführt werden. Auch für höhere Drücke können einstufige Kompressoren am Platze sein, wenn diese nur vorübergehend in Betrieb genommen werden; selbst Wegfall der Kühlung kann hier gerechtfertigt werden. Bedingung ist, daß solche Kompressoren möglichst billig sind. Es seien hier des weiteren einige Ausführungen der auf diesem Gebiete bekannten Firma Pokorny & Wittekind, Frankfurt a. M., erwähnt. Die betreffende Köstersteuerung ist in den Figuren 41 und 42 gegeben.

Kleine Riemenkompressoren werden nach dem Schema Fig. 52a gebaut; größere mit einstufiger Dampfmaschine nach Fig. 52e, wenn wir Dampf- und Luftzylinder miteinander vertauschen. Diese Anordnung wird der Anordnung *d* wegen des stoßfreieren Ganges (vgl. Nr. 68) vorgezogen.

Fig. 54 zeigt einen doppelt wirkenden Einstufenkompressor mit Verbunddampfmaschine und Hintereinanderstellung der drei Zylinder.

Die Dampfzylinder sind mit Kolbenschiebersteuerung ausgerüstet. Der Behälter über dem Luftzylinder ist kein Kühler (einstufig!), sondern ein Windkessel. Die Verbunddampfmaschine gewährt den bekannten Vorteil geringeren Dampfverbrauches. Durch das enge Aneinanderstellen der Zylinder ist die Baulänge beschränkt worden.

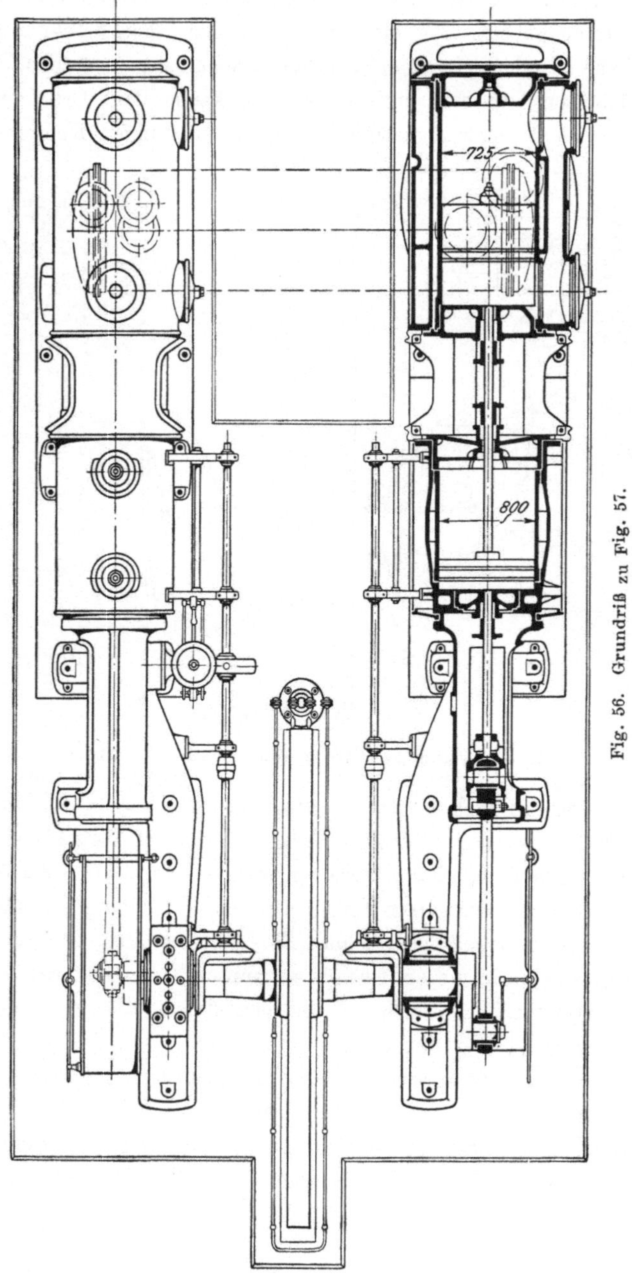

Fig. 56. Grundriß zu Fig. 57.

72. — Zweistufenventilkompressoren. Fig. 55 zeigt einen stehenden zweistufigen Kompressor der Firma Weise & Monski, Halle a. S., mit Riemenantrieb. Die im Zylinderdeckel befindlichen Ventile sind weggelassen. Aus dem Niederdruckzylinder strömt die Druckluft durch die im umgebenden Wassermantel liegenden Rohrschlangen nach dem Hochdruckzylinder. Die offenen Zylinder nutzen die Vorteile der Luftkühlung. Die Lager sind mit Ringschmierung versehen. Diese Kompressoren werden wie die in Nr. 70 in kleineren Ausführungen und für hohe Drehzahlen hergestellt.

Einen größeren liegenden zweizylindrischen Stufenkompressor zeigt Fig. 56 der Firma Rud. Meyer, Mülheim (Ruhr). Die Plattenventile sind schon in Fig. 29 und ein Querschnitt durch den Luftzylinder in Fig. 30 gegeben. Die Antriebsdampfzylinder mit Ventilsteuerung sind nach Fig. 52 f vorne an der Kurbelseite angeordnet. Neuerdings ordnet die Firma die Dampfzylinder nach Fig. 52 g hinten an. Der dargestellte Kompressor leistet bei $n = 96$/min. und 350 P. S. etwa 3500 cbm Stunde auf 6 Atm. abs. (Hub = 800 mm). Der mechanische Wirkungsgrad war (1908) = 91,8 v. H. und die für die Pferdestärke angesaugte Luftmenge = 9,93 cbm/Stunde. Fig. 57 gibt den Aufriß eines solchen Kompressors. Man beachte den kräftigen Bau des Gestelles und Lagers.

Der Kraftverbrauch der Ventile beträgt 4—5 v. H., also weniger als der von Luft und Ölpufferventilen.

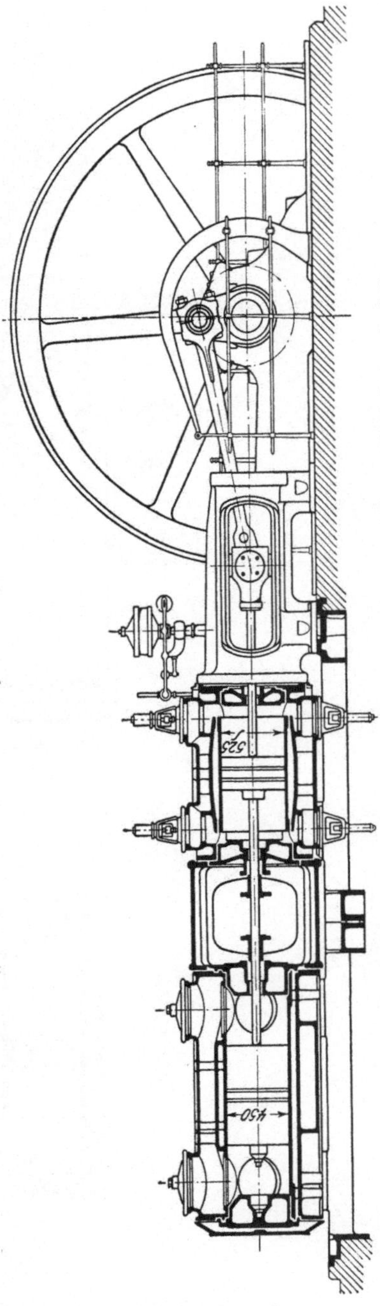

Dieser Stufenkompressor mit Verbunddampfmaschine kann nach Größe und Anordnung als typischer Grubenventilkompressor gelten.

Fig. 57. Liegender Zweistufenventilkompressor (Rud. Meyer, Mülheim). Aufriß.

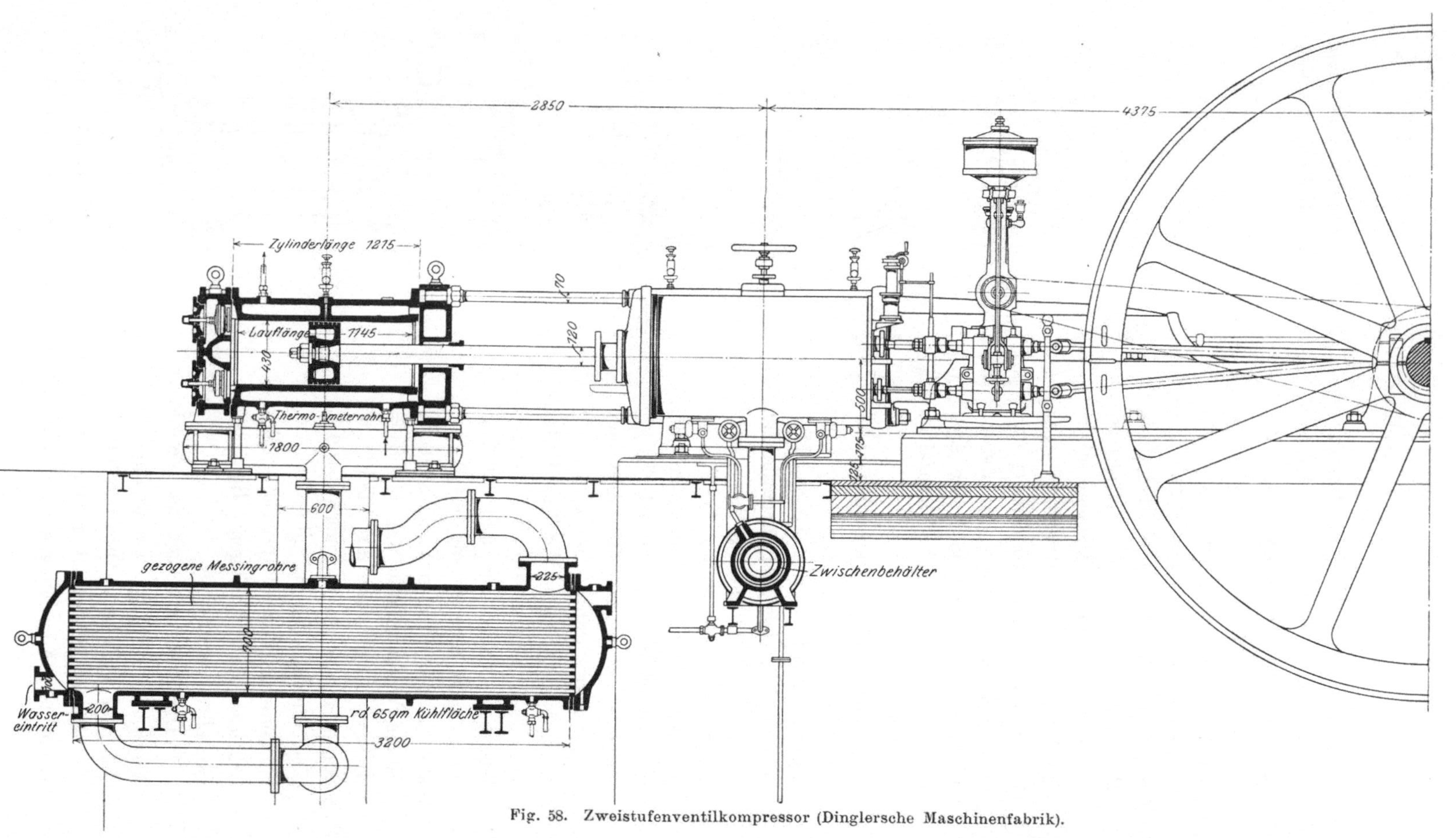

Fig. 58. Zweistufenventilkompressor (Dinglersche Maschinenfabrik).

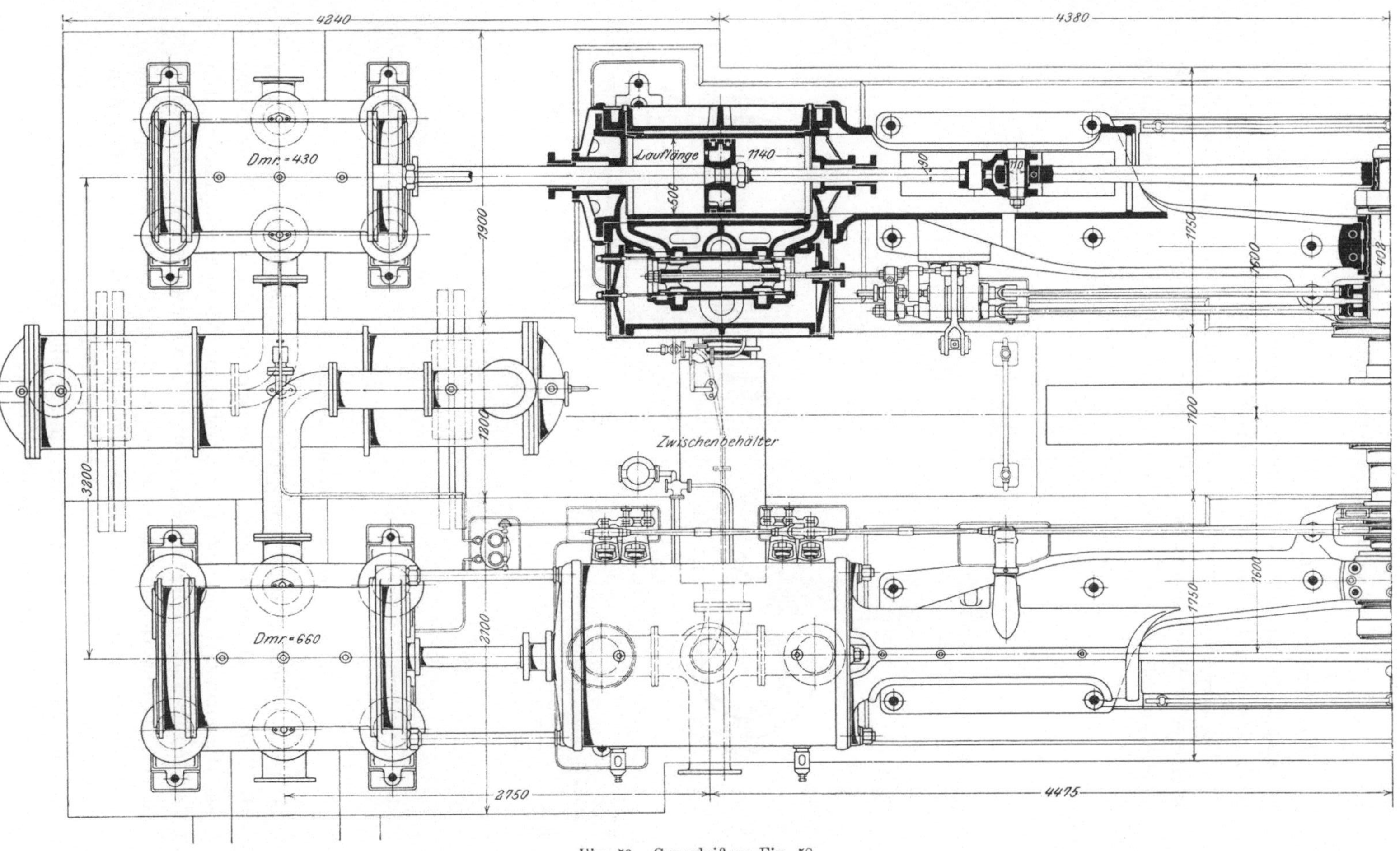

Fig. 59. Grundriß zu Fig. 58.

Wir bemerken eine große Breite der Luftkolben; diese ermöglicht, auf eine Abstützung der Gewichte durch eine nach hinten durchgeführte Kolbenstange mit Gleitschuh zu verzichten.

Fig. 58—60 zeigt einen Hörbiger Ventilkompressor der Firma Dinglersche Maschinenfabrik A.-G., Zweibrücken (1902). Die Hörbiger Ventile selbst sind in Fig. 22 bereits dargestellt. Die Gesamtanordnung

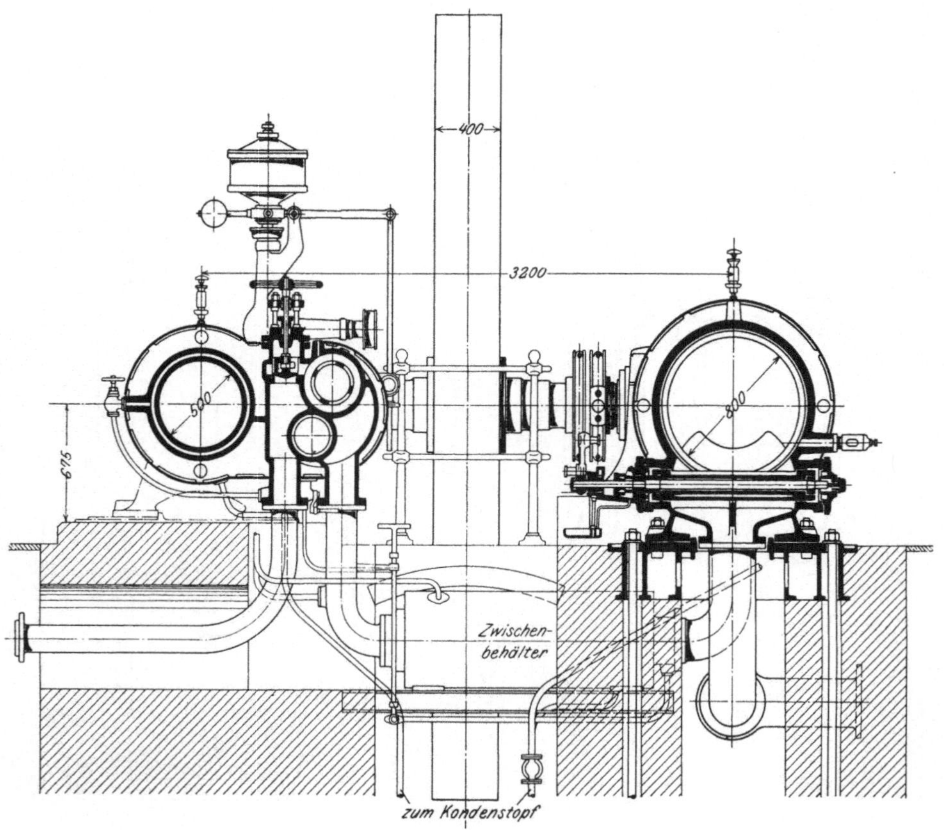

Fig. 60. Schnitt durch die Dampfzylinder der Fig. 58 und 59.

ist nach derselben Art wie bei dem vorher beschriebenen Kompressor. Die Dampfmaschinensteuerung ist hier eine andere: Doppelkolbenschieber am Hochdruckzylinder und Drehschieber am Niederdruckzylinder. Die Luftventile sind im Deckel angeordnet. Man beachte den Unterschied in der äußeren Gestaltung. Im vorigen Beispiel wurden Dampf- und Luftzylinder durch ein gußeisernes Zwischenstück (Laterne) miteinander verbunden, hier durch schmiedeeiserne Stangen. Eine kräftige Verbindung zwischen den Zylindern ist auf alle Fälle erforderlich. Die kräftigen Gestelle der Dampfmaschine sind auf dem Fundament befestigt,

die Zylinder aber mit gleitenden Füßen auf Rahmenteile oder besondere
Platten gesetzt. Dies gilt auch für andere Ausführungen. Der hintere Luftzylinder wird die größte Längsbewegung ausführen, da sich in ihm die

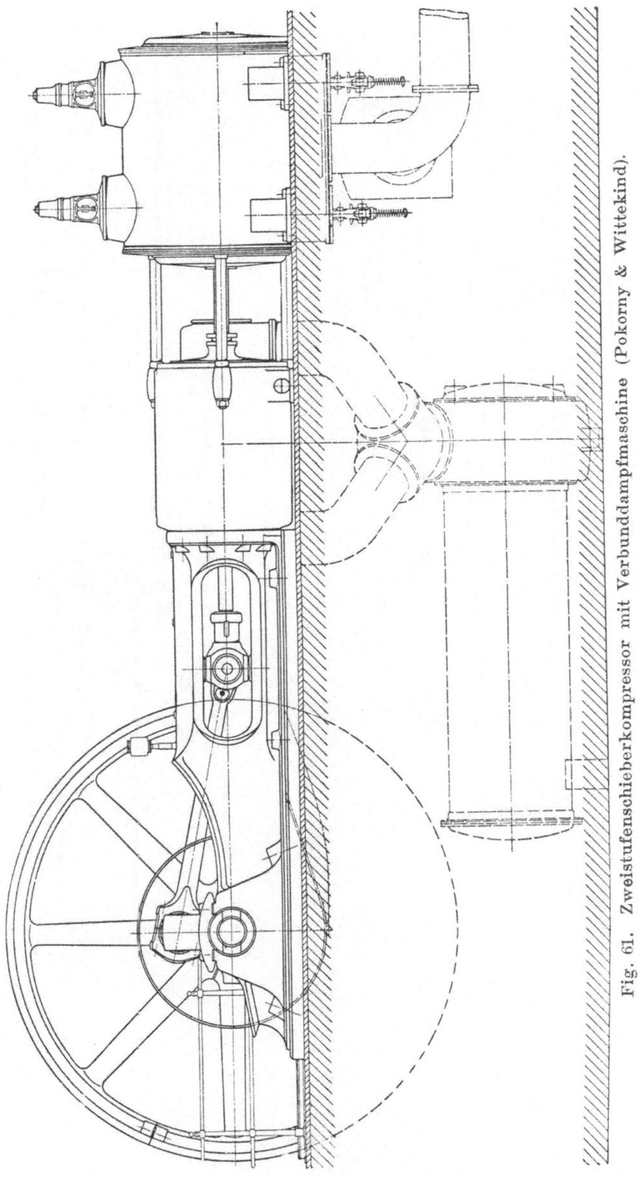

Fig. 61. Zweistufenschieberkompressor mit Verbunddampfmaschine (Pokorny & Wittekind).

Bewegungen beider Zylinder vereinigen. Wenn auch der Zylinder gleiten
kann, so ist er doch durch Luftleitungen an feste Punkte angeschlossen.
Daher sind diese Rohrleitungen durch Einschaltung von Krümmungen

biegsam gestaltet. Die Zylinderverschiebungen werden dann nur als schwache Drücke auf den parallel liegenden Zwischenkühler übertragen.

Die Leistung des Kompressors ist bei $n = 70$/min. (Kolbenhub = 1000) 2600 cbm/Luft Stunde bei 6 Atm. Druck.

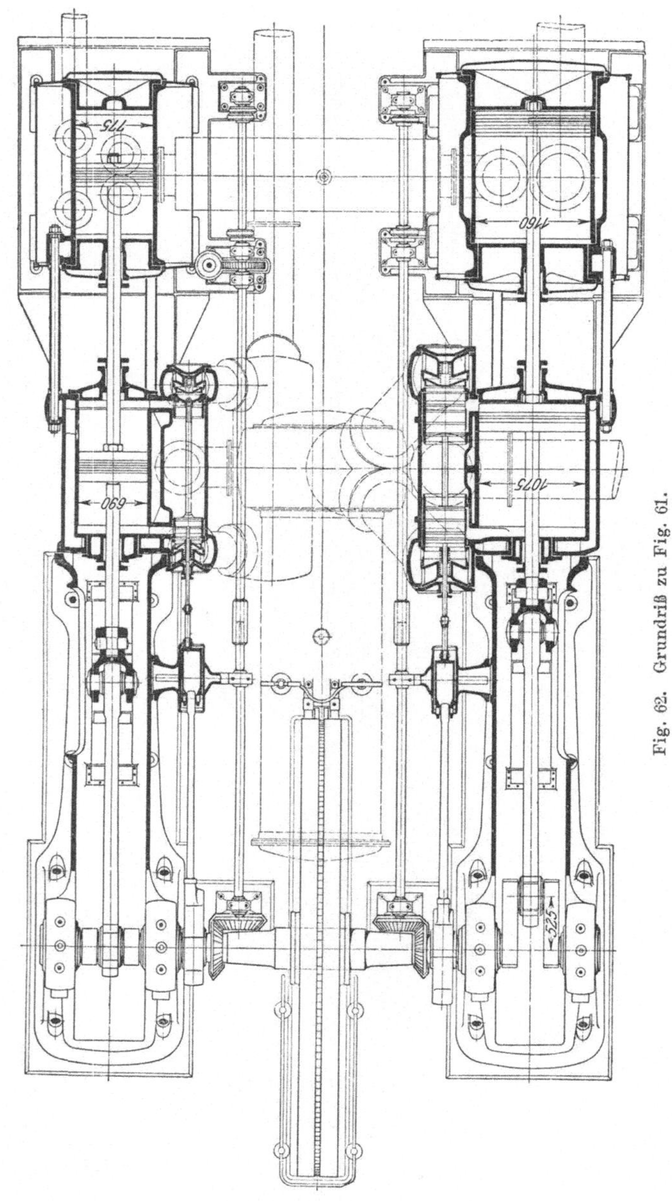

Fig. 62. Grundriß zu Fig. 61.

73. — Zweistufenschieberkompressoren. In Fig. 61—64 sehen wir einen Normaltyp eines Schieberkompressors von etwas größerer

Leistung als der in Fig. 57 gegebene Normaltyp eines Ventilkompressors. Die Dampfzylinder sind mit Ventilsteuerung und Leistungsregler versehen. Die Ergebnisse eines Kompressors ähnlicher Größe (600 P. S. waren: $n = 90$/min. (Kolbenhub $= 1000$), Raumwirkungsgrad $= 96—97$ v. H., mechanischer Wirkungsgrad $= 90$ v. H., Luftleistung $= 10$ bis 10,3 cbm/P. S./stunde bei 6 Atm. Druck. (Firma Pokorny & Wittekind.)

74. — Einzylinderstufenkompressoren. Um die Vorteile der Stufenkompression auch für kleinere Luftleistungen zu ermöglichen, hat die Firma Pokorny & Wittekind (etwa 1901), die Stufenkompression

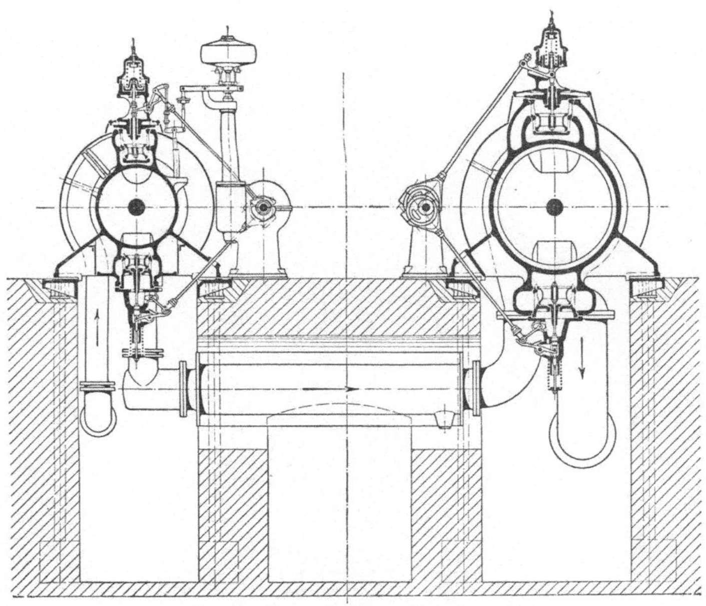

Fig. 63. Querschnitt zu Fig. 61 u. 62.

in einem Zylinder durchgeführt. Dies geschieht, indem die eine Zylinderseite als Niederdruck, die zweite Zylinderseite als Hochdruckstufe benutzt wird; dies wird durch Benutzung eines Stufenkolbens erreicht. Heute bilden diese Kompressoren eine von allen gebaute sehr beliebte Bauform, die auch für größere Leistungen bis etwa 2500 cbm/Stunde ausgeführt wird. Für größere Leistungen bis ca. 5000 cbm/Stunde werden auch zwei parallel arbeitende Stufenzylinder verwendet (Fig. 67).

Die frühere Fig. 27 stellte einen solchen liegenden Stufenzylinder dar. Die Stufenwirkung wird dadurch erreicht, daß die linke Kolbenfläche durch Anbau eines Tauchkolbens von geringerem Durchmesser, der gegen die linke Deckelseite abdichtet, verkleinert wird. Es bleibt als wirksame Fläche eine Kreisringkolbenfläche übrig. Der Vorgang der Kompression ist dann: Die Luft wird durch die rechte Zylinderseite von

rechts außen angesaugt, beim Rückhub verdichtet und in den inneren
Kanal bzw. den hier einzubauenden Zwischenkühler gedrückt. Beim
Rechtshube saugt der Ringkolben durch seine Saugventile aus diesem
Raume an und drückt die Luft beim Linkshube auf die Endspannung.

Der Stufenkolben hat manche Vorzüge. Er wird als offener Kolben
gebaut und ermöglicht daher eine Kühlung des Kolbens durch die äußere
Luft. Ferner gestattet er einen unmittelbaren Angriff der Schubstange,
wobei der Kolben die Stelle des Kreuzkopfes vertritt. Die Baulänge

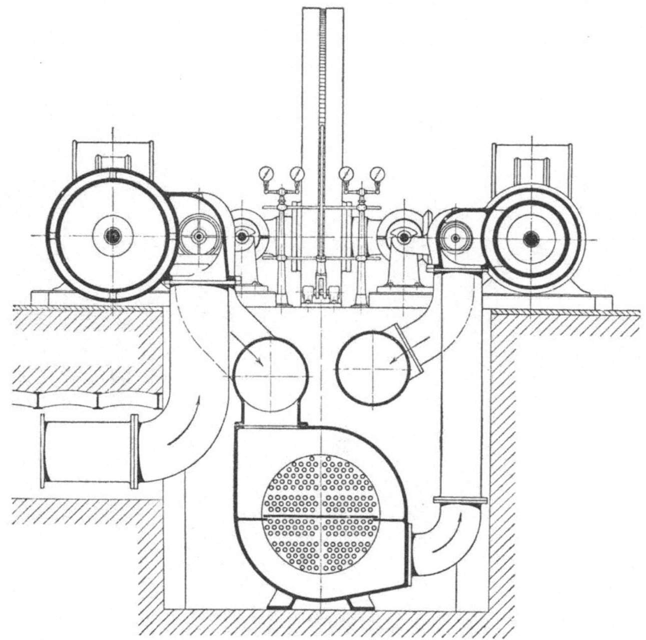

Fig. 64. Querschnitt zu Fig. 61 u. 62..

solcher Kompressoren wird also gering. Gegenüber den die zwei letzten
Vorteile ebenfalls bietenden einfachwirkenden Zylindern (Fig. 53 und 55)
hat der Stufenzylinder noch ohne nennenswerte Verteuerung den Vorteil der Stufenkompression.

Die Dichtung des tauchkolbenartigen kleineren Kolbens geschieht
meist nicht durch Stopfbüchse, sondern durch Dichtungsringe am Kolben,
die in der verlängerten Führungsbüchse abdichten. Andere ordnen im
Gestell feste nach innen gegen den Tauchkolben federnde Dichtungsringe an. Stopfbüchsen sind an Kompressoren nicht gerade beliebt.
Bei doppeltwirkenden Kompressoren werden Stopfbüchsen an der Durch-
dringungsstelle der Kolbenstange nötig. Diese Stopfbüchsen werden
meist mit den Metallpackungen versehen, die sich bei Heißdampfmaschinen
bewährt haben.

Bei diesem Stufenzylinder (Fig. 27) ist eine Zwischenkühlung nicht vorgesehen. Man begnügt sich mit der Kolbenkühlung durch äußere Luft. Die Fig. 17 zeigte die äußere Ansicht eines Einzylinderstufenkompressors mit über dem Zylinder liegenden Rippenzwischenkühler. In der ebenfalls früheren Figur 33 sehen wir einen stehenden Einzylinderstufenventilkompressor. Die Anordnung der Ventile der Nieder-

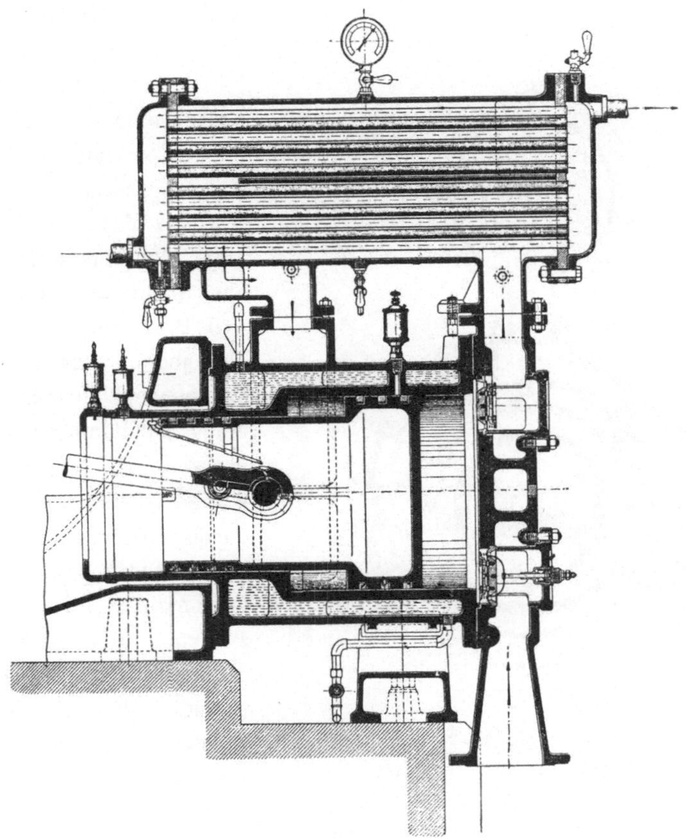

Fig. 65. Einzylinderstufenkompressor von Borsig, Tegel.

druckseite und der Luftweg bis zu dessen Druckventilen ist bereits erläutert (Nr. 50). Aus dem Druckraum im oberen Deckel strömt die Niederdruckluft durch einen nicht dargestellten Zwischenkühler nach einem am unteren Ende des Stufenzylinders befindlichen Saugstutzen (im Seitenriß auf der rechten Seite), durch dessen Saugventil in den Ringraum und beim Abwärtsgange des Ringkolbens durch das linke Druckventil in die Druckleitung.

Fig. 65 u. 66 zeigt in größerer deutlicher Darstellung einen Ventilkompressor von Borsig mit Lindemann-Ventilen (vgl. Nr. 45, Fig. 25

und 26). Die Niederdruckventile sind im rechten Deckel, die Hochdruckventile, wie aus dem Querschnitt ersichtlich, in der Zylinderwand angeordnet. Die Niederdruckluft durchströmt einen oben liegenden Zwischenkühler. Sie durchströmt ihn in drei Zügen: nach links, nach rechts und wieder nach links. Mantelkühlung, Zwischenkühlung, Zu- und Abfluß des Wassers sowie die Schmierung sind aus diesem Bilde gut zu ersehen, ferner die Abdichtung der Kolben und die Luftkühlung derselben.

Einen Zwillings-Einzylinderstufenkompressor mit elektrischem Antrieb (Firma Rud. Meyer Akt.-G., Mülheim (Ruhr) mit 4000 cbm/stunde auf 7 Atm. abs. bei $n = 130$/min. und 410 P. S. zeigt die Fig. 67. Auf jeder Seite der Zweikurbelmaschine befindet sich ein Einzylinderstufenkompressor. Die Figur läßt die kurze Baulänge, erreicht durch den offenen, gleichzeitig als Kreuzkopf benutzten Stufenkolben, erkennen. Der zwischen den Stufen angeordnete Röhrenkühler liegt unter Fundament. Der Kompressor ist mit den in Nr. 47 beschriebenen Meyer-Streifenventilen ausgerüstet. Gegebenen Falles kann die Maschine mit einer Seite allein arbeiten.

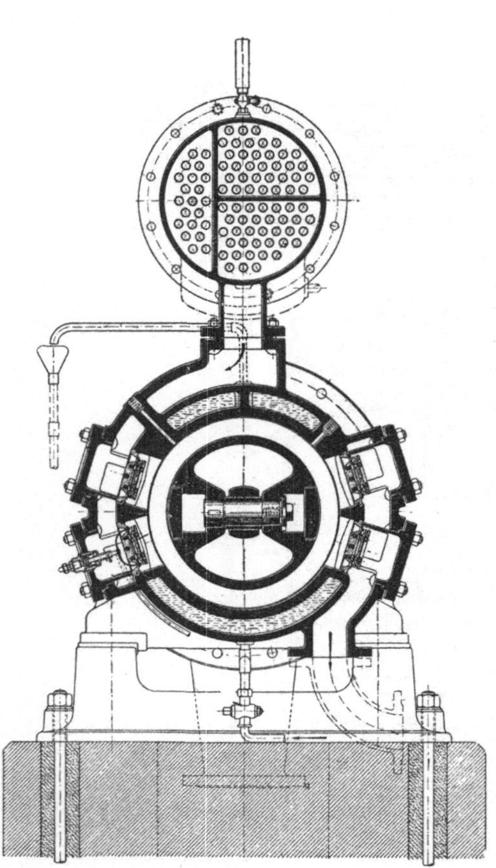

Fig. 66. Querschnitt zu Fig. 65.

Der Antrieb erfolgt durch einen Gleichstrommotor (500 Volt Spannung) und läßt eine Drehzahländerung von 130 (normal) auf 100 zu. Dieser Kompressor wurde 1902 als erster unmittelbar elektrisch angetriebener Kompressor Deutschlands gebaut (für Zeche Zollern II der Gelsenkirchener Bergwerks-Akt.-Ges.). Er läuft seit dieser Zeit in dauerndem Tag- und Nachtbetrieb, ohne bisher zu irgend welchen Klagen Veranlassung gegeben zu haben. Seine Zahlen sind: Luftdruck $= 7$ Atm. abs., Menge $= 4000$ cbm/stunde bei $n = 130$/min., P. S. $= 410—415$, Hub $= 600$ mm.

74 a. — Einzylinderstufenkompressor durch Gleichstromdampf-

maschine angetrieben. Besonders einfache Anordnung ergibt sich bei Antrieb eines Einzylinderstufenkompressors durch eine Gleichstromdampfmaschine, die nach Abschnitt 60 und 61 den geringen Dampfverbrauch einer Verbunddampfmaschine ergibt. Fig. 68—70 stellt eine solche von der Firma Zwickauer Maschinenfabrik für eine Mine in Deutsch-Südwestafrika gelieferte Anlage dar. Für überseeischen Betrieb sind solche einfache Anordnungen besonders zu empfehlen.

Der sich an der Kurbelseite befindende Kompressor - Stufenzylinder stimmt mit dem im vorigen Abschnitte beschriebenen ungefähr überein. Der Nieder- und Hochdruckstufe verbindende Kühler ist seitlich unter Fundament gelagert. Die im Deckel angeordneten Saugventile der Niederdruckstufe sowie die im Mantel befindlichen der Hochdruckstufe können zwecks Regelung der Luftleistung durch besondere von der Druckluft beeinflußte kleine Kolben zeitweise geöffnet gehalten werden. Dies ist im späteren Abschnitte Nr. 93 besonders geschildert. Eine zweite Regelung kann durch Veränderung der Drehzahl durch von Hand erfolgende Verstellung am auf der Steuerwelle befindlichen Achsenregler vorgenommen werden. Darüber ist Näheres in den späteren Abschnitten

Fig. 67. Zwillings-Einzylinderstufenkompressor. (Rud. Meyer, Mülheim-Ruhr.)

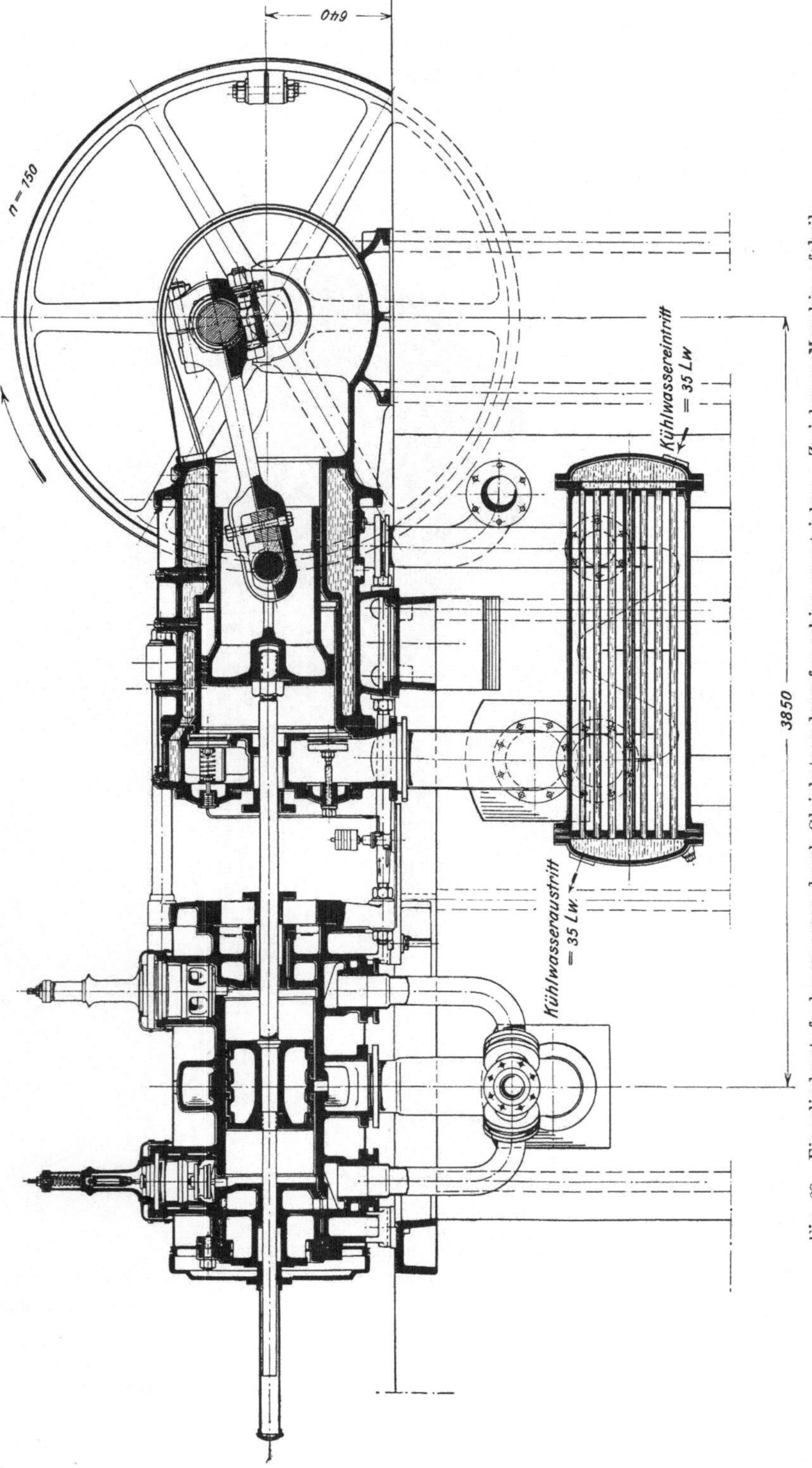

Fig. 68. Einzylinderstufenkompressor durch Gleichstromdampfmaschine angetrieben. Zwickauer Maschinenfabrik.

Nr. 87 und 90 zu finden. Die Verstellung am Achsenregler kann während des Ganges erfolgen.

Der Gleichstromdampfzylinder ist am hinteren Ende der Maschine angeordnet.

Bei der bisher üblichen, jetzt Wechselstromdampfmaschine genannten Anordnung befinden sich an den Enden des Dampfzylinders je ein Dampfeinlaß und -auslaßorgan. Der auf dem Aushub einströmende Dampf strömt auf dem Rückhube in entgegengesetzt gerichteter Strömung aus. Der ausströmende kalte Dampf strömt am Einlaßorgan vorbei und kühlt den ganzen vorderen Teil des Zylinders aus, dessen Wärme mit in den Auspuff nehmend. Die so verloren gehende Wärme wird dem beim nächsten Hube einströmenden Dampfe entnommen, wobei derselbe entsprechende Mengen kondensiert. Diese starken Verluste können durch die verwickelte Verbundanordnung vermindert werden. Durch die Stufenexpansion in verschiedenen Zylindern werden die Temperaturunterschiede zwischen eintretendem und auspuffendem Dampfe je Zylinder geringer und somit die geschilderten Dampfverluste.

Bei der Gleichstromdampfmaschine ist an den Zylinderenden nur je ein Einlaßorgan vorhanden. Der Dampfaustritt erfolgt am Ende des Kolbenhubes durch in der Zylindermitte befindliche Schlitze von großem Querschnitte. Der Auslaß beginnt, wenn der lange Dampfkolben auf seinem Hinhube etwa 10 v. H. vor Hubende die Auslaßschlitze freigibt und endet an derselben Stelle im Rückhube. Es steht dem Abdampfe nur geringe Zeit zum Austritte zur Verfügung. Auf dem Kolbenrückgange findet eine frühzeitige Kompression des Restdampfes statt. Damit diese nicht zu zu hohen Kompressionsspannungen führt, ist es erforderlich, daß die Kondensatorspannung, die sich zur Zeit des Auspuffens dem Zylinderraume mitteilt, möglichst niedrig sei. Die Gleichstromdampfmaschine zwingt also zu dampfsparender niederer Kondensatorspannung. Der große Querschnitt der Auslaßschlitze ermöglicht das völlige und widerstandslose Auslassen des Abdampfes in kürzester Zeit. Der Dampfzylinder bleibt daher nur kurze Zeit mit dem niedertemperierten Auspuffdampf in Berührung, so daß ihm nur wenig Wärme durch den abziehenden Dampf entführt wird. Auch strömt der Auspuffdampf nicht an dem vorderen heißen Zylinderteil vorbei. Die während der länger dauernden Kompressionsperiode an den Restdampf übergehende Zylinderwärme ist nicht verloren, sondern bleibt der Arbeitsleistung, wenn auch in entwerteter Form, erhalten.

Diese einfache Darstellung der Verhältnisse mag hier genügen. In Wirklichkeit liegen die Verhältnisse verwickelter, und laut ist der Streit der Meinungen. Man vergleiche hierzu Z. d. V. d. Ing. 1910, S. 1890 u. f.

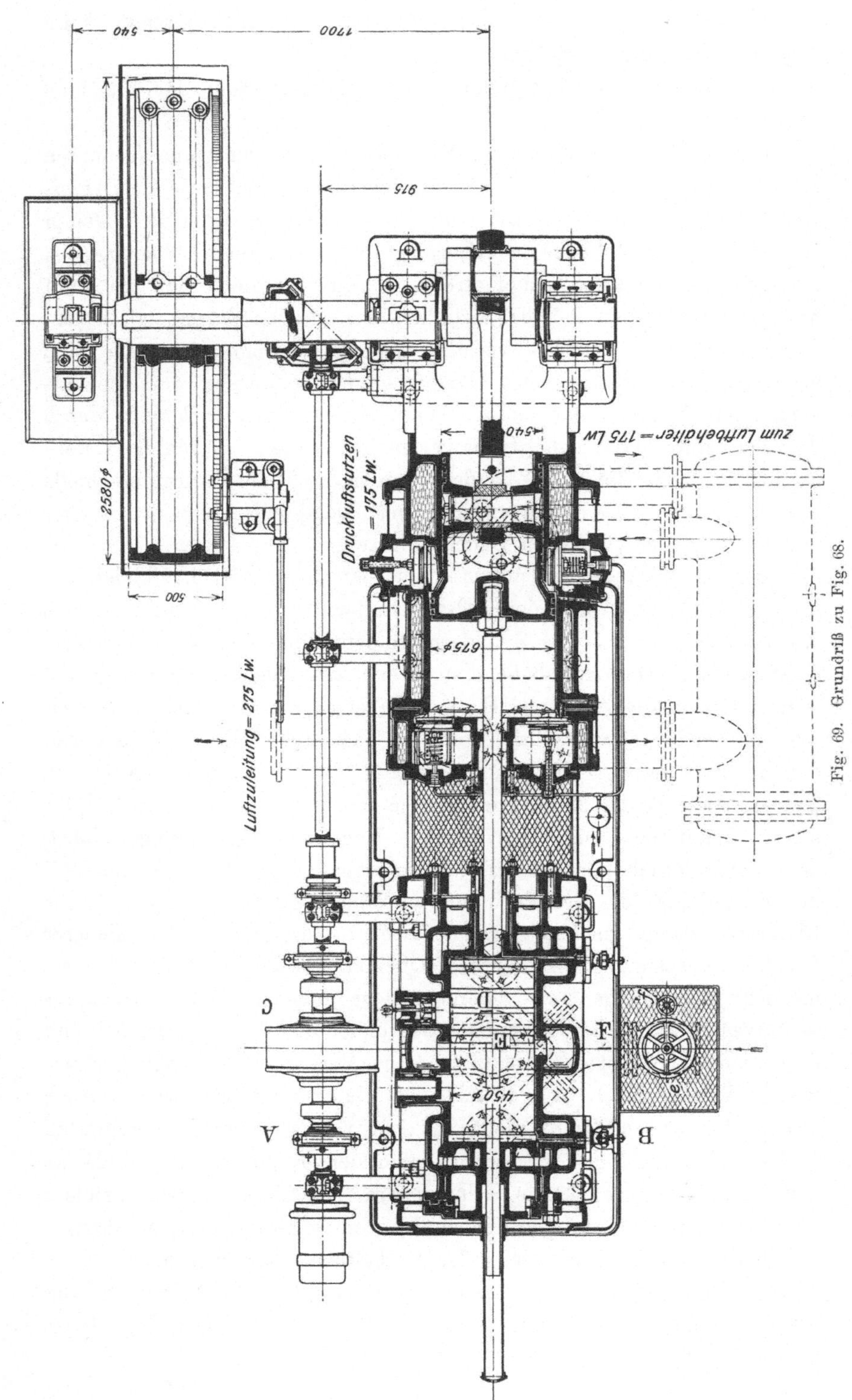

Fig. 69. Grundriß zu Fig. 68.

Das Ergebnis jedoch ist nicht zu bestreiten, daß die Gleichstromdampfmaschine bei einfacher Steuerung und einstufiger Expansion den geringen Dampfverbrauch der Zweifach- und Dreifachverbundmaschinen aufweist.

Die Gleichstromdampfmaschine weist einen Kolben auf, dessen Länge etwa gleich der Hublänge ist. Der doppeltwirkende Zylinder ist als naher Zusammenbau zweier einfachwirkender Zylinder zu betrachten. Die in der Mitte des langen Zylinders liegende Auslaßschlitzsteuerung dient dem Auslasse beider Zylinderseiten.

Diese Auslaßschlitze sind in Fig. 68—70 im Aufriß, Grundriß und im Schnitte EF gut zu sehen. Der Frischdampf strömt von unten durch die hohlen Zylinderdeckel nach den oben liegenden Einlaßventilen. Die äußere Steuerung derselben geschieht durch ein Exzenter auf der zur Maschinenachse parallelen Steuerwelle. Die Exzenterstange bewegt einen Schwingdaumen, der durch Vermittlung eines kleinen Zwischenhebels auf die Ventilspindel einwirkt. Der auf der Steuerwelle befindliche Achsenregler wirkt bei Drehzahländerung so auf die Exzenterscheiben, die nicht unmittelbar von der Steuerwelle angetrieben werden, ein, daß er sie gegen die Steuerwelle verdreht, wodurch entsprechende Füllungsänderungen eingestellt werden.

Bei Störungen im Betriebe des Kondensators treten Druckerhöhungen in demselben auf, die sich auf den Dampfzylinder fortpflanzen. Der frühzeitige Kompressionsbeginn würde dann zu gefährlich hohen Kompressionsendspannungen führen. Deshalb sind am Dampfzylinder im Schnitte AB rechts ersichtliche, von außen einstellbare Sicherheitsventile angeordnet, die sich nach dem Frischdampfraume öffnen, sobald die Kompressionsspannung die Frischdampfspannung um ein bestimmtes überschreitet.

Bei eingestellter Kondensation herrscht zu Beginn der Dampfkompression die hohe Auspuffspannung, die außerordentlich hohe Kompressionsspannnngen zur Folge hätte. Um diese zu vermeiden wird bei einigen Gleichstromdampfmaschinen der an sich gering gehaltene schädliche Raum durch Zuschalten von besonders vorgesehenen Räumen vergrößert, so daß gefährliche Endspannungen nicht entstehen. Große schädliche Räume vermehren aber den Dampfverbrauch. In unseren Fig. 69 u. 70 ist ein anderer Ausweg beschritten. Am Dampfzylinder sind besondere Dampfauslaßkolbenschieber etwa in der Hubmitte der einzelnen Zylinderseiten vorgesehen, die bei Auspuffbetrieb mit einem auf der Steuerwelle vorgesehenen Antriebe verbunden werden.

Diese Hilfsauslaßschieber sind im Grundriß und im Schnitte CD links gut zu sehen. Sie werden so gesteuert, daß ihr Auslaß so lange geöffnet ist, bis der Kolben auch diese Öffnungen überlaufen hat. Die hiebei auftretende Kompressionsspannung kann die Eintrittsspannung nicht überschreiten.

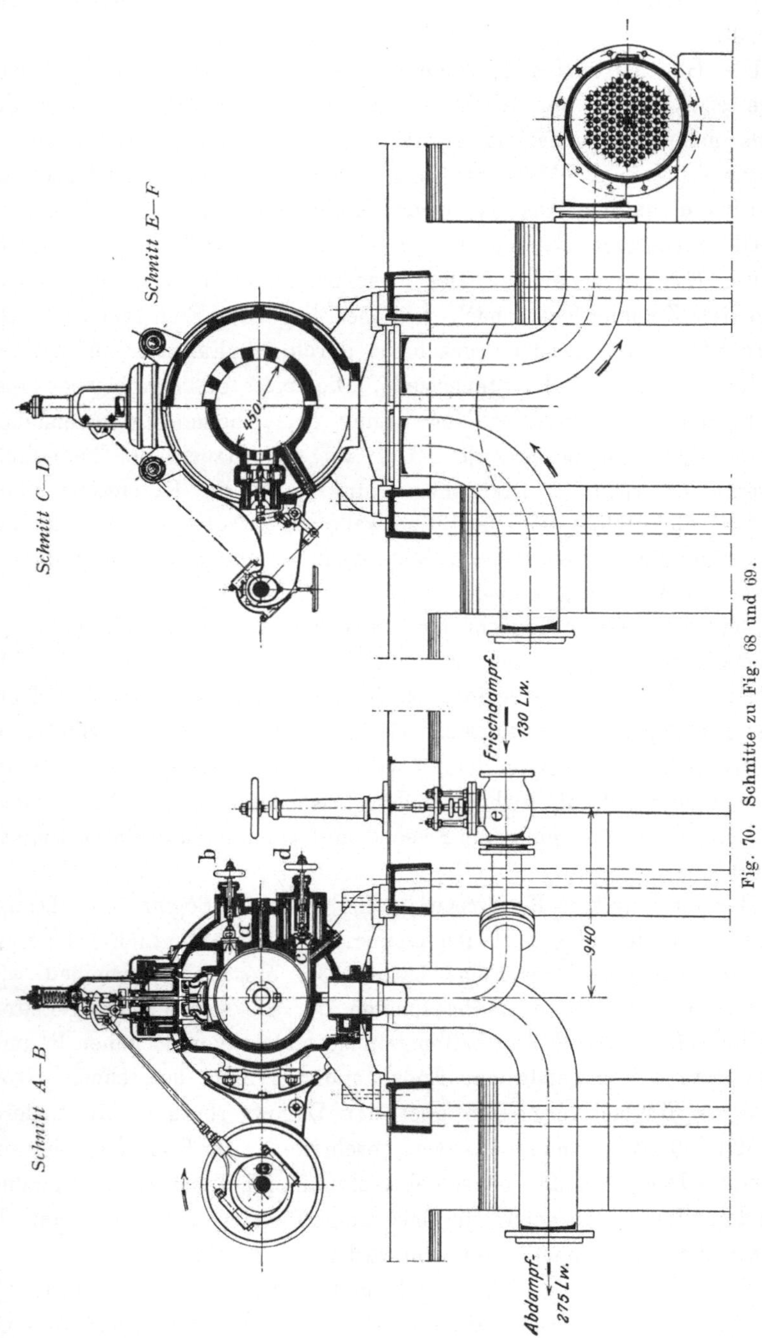

Fig. 70. Schnitte zu Fig. 68 und 69.

Die Zwickauer Maschinenfabrik gehört mit zu den ersten Firmen, die den Bau von Gleichstromdampfmaschinen aufgenommen haben.

75. — Hochdruckkompressoren. Für höhere Drücke von 15—50 und mehr Atmosphären werden dreistufige Kompressoren mit zweifacher Zwischenkühlung verwendet. Solche Kompressoren werden auch im Grubentriebe nötig zur Füllung der Windkessel von unterirdischen Pumpen in großer Teufe sowie bei den Kälteerzeugungsanlagen zum Niederbringen von Schächten mittelst des Gefrierverfahrens.

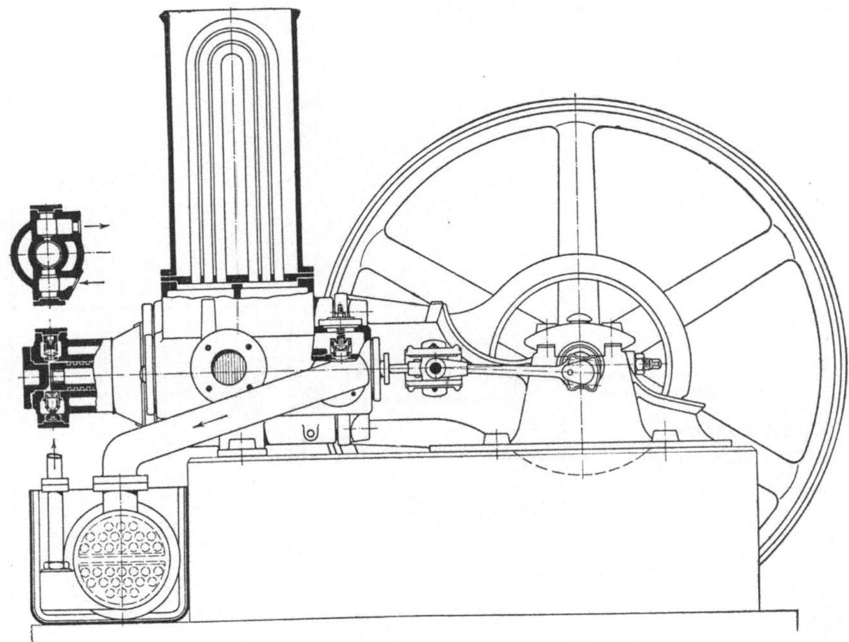

Fig. 71. Dreistufenkompressor (Pokorny & Wittekind).

Fig. 71 u. 72 zeigen einen solchen Dreistufenkompressor. An eine Niederdruckkolbenfläche ist rechts ein kleinerer und links ein sehr kleiner Tauchkolben angeschlossen. Dadurch werden drei Stufen gebildet: in der Mitte (großer weniger kleinstem Kolben) der Niederdruckzylinder, rechts (großer weniger mittlerem Kolben) Mitteldruckzylinder, links (kleinster Kolben) Hochdruckzylinder. Zwischen der ersten und zweiten Stufe ist ein oben stehender offener Röhrenkühler, zwischen zweiter und dritter Stufe ein unten quer liegender geschlossener Röhrenkühler eingebaut. Die zwei ersten Stufen haben Kösterschiebersteuerung, die letzte Stufe selbsttätige Ventile.

Im Abschnitt „Wahl der Stufenzahl" (Nr. 26) ist die fast allgemein gültige Ansicht wiedergegeben, daß sich für Drücke bis 8 oder 10 Atm.

die zweistufige Kompression als wirtschaftlich günstigste erweise. Die
bekannte Firma Rud. Meyer, Mülheim (Ruhr) ist auf Grund eingehender
Versuche an kleineren Ausführungen zu dem Urteil gelangt, daß sich
bei Drücken über 6 Atm. dreistufige Verdichtung aus wirtschaftlichen
Gründen empfehle. Die niedere Lufttemperatur der dreistufigen Kompression ermögliche es ferner, ohne Gefährdung der Betriebssicherheit
die Mantelkühlung, deren wirtschaftlicher Wert ohnehin gering ist, weg-
zulassen. Mitgeteilte Versuche (1910) ergaben eine Höchsttemperatur von

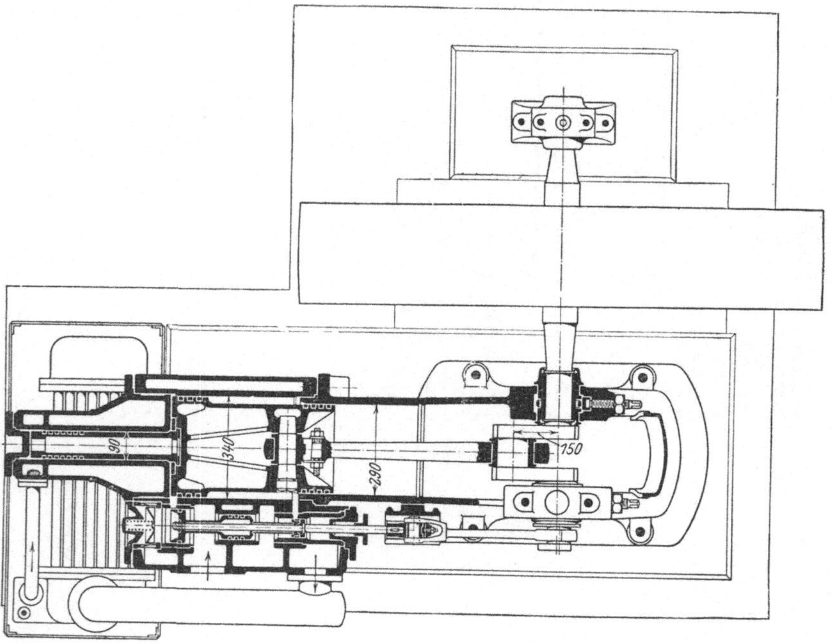

Fig. 72.　Grundriß zu Fig. 71.

92 ⁰ bei 8 Atm. Enddruck. Man beachte aber, was über die Kühlhaltung
der Zylinderwand durch die Mantelkühlung im späteren Abschnitte:
„Verhalten des Schmieröls im Zylinder" (Nr. 96), gesagt wird, wonach
die gekühlte Zylinderwand das ihr anhaftende Öl tatsächlich kühl hält.
Es ist daher im Interesse der Betriebssicherheit zu überlegen, ob nicht
auch bei dreistufiger Kompression mit Zwischenkühlung die Mantelkühlung beizubehalten sei.

　　Die dreistufige Kompression erfolgt in zwei Luftzylindern. Fig. 73
läßt im Aufriß einen Schnitt durch den vorderen doppeltwirkenden Nieder-
druckluftzylinder, im Grundriß (Fig. 74) einen solchen durch den hinteren
Luftzylinder, in dem durch besondere Anordnung Mittel- und Hochdruckstufe vereinigt sind, erkennen. Es wird also hier von der im

vorigen Abschnitte (Nr. 74.) besprochenen Einzylinderstufenkompression
für Mittel- und Hochdruckstufe Gebrauch gemacht.

Die Verbunddampfzylinder
liegen vorne zunächst dem Gestelle. Der Kompressor ist mit
ähnlichen Regelungseinrichtungen
ausgerüstet, wie sie später unter
„Regelung des Luftdruckes"
(Nr. 88—90) besprochen werden.
Die Abmessungen dieses großen
Kompressors sind: Niederdruck-
luftzylinder 800 mm, Stufenzylinder 800/565; Hub = 800;
90—105 Umdrehungen in der
Minute ergeben eine Kolbengeschwindigkeit = 2,4—2,8 m/sec;
Saugleistung 4060 bis 4700
cbm/Stunde, Luftdruck = 8 Atm.
abs. und Kraftverbrauch = 435
bis 450 P. S.; demnach für
1 P. S. = 9,4—10,4 cbm/Stunde.
Diese guten Leistungen übersteigen um ein geringes die guter
zweistufiger Kompressoren. Die
Luftmessung geschah mittels
Düsen (vgl. später „Luftmessung
bei Turbokompressoren", Nr. 122).
Sie ergab gegenüber der Leistungs-
berechnung aus der Schaulinie ein
Minder von 3. v. H. Die Un-
dichtigkeit ist also infolge der
Stufenteilung gering. Ein unmittelbarer Vergleich mit den
bei zweistufigen Kompressoren
mitgeteilten Zahlen ist nicht
möglich, da deren Luftmessung
aus der Schaulinie geschah.

Fig. 77 zeigt uns gar einen
fünfstufigen Kompressor derselben Firma für 200—250 Atm.
Enddruck. Für solche Hochdruckkompressoren ist eine

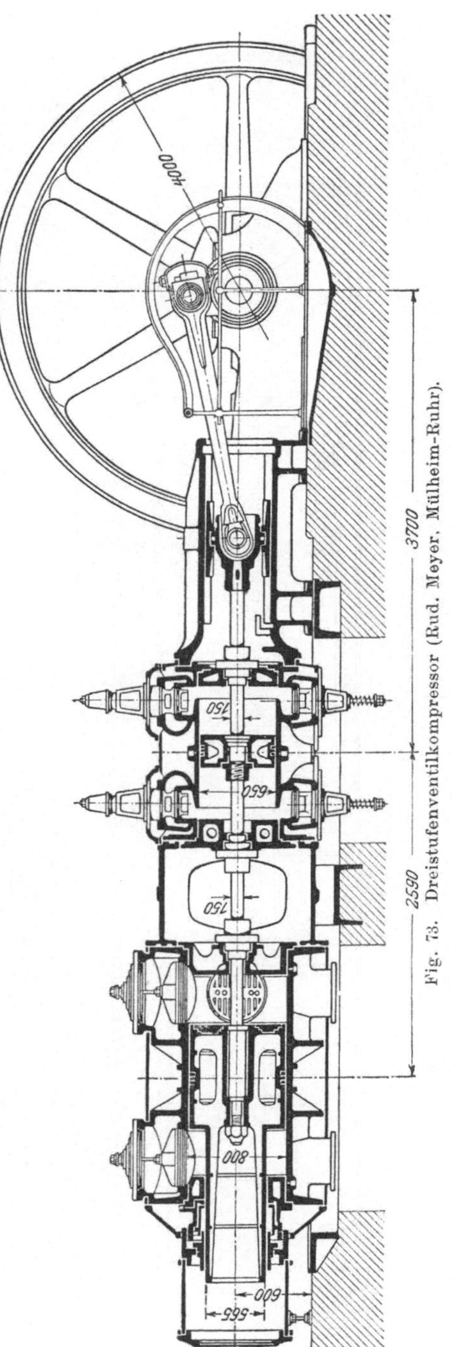

Fig. 73. Dreistufenventilkompressor (Rud. Meyer, Mülheim-Ruhr).

höhere Stufenzahl erforderlich. Sie werden in mannigfachen Betrieben gebraucht, z. B. zur Verflüssigung von Luft, Kohlensäure, Wasserstoff

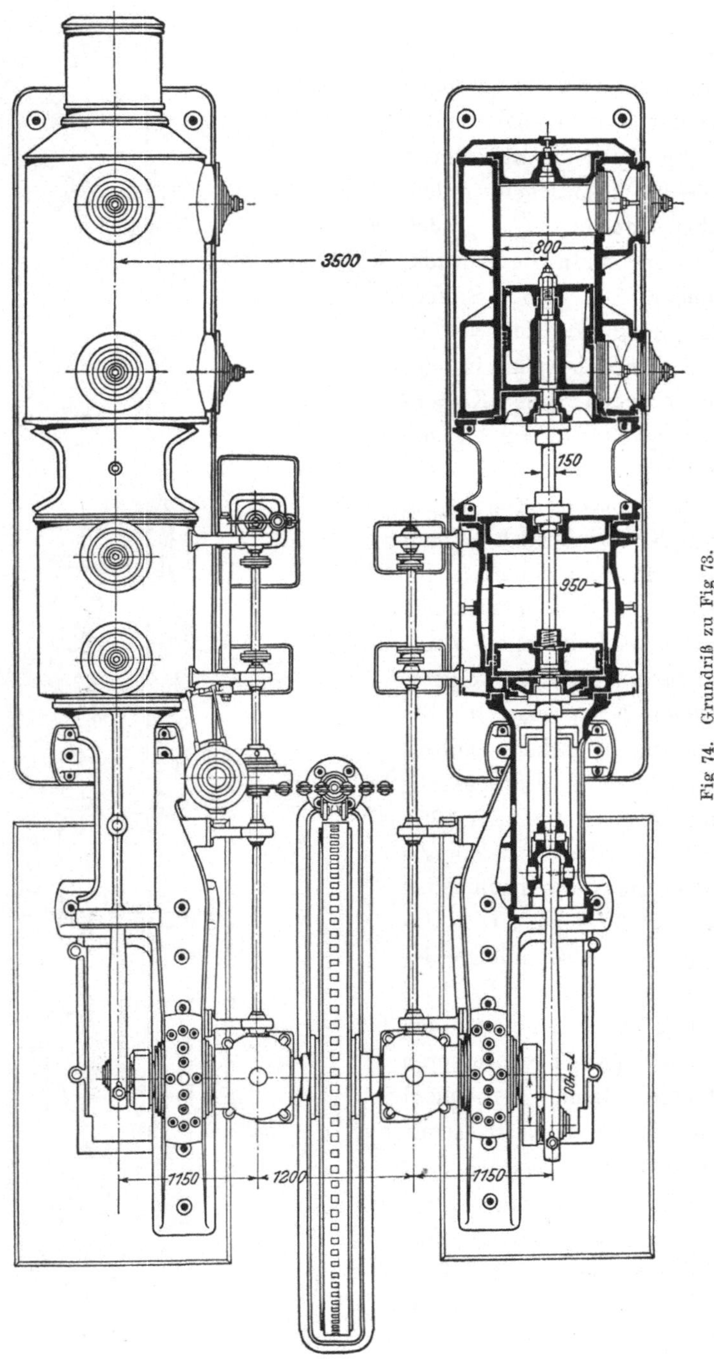

Fig 74. Grundriß zu Fig 73.

und anderen Gasen. Im Bergbaubetrieb finden sie in kleineren Ausführungen Verwendung zur Erzeugung der Druckluft für die Windkessel der Preßpumpen, die das Druckwasser für hydraulisch betriebene
unterirdische Wasserhaltungen liefern. Mittlere Größen von 50 bis
100 P. S. für Drücke von 50—150 Atm. werden zur Lieferung von
Druckluft zur Füllung der Kessel von Druckluftlokomotiven gebraucht.
Druckluftlokomotiven sind in letzter Zeit häufiger zur Streckenförderung
verwendet worden. Sie haben den Ehrgeiz, Benzin und ähnliche
Lokomotiven aus den Schlagwettergruben verdrängen zu wollen.

Neuere Verbunddruckluftlokomotiven ersparen 25—35 v. H. Luft
gegenüber einstufigen Maschinen durch weiter getriebene Expansion der

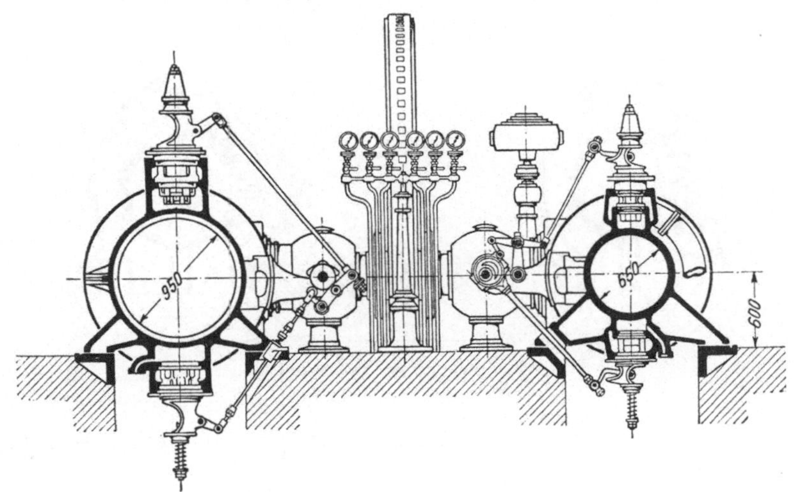

Fig. 75. Schnitt zu Fig. 73 und 74.

Druckluft. Die aus dem Hochdruckzylinder tretende Abluft hat dabei
eine Temperatur von — 60°; sie streicht durch einen Röhrenzwischen-
wärmer, dem durch die Saugwirkung des Abluftstromes des Niederdruckzylinders, die etwa 16° warme Grubenluft zugeführt wird. Die
Druckluft tritt dann mit etwa 7° in den Niederdruckzylinder ein.
(Nach Z. d. V. d. Ing. 1911, S. 611.)

Der abgebildete Hochdruckkompressor hat folgende Abmessungen:
Hub = 300 mm bei $n = 170$/min; Stufenkolben der ersten und zweiten
Druckstufe 450/335; die einfachwirkenden Tauchkolben der nächsten
Stufen: 180, 90 und 50 mm Durchmesser. Er liefert 370 cbm/Stunde
(mit Düse gemessen, also wirkliche Lieferung). Sein Kraftbedarf ist:
130—140 P. S. bei 250 Atm. Druck und 120—130 P. S. bei 200 Atm.

Die Verdichtung der ersten beiden Stufen geschieht in einen
Zylinder mit Stufenkolben. Die folgenden Stufen weisen zu kleine

Durchmesser auf, um die Einzylinderstufenanordnung hierfür verwenden zu können. Daher werden hier einfachwirkende Tauchkolben verwendet, die den gegenüber den wachsenden Drücken erheblichen Vorteil der außenliegenden leicht bedienbaren Stopfbüchsendichtung besitzen. Damit die Tauchkolben keine schädlichen Räume ergeben, sind sie und die Zylinder auf Sondermaschinen sauber geschliffen und liegen eng aneinander an.

Zwischen je zwei Stufen wird die Druckluft in einem Zwischenkühler bis fast auf die Ansaugetemperatur zurückgekühlt. Die verschiedenen Zwischenkühler sind in einem größeren gemeinsamen Kessel vereinigt, nach dem die Luftleitungen von den einzelnen Stufen aus hin- und rücklaufen. Die einzelnen Teile sind zugänglich und leicht aus-

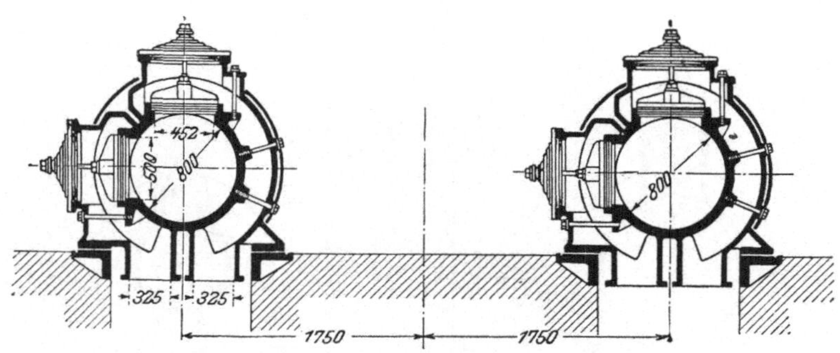

Fig. 76. Schnitt zu Fig. 73 und 74.

wechselbar angeordnet. Die Schmierung ist wie erforderlich sorgfältig durchgeführt.

Gegenüber der Vielgliedrigkeit solcher Kompressoren ist das Bestreben naheliegend, hohe Drücke durch geringere Stufenzahl zu erreichen. Die Anlage wird dann billiger. Die niederen Lufttemperaturen bei Anwendung von mehr Stufen dürften aber im Interesse der Betriebssicherheit und einer längeren Lebensdauer vorzuziehen sein. Die Firma Borsig wendet für 200 Atm. drei- und auch vierstufige Kompression an.

76. — Einige Sonderbauarten. Auf einige von der normalen Bauart abweichende Kompressoren sei hier kurz hingewiesen.

Zunächst der Kompressor von Reavell & Co., Ipswich (vgl. Z. d. V. d. Ing. 1906, S. 964). Derselbe soll schnellen Gang erreichen lassen, gehört also auch zu der gleich nachher zu besprechenden Gruppe Nr. 77. Vier einfachwirkende Kompressorzylinder sind sternförmig um eine Kurbelwelle angeordnet. Die Kolben sind mit Hilfskolben verbunden, über denen sich während des Druckhubes ein Teil der Druckluft ansammelt, sei es durch besondere Verbindungsnuten zwischen Druckraum und Hilfsraum, sei es durch die Undichtheiten des Hilfskolbens.

Fig. 77. Fünfstufiger Kompressor der Firma Rud. Meyer, Mülheim-Ruhr.

Diese Druckluft des Hilfsraumes wirft das Gestänge auf dem Rückhube zurück, so daß nach vorhergehenden Betrachtungen ein sanfterer Anlagewechsel im Gestänge ermöglicht wird.

Eine andere Sonderbauart ist der Dampfluftkompressor von Riedler-Stumpf. Die eine Seite eines doppeltwirkenden Zylinders dient als einfachwirkender Luftzylinder, die andere ist mit gesteuerten Ventilen versehen und dient als Antriebsdampfmaschine. Nach unseren Betrachtungen über die Schädlichkeit einer Erwärmung der Ansaugeluft müssen wir diese Bauart unbedingt verwerfen. In Z. d. V. d. Ing. 1905, S. 1277 sind Versuche von Richter mitgeteilt. Dieser kommt etwa zu folgendem Schlusse: „daß ein Nachteil dieses Kompressors gegenüber dem doppeltwirkenden Einstufenkompressor kaum besteht, anderseits aber der große Vorteil der Einfachheit. Wo deshalb, um billige Maschinen zu erzielen, einstufige Kompression geboten und Dampfkraft das gegebene Energiemittel ist, da wird man ohne weitere Erhöhung der Betriebskosten durch Anwendung des Dampfluftkompressors die Anlagekosten noch weiter erniedrigen und die Wirtschaftlichkeit erhöhen können."

Er würde sich demnach für vorübergehende Verwendung eignen, für welche Zwecke eine möglichste Erniedrigung der Anlagekosten anzustreben ist.

Eine neuere Ausgestaltung dieses Gedankens ist in Fig. 78 gegeben. Es ist dies ein Verbundkompressor mit zwei einfachwirkenden Luftkolben, angetrieben durch eine einfachwirkende Stumpfsche Gleichstromdampfmaschine. Ein Vergleich mit einem dieser Bauart gleichwertigen Verbundkompressor mit Verbunddampfmaschine läßt die außerordentliche Einfachheit derselben erkennen. Im vorderen Zylinder bildet die linke Zylinderseite die einfachwirkende Gleichstromdampfmaschine, die von ihr durch den langen Kolben (= der Hublänge) getrennte rechte Seite die Luftniederdruckstufe. Der lange Kolben ist eine Eigentümlichkeit der Gleichstromdampfmaschine; er bietet hier vor den sonst üblichen schmalen Kolben den Vorteil, daß Dampf und Luftraum vollständig voneinander getrennt sind, eine Wärmeübertragung von der Dampfseite nach der Luftseite also wesentlich erschwert ist. Der Niederdruckluftkolben saugt auf dem Linkshube durch das eigenartig gestaltete unten liegende Saugventil Luft an und drückt sie während des Rechtshubes durch das ebenfalls unten liegende Druckventil in den unten liegenden Luftzwischenkühler, aus dem der Hochdruckkolben auf seinem Linkshube die Luft durch sein unteres Saugventil ansaugt und auf seinem Rechtshube durch ein unten liegendes Druckventil ausdrückt. Die linke Seite des Hochdruckzylinders steht dauernd mit dem Luftraum des Kühlers in Verbindung. Sie wirkt nicht fördernd mit;

ihre Wirkung ist die eines offenen Zylinders, der durch Außenluft gekühlt wird.

Die Kräfteschaltung ist so getroffen, daß die Kraftentfaltung im Dampfzylinder mit dem Druckhube in beiden Luftzylindern zusammenfällt, während die geringe Kraftentfaltung der Dampfkondensation und -kompression mit dem Saughub der Luftkolben zusammentrifft. Es findet also eine möglichst unmittelbare Kraftübertragung statt. Zu Beginn des Rechtshubes überwiegt die Dampfkraft die Luftwiderstände, so daß eine günstige Massenbeschleunigung geschehen kann; am Ende dieses Hubes geschieht eine günstige Verzögerung der Massen durch die größeren Luftwiderstände. (Man vgl. Nr. 68 und die folgende Nr. 78.)

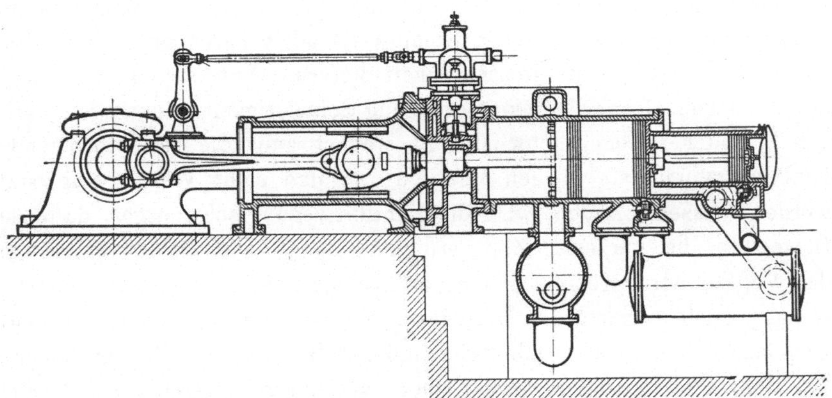

Fig. 78. Stufenkompressor mit Stumpfscher Gleichstromdampfmaschine.

Die hier benutzten eigenartigen Luftventile sind zu finden: Z. d. V. d. Ing. 1910, S. 2150.

Das Wesen der Gleichstrommaschine besteht darin, daß der Arbeitsdampf durch ein im (linken) Zylinderdeckel angeordnetes Einlaßventil eintritt, im Zylinder expandierend kurz vor Ende des Kolbenhubes (10 v. H.) durch vom Kolben freigelegte Zylinderschlitze nach dem unten angebrachten Kondensator strömt. Nach Kolbenumkehr werden diese Auslaßschlitze bald wieder geschlossen und der im Zylinder zurückbleibende Dampf bis fast auf Anfangsspannung komprimiert. Durch dieses „Gleichstrom"prinzip werden in bestimmter Annäherung die thermisch günstigen Verhältnisse der Dampfturbinen nachgeahmt. Das Nähere kann hier nicht erörtert werden, und wird daher auf die angeführte Literatur verwiesen. Vergl. auch Abschnitt 74 a.

Eine weitere Sonderbauart, die der unterirdischen fahrbaren Kompressoren, soll wegen ihrer großen Bedeutung für den Bergbaubetrieb in den Abschnitten Nr. 79—83 gesondert behandelt werden.

Die fernere Sonderbauart der hydraulischen Kompressoren fällt so
sehr aus der Gruppe der Kolbenkompressoren heraus, daß sie erst
nach völliger Erledigung dieser behandelt werden kann (vgl. Nr. 103
und 104). Als Sonderbauarten können auch die Kompressoren für
Kohlensäure, Schwefligsäure und Ammoniak gezählt werden. Darüber sind
einige Mitteilungen und Zeichnungen zu finden in Z. d. V. d. Ing. 1910
S. 209 u. f.

XV. Schnellaufende Kompressoren.

77. — Schnellaufende Kompressoren im allgemeinen. Das Bestreben, die aufgewendeten Kosten möglichst auszunutzen, sowie insbesondere der von Natur aus schnellaufende Elektromotor als Antriebsmaschine drängen nach einem schnelleren Laufe der Kompressoren.
Lassen wir einen vorhandenen Kompressor mit höherer Drehzahl laufen,
so wird er mehr Luft je Zeiteinheit liefern. Nun stellen sich aber
einer solchen Geschwindigkeitserhöhung Schwierigkeiten entgegen. Mit
zunehmender Kolbengeschwindigkeit wächst auch die verlustbringende
Luftgeschwindigkeit in den Ventilen, so daß mehr Ventile eingebaut
werden müssen. Zudem wird die Ventilbewegung schwieriger, da diese
Bewegung in kürzerer Zeit erfolgen muss. Die Schlußverspätung
der Ventile wird größer, und es erfolgt ein schädliches Schlagen derselben; auch werden die Durchlässigkeitsverluste der Ventile größer.
Um das Schlagen zu vermindern, muß der Hub der Ventile verkleinert,
ihre Zahl also vergrößert werden über das der vergrößerten Luftlieferung
entsprechende Maß hinaus. Zur Erreichung einer zweifachen Drehzahl
(bei gegebener Maschine) muß etwa der vierfache Ventilspaltumfang
eingebaut werden. Man sieht also, daß bei Erhöhung der Drehzahl die
Leistungsvermehrung nicht kostenlos geschieht, sondern dass gerade die
wichtigsten Organe, die Ventile, über das Maß der Leistungsvermehrung
hinaus vermehrt werden müssen. Doch zeigen die Ausführungen
immerhin, daß die Gesamtkosten der Ausführung langsamer wachsen
als die Vermehrung der Drehzahl und Leistung, so daß ein wirtschaftlicher Vorteil bei Erhöhung der Drehzahl bis zu bestimmten Grenzen
erreicht werden kann. Es hat aber keinen Sinn, auf alle Fälle eine
möglichst hohe Drehzahl erreichen zu wollen.

Nur bei elektrischem Antrieb tritt die Forderung der hohen Drehzahl gebietend auf. Geschwindigkeitsvermindernde Zwischentriebe
zwischen Motor und Kompressor sind mangelhaft wegen der Kraft-
verluste, Abnutzung und Betriebsunsicherheit. Sie werden jedoch bei
kleineren Leistungen immer noch ausgeführt. Nun lesen wir anderseits erstaunliche Sachen. Hier hat man einen Kompressor mit
600 Drehungen, dort gar einen mit 900 Umdrehungen in der Minute laufen

lassen, den ersten mit Saugschieber und günstig arbeitendem Rückschlagventil, den zweiten gar mit freigängigen Ventilen. Wie müssen uns da die älteren Kompressoren mit 50—100 Umläufen so langsam vorkommen! Rechnen wir uns aber aus Drehzahl und Hub die mittlere Kolbengeschwindigkeit aus, so kommen wir zu einem ganz anderen Bilde. Die „langsamlaufenden" Maschinen mit großem Hube haben Kolbengeschwindigkeiten von 1,5—3, ja bis 4 m/sec, die „schnelllaufenden" Maschinen mit sehr kleinem Hube haben dagegen wesentlich geringere Kolbengeschwindigkeiten. Der in Fig. 47 gezeigte stehende Kompressor läuft mit 500—300 Umläufen in der Minute und hat Kolbenhübe von 50—130 mm, demnach Kolbengeschwindigkeiten von 0,9 bis 1,6 m/sec. Wir sehen, daß die am „schnellsten" laufenden Kompressoren die geringste Kolbengeschwindigkeit haben. Die langhübigen Kompressoren (Fig. 57 und 58) haben eine Kolbengeschwindigkeit von ca. 2,4 m/sec, der Kösterkompressor ($n = 90$/min., Hub $= 1000$, (Fig. 62) eine solche von 3 m/sec.

Die Schwierigkeit der Ventilbewegung wächst etwa mit dem Quadrate der Drehzahl. Der rechtzeitige Schluß der Druckventile kann zwar durch starke Federbelastung erzwungen werden, hierbei tritt aber während des letzten Teiles des Druckhubes ein erhöhter Arbeitsbedarf auf. Noch schwieriger ist die Sache beim Saugventil. Eine starke Federbelastung desselben bewirkt einen starken Unterdruck im Zylinder während der sich auf einen ganzen Hub erstreckenden Saugzeit und hat somit zwei wesentliche Nachteile: erstens eine Verringerung des angesaugten Luftgewichtes und zweitens einen merklich erhöhten Kraftbedarf. Zur Vermeidung dieser Nachteile des freigängigen Saugventils führen manche den zwangläufig gesteuerten Saugschieber aus, der gleichzeitig bei geeigneter Anordnung des Druckventils für dessen Schlußbewegung Vorteile bringt, die bei Betrachtung dieser Steuerungen bereits erwähnt worden sind.

Es ist nicht erwähnt, wie sich einzelne Schnelläufer im dauernden Betriebe bewährt haben. Bewährungen auf dem Versuchsstande wollen noch nicht viel bedeuten. Den Schieberkompressoren dürfte etwas größeres Vertrauen wegen der günstigeren Arbeit des Rückschlagventils zu schenken sein. Es ist hier an die gleichlaufenden Bestrebungen im Kolbenpumpenbau zu erinnern. Auch hier hat man es fertig gebracht, solche Pumpen mit 500 Umdrehungen laufen zu lassen; doch ist man im Betriebe von diesen Zahlen wieder zurückgekommen auf etwa 150 Umläufe. Immerhin sind aber die Bestrebungen, eine höhere Drehzahl zu ermöglichen, von Erfolg gewesen. Ältere Pumpen schlugen schon bei 50 Umdrehungen besorgniserregend.

Mittel, eine hohe Drehzahl zu erreichen, sind also: Verkürzung des Kolbenhubes unter Verringerung der Kolbengeschwindigkeit und

Vermehrung des Spaltumfanges der Ventile zur Erreichung eines kleinen Ventilhubes.

In Fig. 33 sahen wir eine Anordnung der Saugventile im Kolben. Die Massenwirkungen der Ventile bewirken hier eine Steuerung derselben, wie dies bereits in Nr. 50 geschildert wurde. Die veröffentlichten Schaulinien lassen ein gutes Arbeiten der Ventile erkennen. Der dargestellte Kompressor hat bei 160 mm Hub eine Drehzahl (nach dem Kataloge) von 275/min., also eine Kolbengeschwindigkeit von 1,5 m/sec. Es wird angegeben, daß er auch mit 1000 Umläufen arbeiten könne. Das würde eine Kolbengeschwindigkeit von über 5 m/sec. ergeben.

Wir werden diese Anordnung der Saugventile bei einem später (Fig. 83 u. 84) zu beschreibenden schnellaufenden Kompressor wiederfinden. Im folgenden Abschnitte wird gezeigt werden, daß sich einer Geschwindigkeitssteigerung die Massenwirkungen hindernd entgegen stellen. Nach Pokorny und Wittekind wird die obere Grenze der Drehzahl mehr durch die Schwierigkeit der Beherrschung der Massen als der Ventilbewegung gesteckt.

78. — Massenwirkungen bei schnellaufenden Kompressoren. An anderer Stelle (Nr. 68) ist schon von dem Druckwechsel im Gestänge und der Möglichkeit hierbei auftretender Gestängestöße gesprochen worden. Wir fanden, daß diese Stöße heftiger werden, wenn die zur Zurückwerfung des Gestänges in den Totlagen nötigen Kräfte von dem Kurbelzapfen auf das Gestänge übertragen werden müssen. Der in gleichmäßiger Drehung befindliche und über die Kräfte des Schwungrades verfügende Kurbelzapfen ist voreiliger Natur und drängt stoßend die Gestängsmassen nach der anderen Seite zurück.

Die Stöße werden um so heftiger sein, je schneller das Anwachsen der Geschwindigkeit zu Beginne des Kolbenhubes geschieht.

Denken wir uns die mittlere Kolbengeschwindigkeit verschiedener Kompressoren durch mit zunehmender Drehzahl kleiner werdendem Hube aufs Gleiche gehalten, so geschieht doch das Anwachsen der Kolbengeschwindigkeit von Null im Totpunkte bis zur — als gleichangenommenen — Höchstgeschwindigkeit in der Mitte des Hubes bei höheren Drehzahlen viel rascher, da dieses an sich gleiche Wachstum in kürzerer Zeit geschehen muß. Es müssen daher trotz gleichbleibender mittlerer Geschwindigkeit größere Kräfte zu Beginn des Hubes beschleunigend auf das Gestänge einwirken. Müssen sie der Welle entnommen werden, so werden die Stöße mit wachsender Drehzahl härter. Dieser ungünstige Fall liegt aber gerade bei den elektrisch angetriebenen Kompressoren vor. Es ist also auch hier nicht allzuviel zu erwarten. Größere elektrisch angetriebene Kompressoren laufen ziemlich „langsam" mit 120—150 Umläufen/min.

Stoßmildernd wirken bei solchen Kompressoren die sonst so verschrieenen schädlichen Räume. Die im Totpunkte hinter dem Kolben aufgespeicherte Druckluft wirkt auf dem Rückhube beschleunigend auf das Gestänge ein, so daß dieses, selbständig vorgehend, vom nachdrängenden Kurbelzapfen nicht all zu hart getroffen wird. Man hat also in diesem Falle keinen Grund, dem schädlichen Raume allzusehr auf den Leib zu rücken. Auch auf das Spiel der Ventile übt der schädliche Raum einen günstigen Einfluß aus. Je größer der Einfluß ist, desto langsamer fällt die Spannung auf der betreffenden Kolbenseite beim Rückhube auf die Saugspannung herab, desto langsamer tritt der Spannungswechsel auf der Unterseite des Druckventiles ein, sodaß dieses Zeit hat, sich unter der Einwirkung der Feder und des langsam wachsenden oberen Luftüberdruckes ohne Stoß zu schließen. Hätten wir einen schädlichen Raum gleich Null, was uns nach anderen Rücksichten als erstrebenswert erscheint, so würde beim Rückgange des Kolbens die Spannung unter dem Druckventile sofort auf die Saugspannung sinken, und es würde mit großer Gewalt auf seinen Sitz geschleudert werden. Sehr haltbar würden solche Ventile wohl nicht sein. Würde also der normale Bau Zylinder ohne schädliche Räume ergeben, so müßten wir solche Räume als „nützliche Räume" zwangsweise einführen. Soviel zur Ehrenrettung des schädlichen Raumes. Ein Druckausgleich erscheint auch von diesem Standpunkte aus als völlig verfehlt.

Gelingt es also, durch nicht zu kleinen schädlichen Raum eine höhere Drehzahl eines gegebenen Kompressors zu erreichen, so wird der verringerte Raumwirkungsgrad durch die höhere Drehzahl mehr als aufgewogen, und die aufgewandten Anlagekosten erscheinen besser ausgenützt.

Bei mit Dampfkolben betriebenen Kompressoren erscheinen bei richtiger Anordnung der Zylinder hintereinander höhere Drehzahlen möglich.

Im übrigen ist für möglichst genaue Ausführung aller Gleit- und Gelenkflächen zu sorgen, so daß die unvermeidlichen und beim Anlagewechsel zu Stößen führenden Spielräume möglichst klein ausfallen. Freilich werden sich diese kleinen Spielräume durch die Abnützung im Betriebe vergrößern. Feine Nachstellbarkeit aller Gelenke ist daher zu fordern.

XVI. Unterirdische Kompressoren.

79. — Unterirdische Kompressoren im allgemeinen. Zur Vermeidung der Menge und Druckverluste in langen Rohrleitungen stellt man neuerdings unterirdische Kompressoren in möglichster Nähe der Verbrauchspunkte auf und treibt sie allermeist elektrisch an, da diese

Energiequelle fast immer in der Grube zur Verfügung steht. Nach
anderen bei Druckluftanlagen gemachten Erfahrungen sind die erwähnten
Verluste nur unbedeutend (vgl. Nr. 28). Sie werden also im Grubenbetriebe wesentlich überschätzt, oder die Luftleitungen in solchen

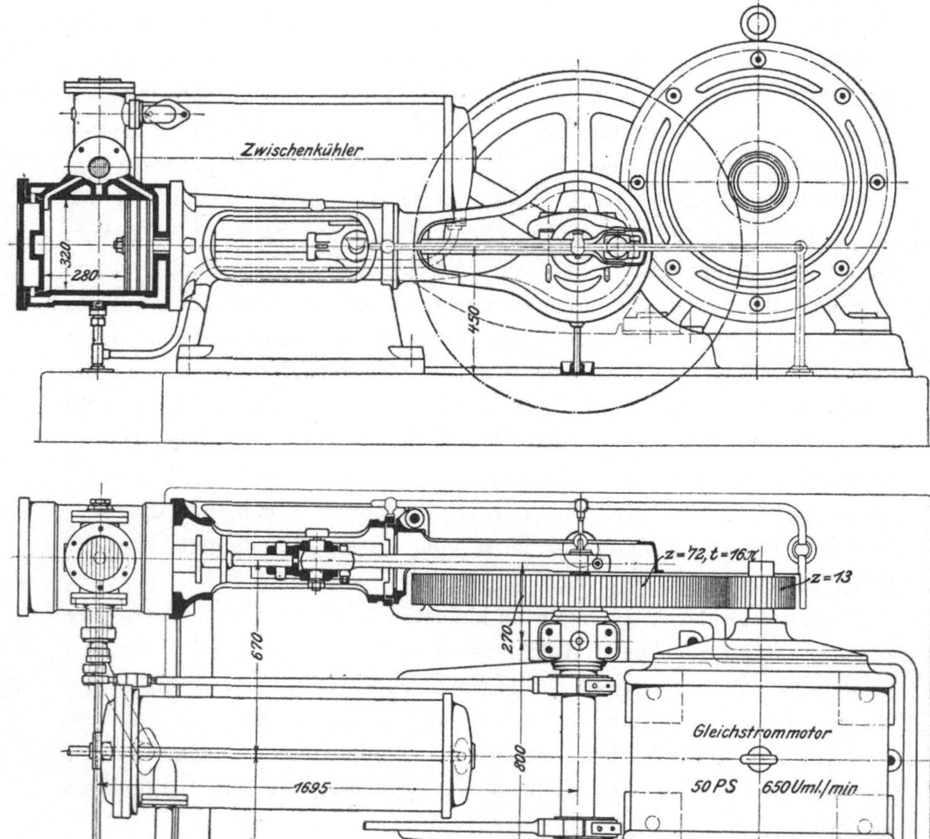

Fig. 79. Elektrisch angetriebener unterirdischer Kompressor.

Betrieben befinden sich in schlechter Verfassung. Es mag freilich
schwierig, aber nicht unmöglich sein, sie in gutem Zustande zu halten.
    Durch die unterirdischen, elektrisch angetriebenen Kompressoren
erstrebt man eine Vereinigung der Vorteile der elektrischen Kraftüber-

tragung und der Handlichkeit des Druckluftbetriebes. Untersuchungen solcher Anlagen und Vergleiche mit solchen mit Zuführung der Druckluft durch den Schacht sind nicht bekannt geworden. Sie könnten die vermutete wirtschaftliche Überlegenheit des unterirdischen Kompressorenbetriebes vielleicht in anderer Beleuchtung erscheinen lassen. An der Unwirtschaftlichkeit des Druckluftbetriebes an sich wird nichts geändert. Es kann sich nur um die Leitungsverluste handeln, die bei guter Instandhaltung der Schachtluftleitung wohl kaum größer sein werden als die Energieverluste im Kabel und durch die zusätzliche zweifache Energieumwandlung. In Glückauf 1907, S. 11 ist unter günstigen Annahmen für den unterirdischen Elektrokompressor berechnet worden, daß die Gestehungskosten der KW/st 1,65 Pfg. nicht überschreiten dürfen, wenn die Erzeugungskosten der Luft, denen durch obertägig aufgestellten Dampfkompressor gleichkommen sollen. Anders steht es mit den Betriebsvorteilen des unterirdischen Betriebes bei fahrbarer Anordnung der Kompressoren.

Nicht immer werden diese fahrbar angeordnet. Für größere Abbaubetriebe, wie ganze

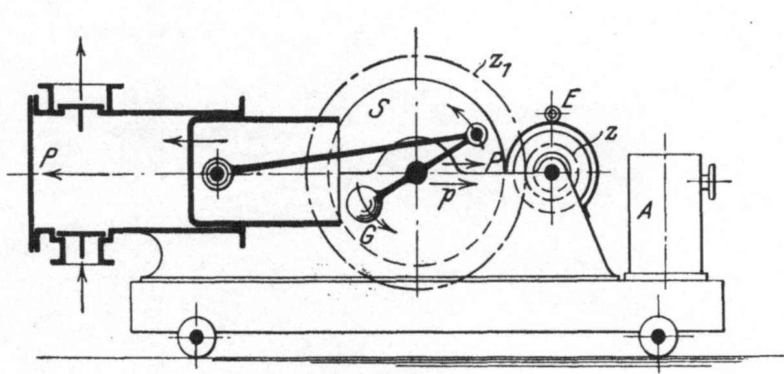

Fig. 80. Fahrbarer Kompressor.

Bremsbergfelder, stellt man ortsfeste Kompressoren von etwa 80 P. S. auf, und zwar vorteilhaft am Kopfe oder Fuße des Bremsberges, so daß der Bremser die einfache Bedienung des Elektrokompressors mit übernehmen kann. Ein solcher für zwölf Bohrmaschinen ausreichender Kompressor ist in Z. d. V. d. Ing. 1902, S. 1944 und Elektrot. Z. 1903, S. 201 in Bild und Wort beschrieben. Hier sei nur die leicht verständliche Fig. 79 gegeben.

Solche ortsfesten Kompressoren unterscheiden sich kaum von obertägigen. Sie arbeiten zweistufig und können meist mit Kühlung versehen werden, wobei das Kühlwasser einer Berieselungsleitung entnommen werden kann.

80. — Massenwirkungen bei fahrbaren Kompressoren. Die fahrbaren Kompressoren weisen die Besonderheit auf, daß sie nicht fest mit einem Fundamente verbunden sind, sondern mit Rädern auf Schienen stehen, so daß sie in Richtung der Schienen und senkrecht dazu leicht beweglich sind.

Fig. 80 stellt einen solchen Kompressor mit Elektromotor und Rädervorgelege dar. Der offene Kolben sei gerade zum Rückhube umgekehrt. Innerhalb des Zylinders herrscht ein bestimmter Luftdruck, der auf Kolben und linke Zylinderfläche mit gleicher Kraft P wirkt. Der Kolben empfängt diese Kraft von der Kurbel, die sich ihrerseits im Gestelle der Maschine abstützt. Auf das Maschinengestell wirken also in dieser Beziehung zwei gleich große, entgegengesetzt gerichtete Kräfte P, die sich innerhalb desselben aufheben und keine äußere Bewegung des Ganzen hervorrufen können. Nach Kolbenumkehr wird aber von der Kurbel aus noch eine zusätzliche Kraft p auf den Kolben übertragen, die eine Beschleunigung seiner Masse bewirkt, in dieser aufgespeichert wird, aber nicht auf den Luftdruck einwirkt, also auch keinen gleichen Gegendruck auf der linken Zylinderseite hervorruft, sondern als unausgeglichene Kraft von der Welle auf das Gestell übertragen

Fig. 81. Fahrbarer Grubenkompressor (Maschinenbauaktiengesellschaft Balcke).

wird und dessen Masse nach rechts beschleunigt. Nähert sich der Kolben der linken Endstellung, so sucht er der in dieser Richtung verzögerten Kurbel vorzueilen und zieht diese samt Gestell nach links. Bei dem Rechtsgange des Kolbens treten die freien Kräfte in umgekehrter Richtung auf. Das Maschinengestell wird bei jedem Hube, einmal hin und zurück gerückt, es macht also fortwährende Längsbewegungen auf dem Gestänge.

Um diese Rückungen zu vermeiden, wird das Gestell durch Hubschrauben von den Schienen abgehoben, so daß sich jetzt den Bewegungen ein größerer Reibungswiderstand entgegensetzt; so z. B. bei der Ausführung der Maschinenbau-Aktiengesellschaft Balcke (Fig. 81). Erschütterungen der Maschine bleiben dabei bestehen.

In den Mittellagen des Kurbelgetriebes findet ein Richtungswechsel in der Schubstangenbewegung insofern statt, als diese aus der aufwärtsgehenden Bewegung in die abwärtsgehende übergeht. Die hierzu nötigen von der Kurbel geleisteten lotrechten Beschleunigungskräfte versuchen abwechselnd das Gestell abzuheben und auf die Unterlage zu drücken. Auch hierdurch werden Erschütterungen in dieser Richtung

Fig. 82. Fahrbarer Grubenkompressor (Duisburger Maschinenfabrik).

erzeugt. Ein wirkliches Abheben kann nicht eintreten, da diese Kräfte klein sind und ihnen das ganze Maschinengewicht entgegenwirkt. Bei dem stehenden Kompressor (Fig. 82) würden die erstgenannten Längskräfte ein lotrechtes Stampfen der Maschine, die letztgenannten Querkräfte ein Wackeln senkrecht zur Bildfläche bewirken. Die stehende Anordnung ist in dieser Beziehung günstiger als die liegende, da bei ihr den größeren Längskräften die Gewichtswirkung der Maschine entgegensteht, während bei liegenden Maschinen ihnen nur die Massenwirkung des Maschinengewichts entgegentritt.

Die liegende Anordnung (Fig. 81) bietet ohne Überschreitung der durch die Streckenquerschnitte begrenzten Bauhöhe die Möglichkeit einer gedrängten Anordnung aller Teile auf einem Wagen. Solche Anordnungen werden etwa für Größen von 20—25 P. S. mit einer Luftlieferung von etwa 2—2,5 cbm/Stunde, ausreichend für vier Bohrmaschinen (nach anderen Angaben nur für zwei), gebaut.

Bei den Anordnungen mit stehendem Luftzylinder (Fig. 82) nimmt dieser die Bauhöhe für sich in Anspruch, so daß der Luftbehälter auf einen besonderen Wagen verwiesen werden muß. Diese getrennte Anordnung von Kompressor und Behälter wird auch bei allen größeren Ausführungen nötig werden, damit hiebei für den Einzelwagen die zulässigen Maße nicht überschritten werden.

81. — Massenausgleich bei fahrbaren Kompressoren. Auch durch die stehende Anordnung läßt sich der wünschenswerte erschütterungsfreie Gang nicht erreichen, da die einseitigen Massenkräfte nicht beseitigt sind. Dies gelingt nur, wenn jeder Massenkraft eine gleichgroße entgegengesetzt gerichtete beigesellt wird. Ein solcher Massenausgleich geschieht durch doppelte entgegengesetzt laufende Kurbelgetriebe.

In Fig. 83 ist eine solche Anordnung dargestellt. Wir sehen rechts und links „gegenläufige Kolben", die mit kurzen Stangen an Schwinghebeln angreifen, die ihrerseits durch Schubstangen von der untenliegenden Welle angetrieben werden. Die Kolben tragen (im Bilde weggelassene) Saugventile (vgl. Nr. 50 und 77). Durch seitliche Schlitze in der Führungsbüchse tritt die Luft aus den oberen offenen Räumen in den hohlen Kolben und in den Zylinder. Zwei Druckventile sind, wie der Querschnitt zeigt, seitlich im Mantel angeordnet. Die ausgleichende Wirkung beruht nun auf der völligen Gegenläufigkeit der im übrigen symmetrisch angeordneten gleichen Massen. Werden von der Welle aus zu irgend einer Zeit freie Beschleunigungskräfte auf die linksseitigen Massen übertragen, so werden zur selben Zeit dieselben Kräfte auch auf die rechtsseitigen Massen übertragen, so daß sich diese gleichen, entgegengesetzt wirkenden Kräfte jederzeit im Gestell aufheben und keinerlei Längsbewegungen des Gestelles veranlassen. Auch die lotrechten Massenkräfte sind ausgeglichen, da, wie in der Mittelstellung des Getriebes deutlich ersichtlich, die obere Schubstange etwa abwärts, die untere aufwärts zu beschleunigen ist, so daß sich auch diese Kräfte an den Drehpunkten der Schwinghebel wie an der Welle aufheben. Sind die beteiligten Massen nicht ganz gleich, so ist freilich dieser Ausgleich nicht vollkommen, was aber nach voraufgegangener Erörterung ohne Bedeutung ist. Diese Kompressoren laufen nach einem Bericht von Lebrecht in der Z. d. V. d. Ing. 1905, S. 151, sehr ruhig. Im übrigen sind hier die sonstigen bekannten Mittel zur Erreichung einer hohen Drehzahl nicht verschmäht worden.

Setzen wir diesen Kompressor auf ein fahrbares Gestell, so ist die Wellenachse in Richtung der Schienen zu stellen und die Kompressorkolben laufen senkrecht dazu. Damit in zu den Schienen senkrechter Richtung kein großer Raum eingenommen wird, ist die in Fig. 83 gezeigte Anordnung der Gestänge unterhalb des Kolbenlaufes getroffen worden. Ohne Rücksicht auf den Platzbedarf in der Laufrichtung der Kolben würde man die einfachere Anordnung wählen, von einem mittleren Kurbeltriebe aus durch um 180° versetzte Kurbeln nach beiden Seiten in gleicher Höhe die gegenläufigen Kolben zu bewegen. Betrachten wir noch einmal den Querschnitt (Fig. 83), so sehen wir, daß die beiden gegenläufigen Schubstangen in der Wellenrichtung gegeneinander verschoben sind und nicht, wie es wünschenswert wäre, im selben Punkte

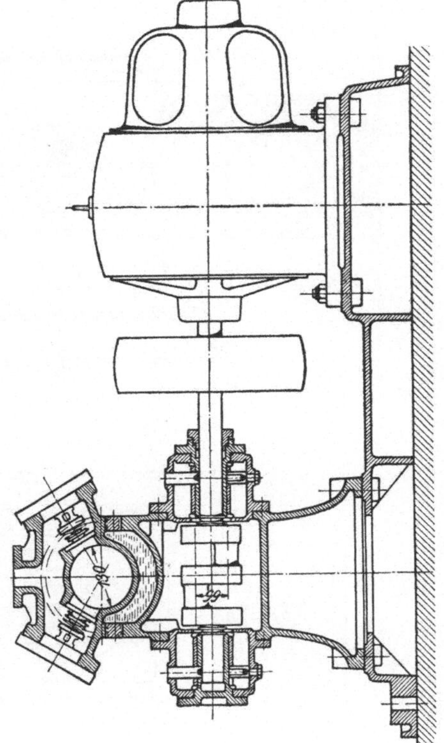

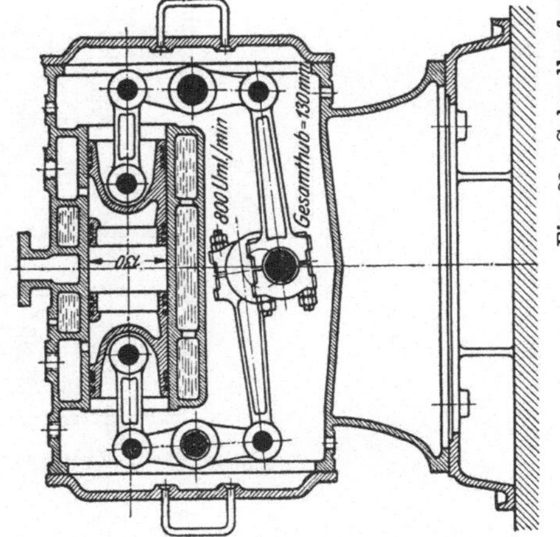

Fig. 83. Schnellaufender Kompressor mit Massenausgleich durch gegenläufige Kolben.

angreifen. Deshalb bewirken die in anderen Richtungen wohl ausgeglichenen Massenkräfte doch kleine Erschütterungen in einer durch
die Welle gelegten horizontalen Ebene. Auch dieses kann beseitigt

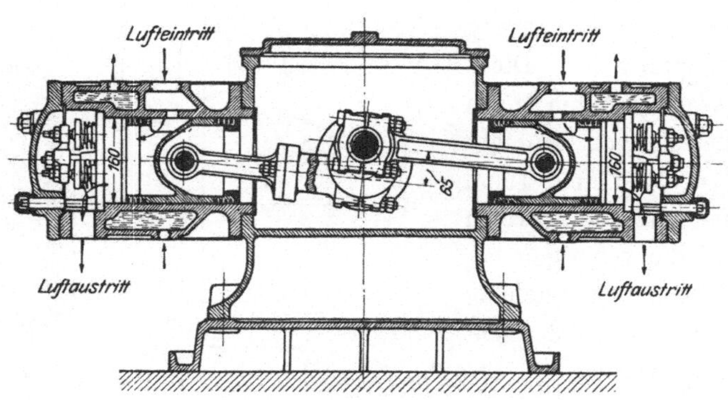

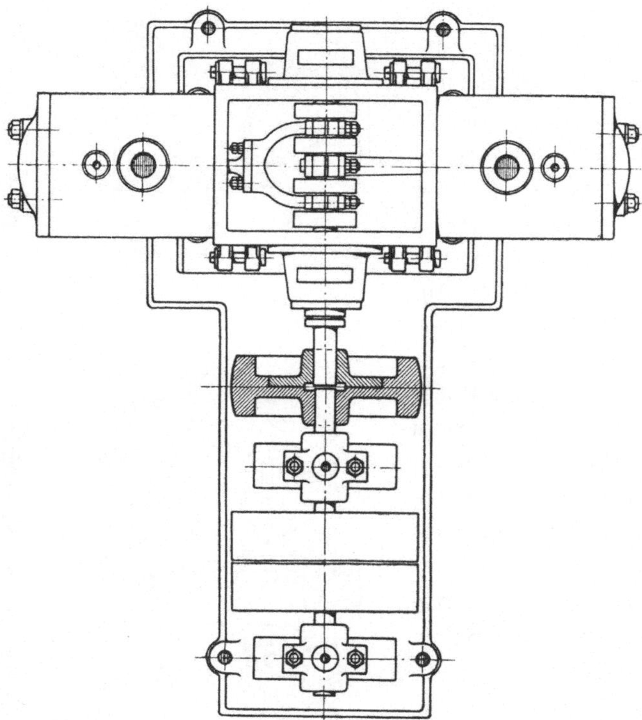

Fig. 84. Schnellaufender Kompressor.

werden, indem der eine der Kurbeltriebe in zwei seitliche Teile getrennt
wird, die um die ungeteilte, innen angeordnete dritte Kurbel symmetrisch
angeordnet sind. Dann wird kein Drehmoment in der besagten Ebene

erzeugt. Eine solche Anordnung ist in der Figur 84 zu sehen. Diese zeigt gleichzeitig den größeren Raumbedarf senkrecht zur Welle, der bei gleichachsiger Anordnung der Getriebe nötig wird. Diese Kompressoren sind von Weise & Monski, Halle a. S. gebaut worden. Fig. 85 zeigt einen nach Fig. 83 ausgeglichenen fahrbaren Grubenkompressor.

Was für die liegenden Kompressoren entwickelt wurde, gilt auch für die stehenden. Auch hier kann ein Massenausgleich durch gegenläufige Kolben erreicht werden. Die Zylinder werden aber dann nebeneinandergestellt, wie in der früheren Fig. 55, damit die Welle möglichst tief angeordnet werden kann. Dies ist notwendig, um die Wirkung des bei solcher Anordnung nicht ausgeglichen in der Bildebene wirkenden Drehmomentes der Kurbelkräfte gering zu halten. Die Ausgleichung dieser Kräfte, ähnlich Fig. 84, würde sehr umständlich sein.

Nach diesen Erörterungen kehren wir noch einmal zur früheren Fig. 80 zurück. Diese Anordnung muß uns danach ganz unmöglich erscheinen. Aber auch hier können die Erschütterungen wirkungsvoll bekämpft werden. Verlängern wir die Kurbel nach der entgegengesetzten Seite und bringen dort ein, also dann um 180° versetztes Gegengewicht G an, so kann dies bei geeigneter Größe einige Wirkungen eines gegenläufigen Kolbens übernehmen, denn es befindet sich stets im entgegengesetzten Bewegungszustande: einerseits zur hin- und hergehenden Kolben bzw. Schubstangen, andererseits zur auf- und abwärtsgehenden Schubstangenbewegung. Machen wir daher das Gegengewicht gleich den längsbeweglichen Massen, so können wir die störenden Längs-Bewegungen aufheben; machen wir es aber entsprechend den auf- und

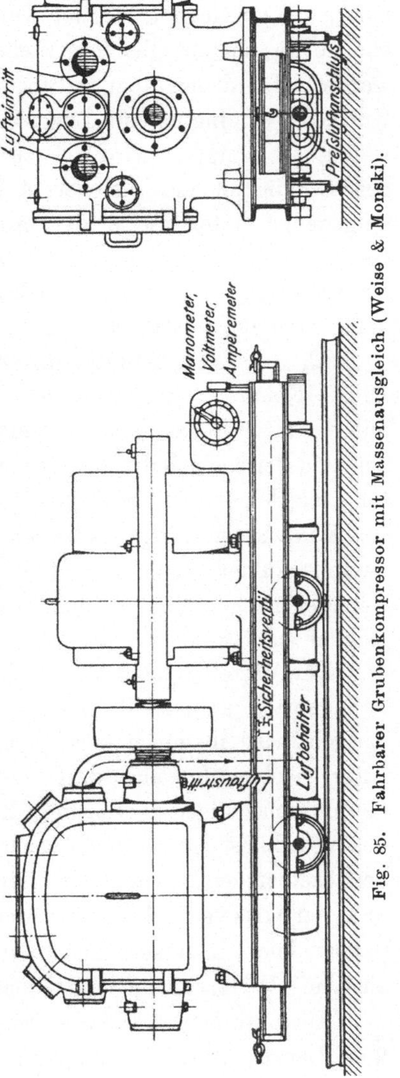

Fig. 85. Fahrbarer Grubenkompressor mit Massenausgleich (Weise & Monski).

abwärts beweglichen Massen, so können wir die lotrecht stampfenden Bewegungen aufheben. Beides gleichzeitig auszugleichen ist nicht möglich, da verschiedene Gewichte hiezu nötig wären. Es empfiehlt sich der erste Ausgleich, da der letztere wegen des entgegengesetzten Maschinengewichtes von geringerer Bedeutung ist. Dieses Gegengewicht braucht nicht, wie gezeichnet, mit der Kurbel selbst verbunden zu sein, sondern kann etwa am auf gleicher Welle sitzenden Zahnrad Z_1 untergebracht werden. Da dieses aber seitlich sitzt, so erzeugt es im Verein mit der Kurbelmasse eine um die Längsachse schlingernde Bewegung. Um diese wieder zu dämpfen, wird das zur Erzielung einer gleichförmigen Drehgeschwindigkeit auf gleicher Achse angebrachte Schwungrad auf der entgegengesetzten Seite der Achse angebracht und das notwendige Gegengewicht geteilt und zur Hälfte im Zahnrad Z_1, zur anderen Hälfte im Schwungrade S untergebracht. Die lotrecht stampfende Bewegung kann dann durch das Gegengewicht nicht ausgeglichen werden.

82. — Ausrüstung unterirdischer fahrbarer Kompressoren. Diese Kompressoren werden einstufig oder auch zweistufig, dann mit einem Stufenzylinder ausgeführt. Das Kühlwasser kann meistens aus der Berieselungsleitung beschafft werden, hebt aber dann den Vorteil der leichten Beweglichkeit solcher Kompressoren zum Teil auf. Ist Kühlwasser nicht zu beschaffen, so empfiehlt sich ein Rippenzwischenkühler nach Fig. 17; oder es muß Kühlwasser in einem Behälter nachgeführt werden, was aber nur bei kurzfristigem Betriebe möglich sein wird.

Der Vorteil solcher kleinen Kompressoren, die in nächster Nähe des Arbeitsortes aufgestellt werden, ist ihre leichte Beweglichkeit. Die Energie wird in einem beweglichen, auf einer Trommel aufgewickelten Kabel nachgeführt und die Druckluft durch kurze bewegliche Schläuche den Bohrmaschinen übermittelt. Bei Verzicht auf Kühlung, was hier wegen des Wegfalles der Leitungswärmeverluste möglich erscheint, wenigstens bei absetzendem Betriebe, sind keine festen Leitungsanschlüsse vorhanden und bei Ortswechsel zu verändern. Vor dem Schusse wird der Kompressor leicht in sichere Entfernung zurückgezogen. Die Elektromotoren sind mit Widerständen und Anlaßkurbel versehen.

Ein unterirdischer fahrbarer Kompressor hat etwa folgende Maße: 2 m Länge, 1 m Breite und 1,3 m Höhe. In Fig. 81 ist ein Luftfilter in die Saugleitung eingebaut; dies ist sehr zu empfehlen. Ein Luftsammler kann ebenfalls nicht entbehrt werden.

Neben dem elektrischen Antriebe kommt noch ein solcher durch Verbrennungskraftmaschinen in Frage.

Unabhängigkeit und Beweglichkeit sind dann größer als beim elektrischen Antrieb, dessen Energie immerhin durch ein Kabel nachgeführt werden muß. Eine verstärkte Ventilation dürfte dann notwendig werden.

Solche Kompressoren werden von der Zwickauer Maschinenfabrik ausgeführt. Allerdings ist dann auch noch Kühlwasser für den Motor mitzuführen. Es wird dabei immer mit demselben Wasser gearbeitet, das durch Ventilatorzug in Röhren rückgekühlt wird.

Der elektrische Antrieb sowie der durch Verbrennungskraftmaschine birgt aber für Schlagwettergruben so große Gefahren, daß es anfangs fast aussichtslos erschien, solche Einrichtungen in Schlagwettergruben zu verwenden. Planmäßige Versuche haben aber Mittel finden lassen, jede Gefahr zu beseitigen. Darüber folgt einiges im nächsten Abschnitte.

83. — Schlagwettergefahr und -schutz bei unterirdischen funkenden Motoren. Die meisten Steinkohlengruben sind Schlagwettergruben. Aus allen Erfahrungen und Versuchen ergibt sich, daß Flammen, Funken oder glühende Teile Explosionen hervorrufen können. Daher hat man lange Zeit davon Abstand genommen, elektrische Energie in Schlagwettergruben anzuwenden. Diese unangenehme Beschränkung führte zwingend zu Versuchen, für funkende Motoren oder Apparate einen sicheren Schlagwetterschutz zu finden. Eingehende Versuche wurden in den Jahren 1904 und 1905 auf der berggewerkschaftlichen Versuchsstrecke zu Gelsenkirchen durch Beyling und andere vorgenommen. (Man vergleiche die Berichte von Beyling in „Glückauf" 1906, S. 1 f. und von Hoffmann in Z. d. V. d. Ing. 1906, S. 487 f.)

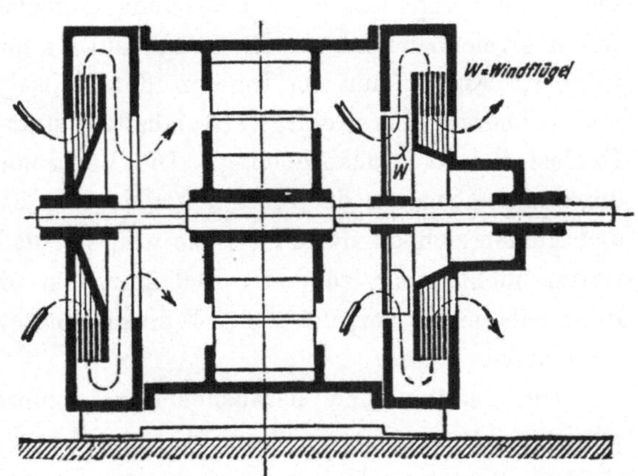

Fig. 86. Elektromotor mit Plattenschutzkapselung.

Von elektrischen Motoren kommen in Betracht zunächst Gleichstrommotoren. Diese funken bei falscher Bürstenstellung. Eine dauernd richtige Bürstenstellung ist nicht möglich, da solche nur für eine bestimmte Belastung gilt und Belastungsschwankungen im Betriebe die Regel sind. Durch neuere Bauarten mit Wendepolen kann eine Kompensierung des Ankerquerfeldes für alle Belastungen zwar erreicht werden, aber auf völlige Funkenfreiheit ist doch nicht zu rechnen. Mit Schleifring versehene Drehstrommotoren können beim Anlassen ebenfalls funken. Selbst Drehstrommotoren mit Kurzschlußankern können bei Schadhaftwerden der Wicklungsisolation Funken ergeben.

Die Versuche ergaben nun neben anderen Schutzmitteln als sicher wirkenden, empfehlenswerten Schutz die in Fig. 86 dargestellte ventilierte Kapselung des Motors, Plattenschutzkapselung genannt. Der Motor ist bis auf die Stirnseiten luftdicht gekapselt. Diese enthalten Löcher, und zwischen dem inneren Rande derselben und dem äußeren des von außen nach innen übergreifenden Deckels sind übereinanderlagernde Metallringplatten eingebaut. Diese haben 50 mm Ringbreite, 0,5 mm Stärke und durch eingebrachte Abstandshalter einen genauen und gleichmäßigen Abstand von 0,5 mm. Auf der einen Seite eingebaute und von der Motorwelle betriebene Windflügel W führen einen Luftstrom durch das Gehäuse. Diese Ventilation eines gekapselten Motors ist nötig zur Abführung der im arbeitenden Motor entstehenden Wärme. Das Innere der Kapselung wird also auch mit Schlagwettern erfüllt. Somit scheint zunächst durch diese Kapselung nichts gewonnen und eine völlige luftdichte Kapselung erstrebenswert. Solche ist aber weder erreichbar noch mit Rücksicht auf die nötige Wärmeabfuhr durchführbar. Findet nun im Inneren der Kapselung durch einen Funken eine Zündung des Schlagwetterinhaltes statt, so erfolgt eine innere Explosion mit Druckerhöhung. Die Verbrennungsgase strömen durch die dünnen Spalten der Platten in fein verteilten Schichten nach außen und kühlen sich an den Platten so weit ab, daß sie die äußeren Schlagwetter nicht mehr zünden. Bedingung ist ein genaues Einhalten des Plattenabstandes von 0,5 mm. Weitere Spalten lassen ungekühlte Gase nach außen treten.

Die Platten sind herausnehmbar anzuordnen, da sie zeitweise gereinigt werden müssen. Beim Wiederaufsetzen ist auf genauen Plattenabstand zu achten. Andere Undichtheiten in der Kapselung, durch welche zündende Gase austreten könnten, sind streng zu vermeiden.

Der Plattenschutz muß nach den Versuchen als ein sicherer, durch äußere Einwirkungen nicht leicht störbarer Schutz angesehen werden.

XVII. Die Regelung der Kompressoren.

84. — Ursachen der Druckschwankungen. In jedem Druckluftnetz machen sich Schwankungen bemerkbar. Die Ursachen können verschiedene sein: erstens erhöhter Verbrauch durch die Luftmaschinen, zweitens vermindert Lieferung durch die infolge Nachlassens des Kraftzuflusses verminderte Drehzahl der Kompressoren. Dies letztere wird beim Nachlassen des Dampfdruckes bei Dampfantrieb der Fall sein. Drehstromantrieb verhält sich hier günstiger.

Beide Erscheinungen können im Grubenbetrieb auftreten. Der Luftbedarf des Bohr- und Schrämbetriebes ist stark wechselnd. Bei großen Anlagen mit obertägiger Preßlufterzeugung und weitverzweigtem Rohrnetz machen sich diese Schwankungen nicht so sehr fühlbar, da einmal das Leitungsnetz einen großen, ausgleichenden Luftsammler darstellt, andererseits auch das Ausfallen des Luftverbrauchs an einem von vielen Bohrbetrieben nicht sehr störend ist. Anders verhält es sich bei fahrbaren unterirdischen Kompressoren, die, kurz vor Ort aufgestellt, nur diesem einen Betriebe Luft liefern. Hier muß jede Änderung des Luftverbrauches durch Regelung am Kompressor beantwortet werden.

Zwecks weiterer Behandlung der Regelfrage müssen die zur Beeinflussung des Ganges der Kraftmaschinen unerläßlichen selbsttätigen Regelvorrichtungen, die Fliehkraftregler, einer kurzen Besprechung bezüglich der zurzeit erreichten Wirkungen unterzogen werden.

85. — Fliehkraftregler. Jede Kraftmaschine bedarf einer Regelung, da weder Kraftzufluß noch Arbeitswiderstand dauernd gleichbleiben. Es soll hier zunächst die Regelung der Dampfmaschinen betrachtet werden. Solche werden in den meisten Fällen auf möglichst gleichbleibende Drehzahl geregelt, indem bei sinkendem Dampfdrucke oder vermehrtem Widerstande ihre Füllung (Kraftzufluß) vergrößert, bei den umgekehrten Änderungen verkleinert wird. Diese Regelung geschieht selbsttätig durch die Fliehkraftregler, indem diese infolge der aus den ersten Ursachen entstandenen Geschwindigkeitsverminderung eine vergrößerte, nach den entgegengesetzten Vorgängen eine verkleinerte Füllung durch veränderte Schwungkugeleinstellung bewirken. Diese Regelungen geschehen nach der Geschwindigkeitsänderung und durch diese. Die eintretende Regelbewegung beschränkt die Geschwindigkeitsänderung auf bestimmte Grenzen, kann aber nicht die alte Geschwindigkeit wieder herstellen.

86. — Geschwindigkeitsregler. Solche Geschwindigkeitsregler können nun so gebaut werden, daß sie innerhalb sehr enger Geschwindigkeitsänderungen große Füllungsänderungen einstellen, also trotz starken Wechsels der wirkenden Kräfte oder Lasten die durch die Eigenschaften des Reglers bedingte Geschwindigkeit in engen Grenzen festhalten. Fällt der Dampfdruck oder wächst die Belastung, so nimmt die Maschine durch vergrößerte Füllung mehr Energie bzw. Dampf auf; sie nimmt sich, was sie für ihren Betrieb braucht. Solche Schwankungen können also einer mit Geschwindigkeitsregler versehenen Maschine wenig anhaben. Die Antriebsmaschinen der Dynamos und anderer Betriebsmaschinen sind in dieser ·Weise ausgerüstet. Die Fördermaschinen werden ebenfalls in diesem Sinne, aber von Hand geregelt. Auch sie nehmen nach ihrem Bedarfe Dampf auf.

87. — Leistungsregler für Kompressoren. Eine andere Gruppe von Maschinen ist jedoch mit einer anders eingerichteten Regelung versehen, wie z. B. Pumpen und Kompressoren. Hier erstrebt man zwar auch eine selbsttätige Festhaltung einer eingestellten Drehzahl bei

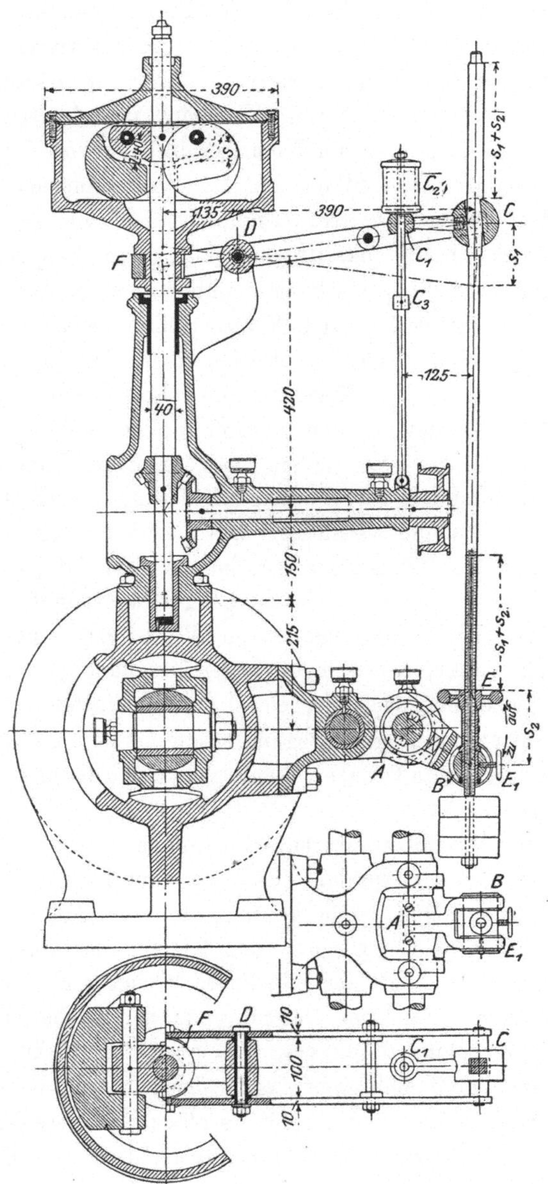

Fig. 87. Leistungsregler von Weiß.

schwankendem Dampfdrucke, aber man will diese Drehzahl durch Einstellung in weiten Grenzen ändern können zur Erzielung einer veränderlichen Leistung der Arbeitsmaschine, deren Widerstand im übrigen nur geringen Schwankungen unterliegt. Man kann eine Maschine, deren Widerstand unveränderlich ist, auf eine höhere Drehzahl bringen, indem man die Füllung vorübergehend erhöht. Der vermehrte Kraftzufluß bewirkt eine Beschleunigung der bewegten Massen. Nach Erreichung der gewünschten Geschwindigkeit muß die Füllung wieder auf die dem Widerstande das Gleichgewicht haltende Größe vermindert werden. Solches kann mit Hilfe eines Fliehkraftreglers erreicht werden.

In Fig. 87 ist der weitverbreitete Leistungsregler von Weiß dargestellt. (Aus Z. d. V. d. Ing. 91, S. 1183 in einem eingehenden Berichte von Weiß, dem wir den Gedanken des Leistungsreglers verdanken.) Die zylinderförmigen Schwungkugeln werden von der senkrechten Reglerspindel angetrieben. Bei wachsender Drehzahl gehen sie auseinander und heben dabei die sie belastende und sich mitdrehende geschlossene Muffe. Diese Regelbewegung wird durch die Muffe auf den Hebel FDC übertragen, dessen nach der Schiebersteuerung gehendes äußeres (rechtes) Ende hierbei abwärts gedrückt wird. Dadurch wird die Füllung verringert. Wird nun von außen durch Drehen des Handrades E eine Verlängerung der Stellstange erreicht, so wird hierdurch ebenfalls der nach der Steuerung gehende Hebel abwärts gedrückt, da die Schwungkugeln einen Widerstand bieten, und so die Füllung verkleinert; die Maschine läuft dann langsamer, die Muffe sinkt, die Stellstange wird wieder gehoben und die Füllung wieder auf ihren alten, der Belastung entsprechenden Wert gebracht. Die Maschine läuft dann mit der Drehzahl weiter, bei welcher dieser Gleichgewichtszustand erreicht ist.

Die erstgenannten Geschwindigkeitsregler wären nun als Leistungsregler völlig unbrauchbar, auch wenn man sie mit der nötigen Verstellvorrichtung im Gestänge versehen wollte, da sie aus ihrer niedrigsten in ihre höchste Hubstellung innerhalb enger Geschwindigkeitsschwankungen gehen, also in diesen engen Geschwindigkeitsgrenzen große Kraftverstellungen vornehmen. Deshalb müssen hier Fliehkraftregler mit anderen Eigenschaften verwendet werden. Sie sollen ihre niederste Hubstellung bei geringer, ihre höchste bei sehr großer Geschwindigkeit einnehmen und innerhalb dieser Grenzen sich gleichmäßig bewegen. Merkliche Regelbewegungen entsprechen dabei großen Geschwindigkeitsänderungen. Mit einem Regler von Weiß lassen sich Drehzahländerungen von 1 : 5 einstellen. Doch haben sie auch den ihnen eigentümlichen Nachteil der Unempfindlichkeit. Ändert sich der Dampfdruck, so muß der Regler eine neue Füllung einstellen. Dies gelingt ihm aus den oben geschilderten Verhältnissen zwischen Hubbewegung und Geschwindigkeitsänderung erst nach einer im Verhältnis zur Druckschwankung großen Geschwindigkeitsschwankung. Dies ist besonders übel bei eingestellter hoher Drehzahl und alsdann wachsendem Dampfdrucke. Es ist dann eine Überschreitung der höchst zulässigen Drehzahl zu befürchten. Deswegen hat Weiß an seinem Regler eine Einrichtung getroffen, daß bei höchst zulässigem Hube sich die Verbindung zwischen Regler und Steuerung löst und die Steuerung durch ein fallendes Gewicht auf Nullfüllung gebracht wird.

Ein neuerer Leistungsregler von Stumpf (Z. d. V. d. Ing. 1902, S. 889) vermeidet diese Unbequemlichkeit, indem er von der niederen bis zu einer bestimmten hohen Drehzahl die Eigenschaften eines Leistungsreglers, über diese hinaus die eines Geschwindigkeitsreglers aufweist, der bei kleinen Geschwindigkeitsschwankungen große Verstellungen vornimmt. Der in Fig. 87 gegebene Weißsche Regler ist in sehr vielen Anlagen zu finden und wird auch heute noch verwendet. Wir wollen die Eigenschaften des Leistungsreglers dahin zusammenfassen: In weiten Grenzen einstellbare Geschwindigkeiten, aber größere Geschwindigkeitsschwankungen bei Kraft- oder Laständerungen.

Neuere Betrebungen, die Vorteile beider Regelarten zu vereinigen, haben zu den „pseudoastatischen Leistungsreglern" geführt, die weite Drehzahländerung gestatten und bei jeder Einstellung gegenüber Kraftschwankungen die Feinfühligkeit der Geschwindigkeitsregler besitzen. Bei größerem Interesse vergleiche man hiezu die Ausführungen in dem Buche: Tolle, Regelung der Kraftmaschinen, Julius Springer, Berlin) und die von Proell in Z. d. V. d. Ing. 1909, S. 568 u. f., wo die Sonderbauart eines Achsenreglers seines Systems besprochen wird.

Solche Achsenregler stehen in formlichem Gegensatze zu den in den obigen Erörterungen stillschweigend vorausgesetzten Muffen- oder Spindelreglern. Sie gestatten, auf der Steuerwelle angeordnet, eine elegantere Beeinflussung der Steuerung. Sie widersetzten sich aber bisher einer Verstellung der Drehzahl. Der angeführten Proellschen Bauart und neuerdings anderen ist dies gelungen. Eine eingehende Abhandlung von Dr. K. Kaiser über solche Achsenregler findet sich in Z. d. V. d. Ing. 1911 S. 245, 341 und 507.

XVIII. Die Regelung der Dampfkompressoren.

88. — Regelung der Dampfkompressoren durch Drehzahländerung (nach Dr. Hoffmann-Bochum in Z. d. V. d. Ing. 1909, S. 3 u. f.). Ein einzelner auf ein Netz arbeitender Kompressor wird bei gleichbleibendem Dampfdrucke und fester Füllungseinstellung einen bestimmten Kompressionsenddruck erzeugen. Eine Entlastung durch Sinken des Leitungsdruckes (bei Mehrverbrauch) läßt ihn schneller laufen bis zur Wiederherstellung des alten Druckes, ein Steigen des Leitungsdruckes wird durch Verminderung der Drehzahl beantwortet. Es findet also bei

gleichbleibendem Dampfdrucke eine genügende Selbstregelung des Dampf-
kompressors statt. Ungünstiger ist das Verhalten bei schwankendem
Dampfdrucke. Ein sinkender Dampfdruck führt so lange zur Geschwindigkeitsverminderung, bis der gesunkene Luftdruck dem Dampfdrucke das Gleichgewicht hält. Es stellen sich also starke, mit dem
Dampfdrucke parallele Luftdruckschwankungen ein.

Man versieht daher solche Kompressoren mit Leistungsreglern.
Der Betrieb ist dann etwa folgender:

Sinkt der Dampfdruck, so holen sich die Dampfmaschinen mit
Geschwindigkeitsreglern, wie etwa die Dynamos, sowie die mit
Handregelung, wie die Fördermaschinen, den Dampf, den sie zu ihrer
Leistung brauchen, durch Füllungsvergrößerung. Der Dampfdruck wird
hierdurch stärker sinken. Die Kompressoren mit älteren Leistungsreglern
sind der leidende Teil, da sie die dem gesunkenen Dampfdrucke entsprechende Füllungsvergrößerung nur unter erheblicher Verminderung
der Umlaufszahl einstellen können. Fällt eine solche Zeit mit der Zeit
erhöhten Luftverbrauches zusammen, so muß ein starkes Sinken des
Luftdruckes stattfinden. Durch Nachstellen der Leistungsregler von
Hand ließe sich eine erhöhte Drehzahl einstellen. Hierzu fühlt sich
der Maschinist jedoch selten veranlaßt, da der Bergwerksbetrieb auch
bei dieser Minderlieferung von Luft, wenn auch mit eingeschränkter
Leistung, weiter geht. Es findet auch kein der Minderlieferung entsprechend starker Druckabfall statt, da bei sinkendem Luftdrucke alle
Luftmaschinen langsamer laufen und so durch weitere selbsttätige
Leistungsverminderung ein weiteres Sinken der Luftspannung verhindern. Die starke Leistungsverminderung tritt also nicht in auf-
fallender und Abhilfe heischender Weise in die Erscheinung. Es ist
daher durchaus anzustreben, die Kompressoren durch selbsttätige Einrichtungen auf gleichbleibenden Druck zu regeln.

**89. — Selbsttätige Regelung auf gleichbleibenden Druck durch
Drehzahländerung ohne Fliehkraftregler.** Wollen wir selbsttätig auf
gleichbleibenden Druck regeln, so muß diese Regelung durch den Unterschied des Leitungsdruckes gegenüber einer eingestellten Gegenbelastung
eingeleitet werden.

Fig. 88 zeigt eine Ausführung von G. A. Schütz, Patent Müller.
Die Dampfventile sind entgegen sonst üblicher Anordnung quer zur
Zylinderachse beweglich. Sie werden von einer unrunden Scheibe D
auf der parallel zur Achse liegenden Steuerwelle angetrieben. In
diesen Antrieb von D nach dem eigentlichen Ventilhebel H ist ein vom
Druckluftregler verstellbares Getriebe eingeschaltet, das die durch die
Antriebsscheibe D gegebenen Ventilbewegungen abzuändern gestattet.
Dieses Getriebe besteht aus einem horizontalen kurzen Zwischenstück,

das durch Lenker L und Stange S in seiner Höhenlage verstellt werden kann. Das Zwischenstück trägt an der Berührungsstelle mit der Steuerscheibe eine die Reibung vermindernde Rolle R; sein anderes Ende berührt den Ventilhebel. Bei bestimmter Rollenstellung wird eine bestimmte Bewegung des Einlaßventiles, also eine bestimmte Füllung erreicht.

Der die Einstellungen vornehmende Druckluftregler besteht aus einem einerseits vom Luftdrucke, anderseits von einer Feder belasteten Kolben B. Letzterer umfaßt als Tauchkolben den feststehenden Zylinder P. Das Innere des Zylinders steht mit der Druckluft in Ver-

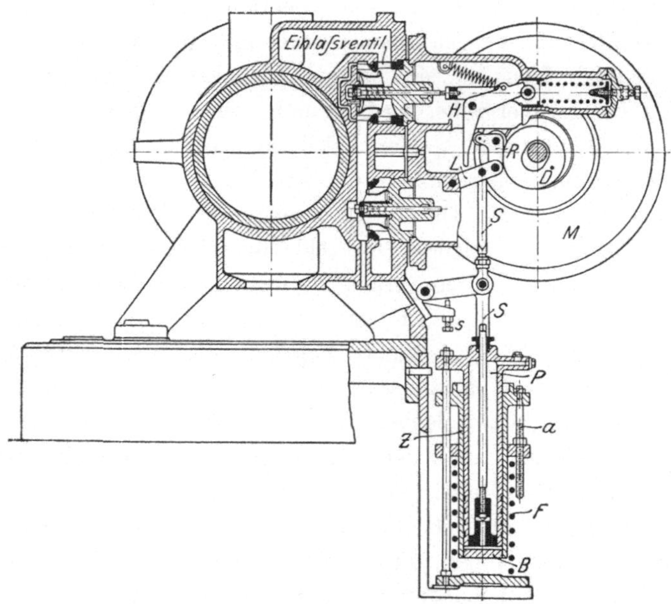

Fig. 88. Druckluftregler auf Dampfeinlaßventil einwirkend. (Patent Müller, Firma
G. A. Schütz, Wurzen.)

bindung, die den unteren Boden des Kolbens tiefer zu drücken strebt. Diesem Druck steht der Druck der Feder F entgegen. Bei steigendem Luftdruck wird der Tauchkolben nach unten gedrängt und somit durch die Stange S auch die Rolle R. Dadurch, daß der an sich gleiche Rollenausschlag jetzt an einem größeren Hebelarme des Ventilhebels H angreift, werden dessen Ausschläge verkleinert, sodaß ein früherer Schluß des Einlaßdampfventils, also eine kleinere Füllung eintritt. Höherer Luftdruck und verkleinerte Füllung bewirken einen Geschwindigkeitsabfall der Maschine so lange, bis durch Nachlassen des Luftdruckes der umgekehrte Regelungsvorgang eingeleitet wird. Auch Schwankungen des Dampfdruckes, die zunächt eine Drehzahländerung, dann Luftdruckänderung und durch diese Füllungsänderung hervorrufen, werden durch diese Einrichtung ausgeglichen.

Die Anordnung ist eine einfache, da ein unmittelbarer Eingriff des Druckluftregelkolbens in die Steuerung erzielt ist. Sie läßt sich für einzellaufende Kompressoren wohl verwenden.

Nun denken wir uns aber einmal zwei parallel auf die gleiche Druckluftleitung arbeitende Kompressoren mit dieser Regelung versehen, die im Augenblick unserer Betrachtung gleiche Drehzahl haben sollen; auch nehmen wir an, daß sich jede der Maschinen im Gleichgewichtszustande bezüglich ihrer Kräfte und Widerstände befinde. Nun trete eine Änderung des Luftdruckes ein. Sollen hierbei völlig parallele Veränderungen in beiden Maschinen eintreten, so müßten durch die eintretende Regelbewegung in beiden Dampfzylindern ganz gleiche Kraftveränderungen erreicht werden, hierbei ganz gleiche Einwirkung des geänderten Luftdruckes in den beiden Kompressoren noch nebenbei vorausgesetzt. Dies ist nun völlig unerreichbar. Bei wachsendem Luftdrucke werde etwa in der ersten Maschine eine um ein geringes stärkere Kraftverminderung eingestellt als in der zweiten; dann wird sie mehr verlangsamt als die andere, und dieser Drehzahlabfall gegen die zweite geht weiter, solange jene Unterschiede in den Kraftverhältnissen bestehen. Es kann die eine Maschine dabei zum völligen Stillstande kommen.

Bei parallel arbeitenden Kompressoren können daher die die Drehzahl beeinflussenden Fliehkraftregler nicht entbehrt werden.

Die geschilderte Regelung ist mit der Handregelung zu vergleichen, wobei an Stelle des Maschinisten der selbsttätige Druckluftregler tritt.

Im übrigen verzichtet auch diese Anordnung nicht auf einen Fliehkraftregler. Der Steuerdaumen D ist nicht fest auf der Steuerwelle, sondern um sie drehbar gelagert. Er wird nicht durch die Welle selbst, sondern durch die Schwunggewichte eines von der Welle angetriebenen Achsenreglers gedreht. Dieser Geschwindigkeitsregler M ist so gebaut, daß seine Schwunggewichte bei allen zulässigen Drehzahlen in ihrer innersten Lage bleiben, bei Überschreitung einer bestimmten Höchstgeschwindigkeit aber einen großen Ausschlag nach außen machen und hiebei die mit ihnen in geeigneter Weise verbundene Steuerscheibe aus ihrer exzentrischen in eine zur Welle konzentrische Lage verschieben, so daß sie keine Öffnung des Einlaßventiles mehr bewirken kann. Der Achsenregler verhütet also als Sicherheitsregler das Durchgehen der Maschine, beteiligt sich aber nicht an der Druckregelung.

In Z. d. V. d. Ing. 1902, S. 145, Bild 70 und 71, ist eine ähnliche Regelungsart für ein oberhalb des Zylinders angeordnetes Einlaßventil dargestellt. Der Druckluftreglerkolben greift durch ein Gestänge in

das von der Steuerwelle nach dem Ventile gehende Gestänge ein und
der auf der Steuerwelle sitzende Exzenter wird durch einen Achsenregler von Stumpf in einer der obigen Beschreibung ähnlichen Weise
bei Überschreitung der Höchstgeschwindigkeit so verdreht, daß Nullfüllung am Ventil eingestellt wird. Aus den Bildern ist die Einrichtung
des Reglers und der Steuerung zu ersehen.

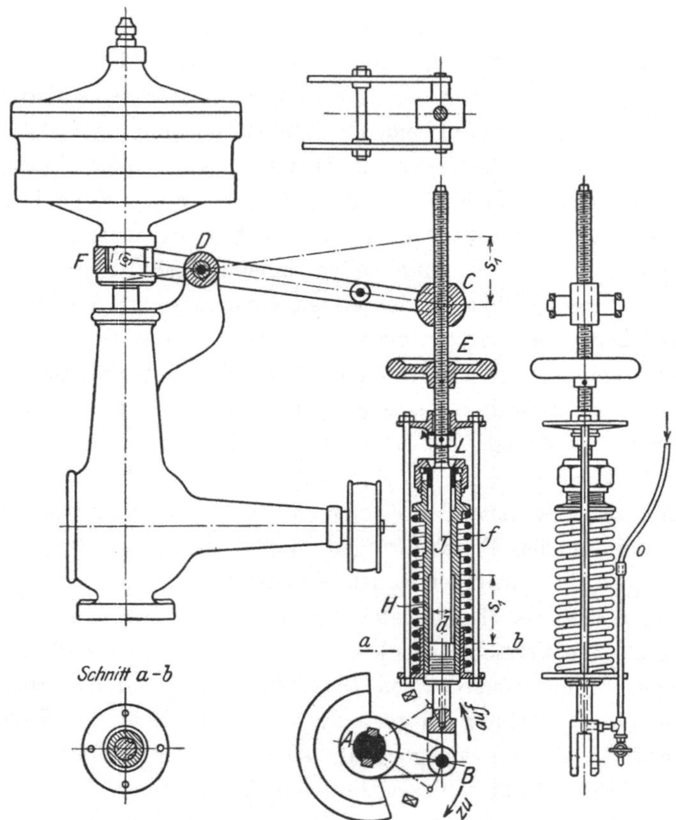

Fig. 89. Druckluftregler auf Leistungsregler einwirkend.

**90. — Selbsttätige Regelung auf gleichbleibenden Druck mit
Leistungsregler, insbesondere für parallel arbeitende Kompressoren.**
Der Handregelung steht die mit Leistungsregler gegenüber, die aber
größere Druckschwankungen aus den geschilderten Gründen zuläßt. Sie
könnte durch Nachregelung von Hand verbessert werden, oder besser
selbsttätig durch einen Druckluftregler. Diese naheliegende Anordnung
wurde schon von Weiß (1891) in Verbindung mit seinem Leistungsregler
vorgenommen (Fig. 89).

In die vom Regler nach der Steuerung gehende Stellstange ist ein Druckluftregelkolben eingebaut. Bei wachsendem Luftdrucke tritt eine Verlängerung der Stange, Verkleinerung der Füllung und Abnahme der Drehzahl ein. Soweit ist die Wirkung von der vorher beschriebenen (Fig. 88) kaum verschieden.

Ist der so geregelte Kompréssor aber einer aus einer Reihe parallel arbeitender und wird in ihm bei einem der Regelvorgänge eine Kraft eingestellt, die den gleichzeitigen Widerständen nicht gewachsen ist, so wird er zwar hinter der Drehzahl der anderen zurückbleiben, aber hierdurch infolge des Niederganges seiner Schwungkugeln seine Steuerung auf größere, den Widerständen entsprechende Füllung einstellen und redlich an der Druckluftlieferung weiter mitwirken, während er ohne die Mitwirkung des Leitsungsreglers völlig zum Erliegen gebracht würde.

Diese Regelungen werden auch in Verbindung mit anderen Leistungsreglern verwendet. Verbesserungen sind in der Einrichtung des Druckluftreglers getroffen worden, die die große Stopfbüchsenreibung vermindern sollen. Es werden langgeführte, eingeschliffene Kolben verwendet und zwischen Druckluft und Kolben eine Ölmasse gelegt, so daß der Kolben gegen das Öl und nicht gegen Luft, was sehr schwierig wäre, abzudichten ist. Dann sind Vorrichtungen vorhanden, um das durch Undichtheit verloren gegangene Öl leicht zu ersetzen.

XIX. Die Regelung elektrisch angetriebener Kompressoren.

91. — Regelung elektrisch angetriebener Kompressoren im allgemeinen. Da der Nebenschlußgleichstrommotor eine Änderung der Drehzahl zuläßt, so ließen sich die eben geschilderten Regelarten sinngemäß auf ihn übertragen. Solche Einrichtungen sind aber wenig bekannt geworden, wohl weil dieser Antrieb für größere Kompressoren nicht in Frage kommt.

Für die mit gleichbleibender Drehzahl laufenden Drehstrommotoren kämen folgende Möglichkeiten in Betracht: Ausschaltung des Motors bei erreichtem Drucke durch den Druckluftregler und Wiedereinschaltung nach Unterschreitung des Druckes; dies würde für kleinere Motoren geeignet sein. Dann Durchlaufenlassen des Motors und hierbei Regelung der Luftleistung im Kompressor durch zeitweise völlige Unterdrückung seiner Leistung (Aussetzern vergleichbar) oder mit regelbarer Einstellung der Luftleistung. Das Arbeiten mit Aussetzern dürfte sich der Einfachheit wegen bei kleineren Leistungen empfehlen, nicht bei größeren, bei welchen die Kraftschwankungen zwischen Voll- und Leerbetrieb auf die angeschlossenen Maschinen einwirken könnten.

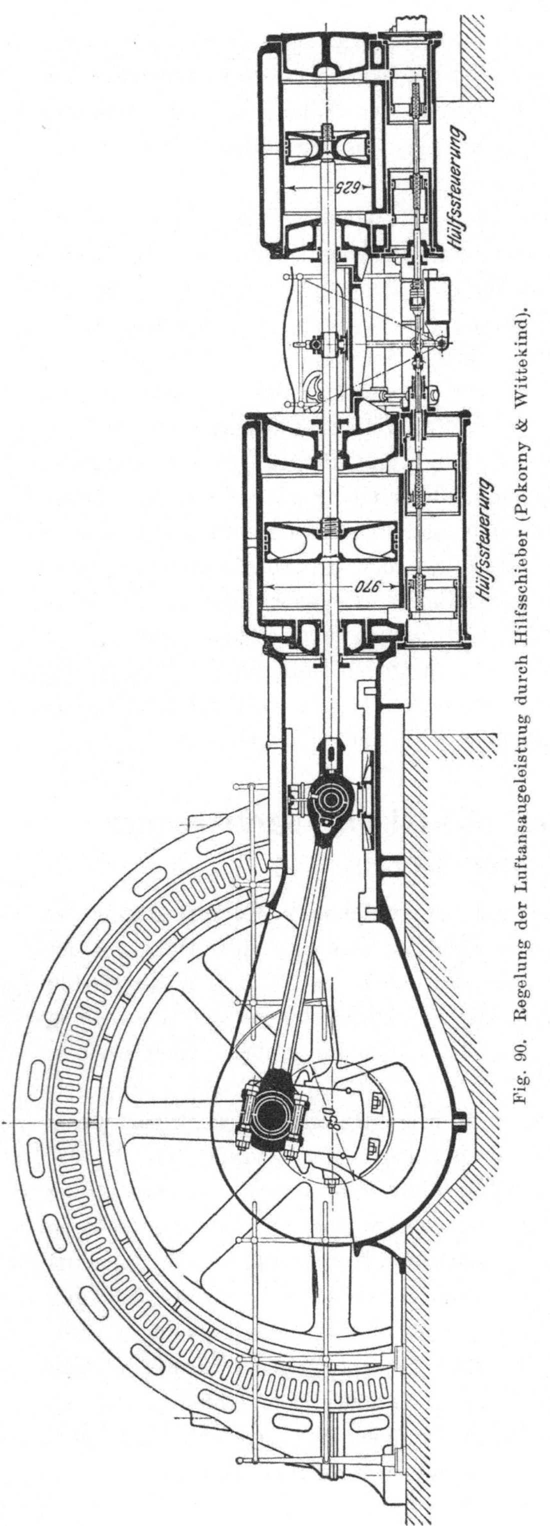

92. — Regelung bei gleichbleibender Drehzahl durch Einstellung der Ansaugeleistung. Fig. 90 läßt einen elektrisch angetriebenen Verbundkompressor erkennen. Unter den Luftzylindern befinden sich Hilfskolbenschieber, die eine Verbindung des Zylinderinneren mit der Außenluft ermöglichen. Sie werden durch einen Hebel von der zwischen den Zylindern laufenden Kolbenstange angetrieben. Die Stellung der Einzelschieber auf der Schieberstange kann durch ein Handrad und Schraubengetriebe verändert werden. Werden die Schieber in weite Entfernung voneinander eingestellt, so öffnen sie bei ihrer Bewegung die Schlitze nach dem Zylinder gar nicht. Die durch die Ansaugeorgane eingesaugte Luft wird daher beim Rückhube durch das Druckventil gefördert. Werden die Schieber aber einander genähert, so bleiben die Schlitze zu Anfang des Druckhubes noch geöffnet, und ein Teil der angesaugten Luft wird wieder ins Freie gedrückt, bis der vordringende Hilfsschieber den Schlitz schließt. Je enger die Schieber gestellt sind, desto mehr Luft wird wieder zurückgedrückt.

Die Regulierung des Kompressors geschieht zwischen

5000 und 8000 cbm/Stunde. Der Gesamtwirkungsgrad schwankt dabei zwischen 78 und 81,3 v. H. bei etwa 90 v. H. Wirkungsgrad des Motors. Die Art der Regelung ist also wirtschaftlich zu nennen. 1 P. S. = 8,4 cbm Luft/stunde.

93. — Selbsttätige Regelung bei gleichbleibender Drehzahl durch Kompressorleerlauf. Ein Leerlauf des Kompressors, das heißt Aufhebung seiner Leistung kann auf verschiedene Weise erreicht werden:

Erstens durch Absperrung der Saugleitung. Der Kompressor arbeitet ohne Luft. Er erzeugt ein Vakuum und vernichtet es wieder. Neben den Leerlaufwiderständen treten noch Umwandlungverluste auf.

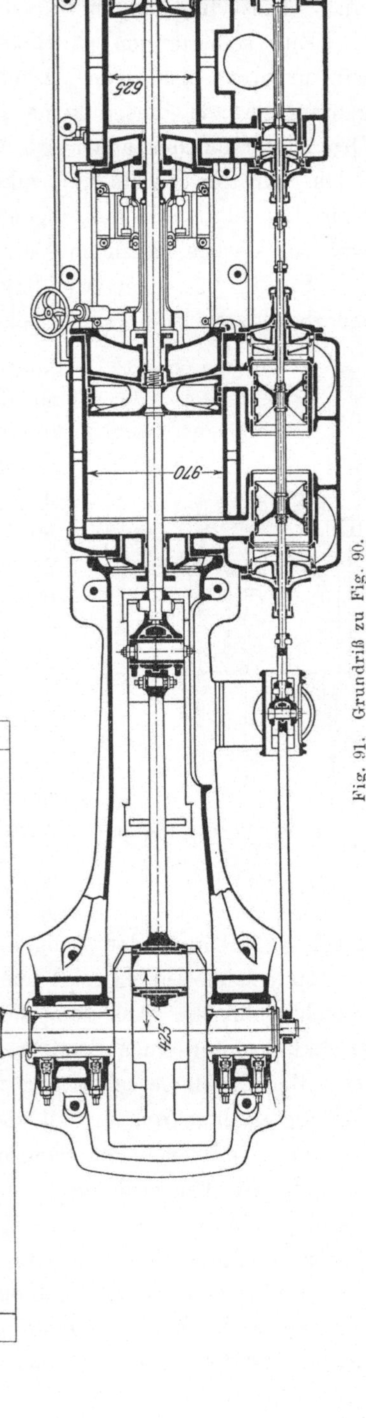

Fig. 91. Grundriß zu Fig. 90.

Oder es wird ein vor dem Druckventil angeordnetes Ventil ins Freie geöffnet, durch welches die angesaugte Luft wieder ausgestoßen wird. Diese Regelungen bedürfen besonderer Einrichtungen.

Zur selbsttätigen gänzlichen Verstellung solcher Ventile können wir unseren bisherigen Druckluftreglerkolben nicht ohne weiteres gebrauchen, da dieser keine gänzlichen, sondern von der Größe des Druckunterschiedes abhängige Verstellungen ergibt. Wir benutzen ihn daher nur zur Verstellung eines kleinen Ventils oder Schiebers, der dann Druckluft auf den eigentlichen Verstellkolben (Vorspannkolben) läßt und dessen gänzliche Verstellung bewirkt.

In Fig. 92 sehen wir links oben in einem kleinen Zylinder ein federbelastetes Steuerventil eingeschlossen, das sich hebt und durch seinen Spalt Druckluft nach dem rechten Röhrchen überströmen läßt, sobald die von unten zugeführte Druckluft den Federwiderstand überwindet. Die nach rechts übergeführte Druckluft drückt den federbelasteten Vorspannkolben nieder, der mit seinem unteren, ventilartig ausgebildeten Ende den Saugrohrquerschnitt abschließt. Nachdem der Luftdruck um etwa $^1/_2$ Atm. gesunken ist, schließt sich das Steuerventil wieder, und da über dem Vorspannkolben die Druckluft durch vorhandene oder absichtliche Undichtheiten entweicht, drückt die Belastungsfeder den Kolben wieder in die Höhe und öffnet den Saugrohrquerschnitt wieder. Diese Regelung wird für Kompressoren mit Saugschiebern angewandt.

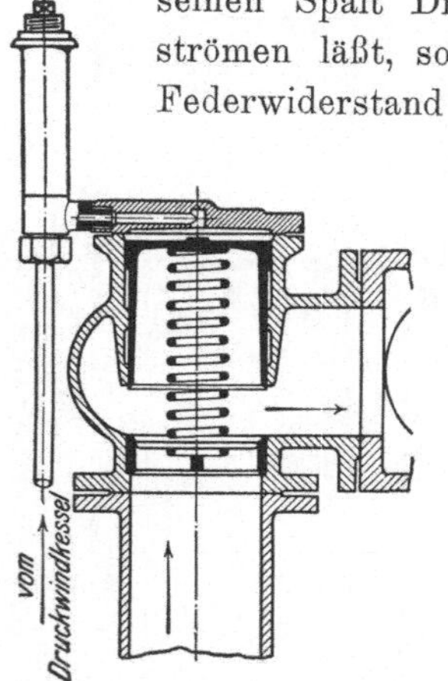

Fig. 92. Unterbrechung der Ansaugeleistung durch Abschluß der Saugleitung (Pokorny & Wittekind).

Ohne besondere Organe läßt sich bei Ventilkompressoren die Leistung aufheben durch Offenhalten der Saugventile. Diese Regelung dürfte die verbreitetste sein. Fig. 93 zeigt eine übersichtliche Anordnung der Zwickauer Maschinenfabrik. Aus dem rechten Druckraum tritt durch ein Rohr b Druckluft unter einen Steuerkolben, der durch ein Gewicht a belastet ist. Bei Drucküberschreitung wird der Kolben gehoben; er legt eine Öffnung nach c frei, so daß die Druckluft durch c nach einem kleinen Kolben d auf der linken Saugseite strömt und diesen nach rechts verschiebt. Hierbei wird durch Querstange und Längsstangen e das Saugventil f von seinem Sitze abgehoben, so daß jetzt die Luft durch dieses geöffnete Ventil so lange ein- und wieder ausströmt, bis der Luftdruck gesunken ist und eine Gegenfeder den Kolben d nach links zurückdrängt. Die Druckluft im Rohre c entweicht durch Undichtheiten des Steuerkolbens nach g hin ins Freie.

In „Glückauf" 1910, S. 432 und 433, sind ganz ähnliche Einrichtungen an einem Borsigkompressor dargestellt und beschrieben. Hierbei kann noch durch ein besonderes Umleitventil beim Anlassen eines Kompressors Druckluft auf den die Saugventile öffnenden Kolben gelassen werden, so daß das Anlassen ohne Last möglich ist.

Die Leerlaufarbeit bei dieser Regelart beläuft sich auf 8—15 v. H. der Normalleistung.

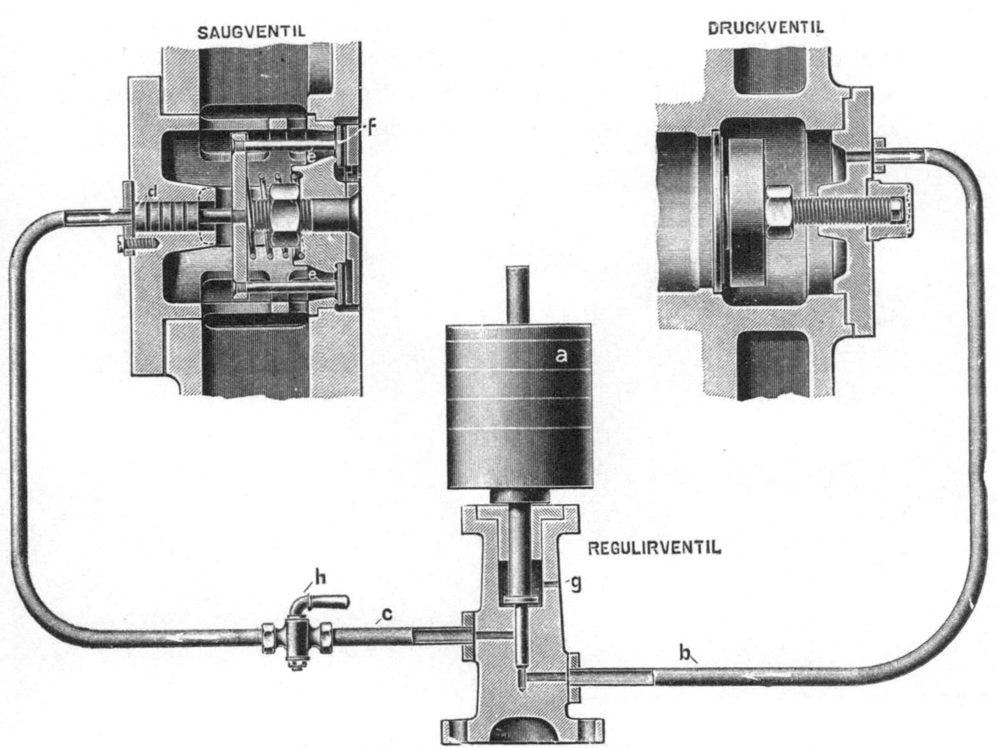

Fig. 93. Selbsttätige Druckregelung durch Beeinflussung der Saugventile.
(Zwickauer Maschinenfabrik.)

XX. Die Schmierung der Kompressoren.

94. — Die Schmierung der verschiedenen Gleitflächen. Sämtliche Gleitflächen müssen entsprechend geschmiert werden. Die verwendeten Einrichtungen sind die gleichen wie etwa bei Dampfmaschinen. Nicht unter Druck stehenden Gleitflächen kann das Öl durch Tropföler zugeführt werden. Für unter Druck stehende Flächen, wie die Kolbengleitfläche, muß durch besondere Einrichtungen Öl unter Druck zugeführt werden. Besondere Beachtung verdient die Schmierung der Kurbellager bei raschlaufenden Maschinen.

Diese werden häufig mit Ringschmierung ausgestattet.

Fig. 83 zeigte eine solche mit losem, von der Welle durch Reibung mitgenommenem Schmierring. Solchen losen Ringen wird gelegentlich der Vorwurf gemacht, daß ihre Mitnahme durch die Welle nicht sicher genug sei und daß sie das Öl nicht über den Scheitel der Welle fördern könnten. Daher werden für größere Lager auch auf der Welle feste Schmierringe angewandt, die unten in Öl eintauchen und dieses an einem oberen Abstreifer abstreifen. Werden die Schmierringe wie üblich in der Lagermitte angeordnet, so zerschneiden sie das Lager und die Schale. Fig. 94 zeigt das Ringschmierlager der Zwickauer Maschinenfabrik mit festem, seitlich außerhalb des normalen Lagerkörpers angeordnetem Schmierringe. Dieser hebt das Öl in die Höhe, ein Ab-

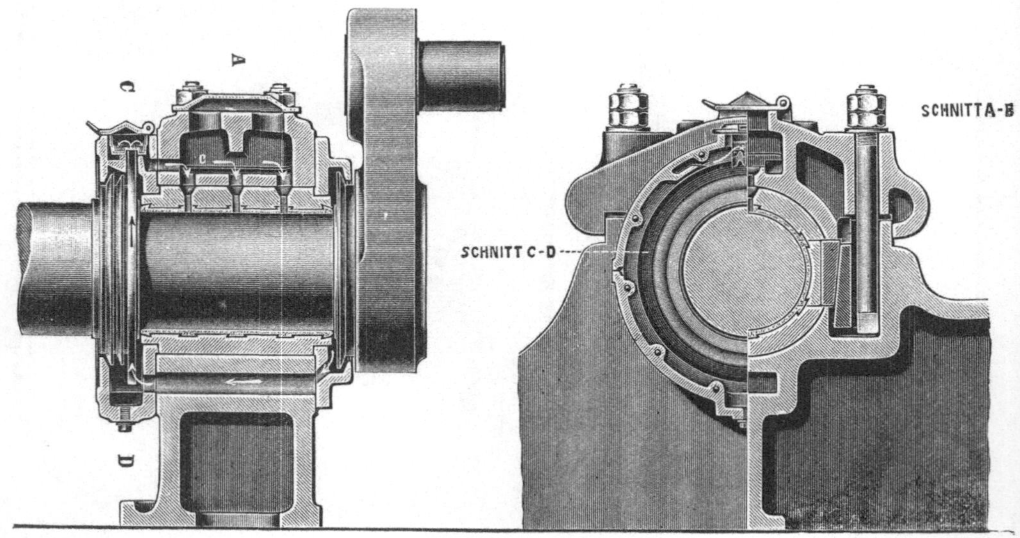

Fig. 94. Lager der Zwickauer Maschinenfabrik.

streifer läßt es in die Kammer c laufen, aus der es mit einer ausreichenden Druckhöhe nach rechts dem Lager durch drei Öffnungen zufließt.

Die Schmierung der Kolbengleitfläche geschieht vielfach so, daß man dem angesaugten Luftstrome Öl durch einen Tropföler beimengt. Das ist möglich, da diese Luft noch nicht unter Druck steht. Mit der Luft gelangt das Öl in den Zylinder und schmiert dessen Gleitfläche. Fig. 53 läßt oben rechts am Ansaugestutzen einen solchen Tropföler erkennen. Vgl. auch die am Ende dieses Abschnittes erklärte Fig. 96.

Eine Einrichtung, der Kolbengleitfläche Öl durch einen einfachen Öler zuzuführen, wurde 1885 von J. F. Weiß angegeben. Fig. 95 stellt

diese dar. Das Gefäß wird auf den Luftzylinder aufgesetzt. Der obere
Deckel wird nach Füllung des Gefäßes luftdicht geschlossen. Der mit
Öl gefüllte Raum ist durch eine kleine und von außen durch ein Handrad einstellbare Öffnung mit dem unteren Rohre und dem Zylinderinnern
verbunden. Diese Öffnung ist so klein, daß für gewöhnlich kein Öl
durch dieselbe fließt. Der untere Raum ist nun beim laufenden Kompressor
wechselnden Luftdrücken (Saug- und Druckhub) ausgesetzt. Während
des Druckhubes dringt von unten Luft durch die Öffnung in das Öl-
gefäß, steigt in Bläschen sichtbar empor und sammelt sich über dem
Öle an. Beim nächsten Saughube drückt diese Oberluft Öl durch die
Öffnung nach dem Zylinder. Die Vorrichtung stellt eine einfache und
sicher wirkende Ölpumpe dar. Günstig ist, daß die Wirksamkeit sicher
erkannt werden kann durch das Aufsteigen
der Luftblasen im Öl. Danach kann auch die
Größe der Ölzufuhr eingestellt werden.

Dann ist es noch möglich, das Öl durch
besondere von der Maschine bewegte Pressen
unter Druck zu setzen und es dann solchen
Gleitflächen zuzuführen. Diese Einrichtung wird
sich besonders für die Saugluftschieber empfehlen,
die einer sorgfältigen Schmierung bedürfen. Die
in Fig. 53 gezeigte Zylinderschmierung erscheint
als die einfachste. Doch ist sie nicht ohne
Nachteil. Das im Luftstrome fein verteilte Öl
wird während des Druckhubes durch die Luft
hoch erhitzt und unterliegt der Gefahr des Ver-
dampfens in besonderem Maße. Es wird also
ein merklicher Teil für die Schmierung verloren

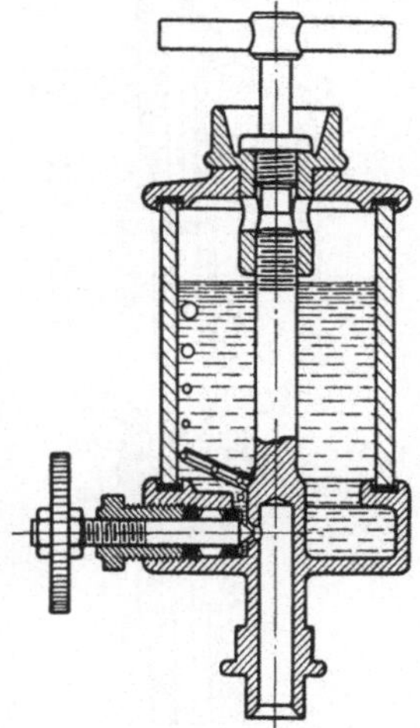

Fig. 95. Schmiergefäß von
J. F. Weiß.

gehen. Die sich aus dem verdampfenden Öle bildenden Gase erzeugen
zudem eine Gefahr, die in dem folgenden Abschnitte: Explosionen bei
Kompressoren besonders besprochen werden soll.

Besser ist die Zuführung des Öles durch ein Loch der Zylinderwand, worauf es von dem Kolben über die Gleitfläche verteilt wird.
Hier unterliegt das Öl nicht der Gefahr der Zersetzung, wenn diese
Zylinderwand durch Wassermantel gekühlt ist. Diese Kühlung erstreckt
sich nur in geringem Maße auf die Luft. Dennoch ist sie von hoher
Bedeutung, da sie die Zylinderwand kühl hält. Weiß hat (1885)
folgenden Versuch gemacht: Ein einstufiger Kompressor für 6 Atm.
Druck (also hohe Lufttemperatur) wurde stillgesetzt und durch eine
bereitstehende Mannschaft rasch geöffnet. Ein Auflegen der Hand auf
die innere Zylinderwand ließ diese als kühl erkennen. Diese kühle
Zylinderwand hält auch das sie überziehende Öl kühl, so daß es für

die Schmierung wirksam bleibt. Wir erkennen hieraus die hervorragende Bedeutung der Mantelkühlung trotz ihres geringen Einflusses auf Verringerung des Kraftbedarfes. Sie spart an Schmieröl und erhöht die Sicherheit.

In dem vorigen Abschnitt 93 ist die Luftregelung eines Kompressors durch zeitweisen Abschluß der Saugleitung beschrieben worden. Geschieht die Ölung des Zylinders bzw. des Saugschiebers durch einen Tropföler im Ansaugeluftstrom, dessen Tropfenfall für die laufende Lieferung eingestellt ist, so wird dieser Öler nach Abschluß der Saugleitung mehr Öl abgeben, da sich in der unteren Röhre die sehr geringe Luftspannung, die durch den Leerlauf des Kompressors entsteht, geltend macht und der äußere Luftdruck jetzt das Öl mit größerer Kraft durchpreßt. Deshalb verwendet die Firma Pokorny & Wittekind in diesem Falle einen gegen die Außenluft gänzlich abgedichteten Tropföler (Fig. 96). Dieser würde nun gar kein Öl fallen lassen, sobald der Druck über dem Ölspiegel unter dem Druck des Saugraumes gefallen ist. Deshalb ist dieser Raum über den Ölspiegel mit dem unteren Saugraum durch ein Druckausgleichs röhrchen R verbunden. Der Tropfenfall erfolgt alsdann immer unter nahe gleichbleibenden Kraftverhältnissen, das heißt immer in der einmal eingestellten Stärke.

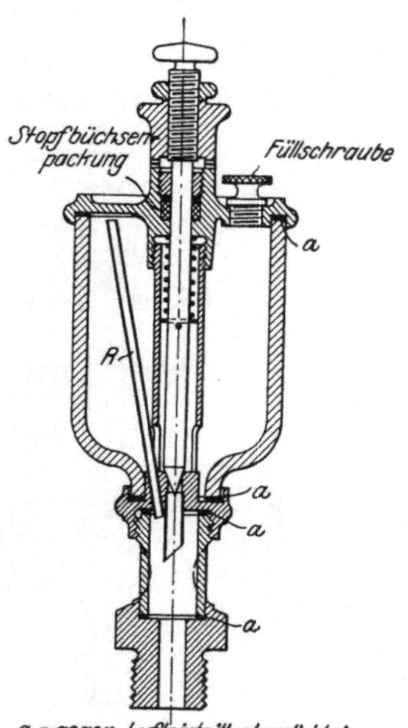

Fig. 96. Tropföler von Pokorny & Wittekind.

95. — Explosionen an Kompressorenanlagen. In den Jahren 1896—1909 sind etwa zehn Kompressorexplosionen auf Gruben durch die Literatur bekannt geworden. Sie sind kleineren Umfanges gewesen, wenn sich die Explosion auf den Kompressorzylinder beschränkte, und von sehr verheerender Wirkung, wenn sie auf den Luftsammler übergriff. Auch ein Entstehen der Explosion im Luftsammler muß möglich erscheinen. Die Heftigkeit der Luftsammlerexplosionen erklärt sich leicht durch die größere Menge dort angesammelter explosibler Gemische und brennbarer Stoffe (vgl. Abschnitt Nr. 30: Explosionen an Luftsammlern)

Soweit die Literaturangaben Schlüsse erlauben, scheint es sich meist um einstufige Kompressoren und um solche mit Saugschieber gehandelt zu haben. Bei solchen einstufigen Kompressoren erscheint die hohe Lufttemperatur recht geeignet, das Schmieröl zu zersetzen und so explosible Gemische zu veranlassen. Die Mantelkühlung kann wohl nicht alles Schmieröl vor den hohen Temperaturen bewahren. Insbesondere bei Schieberkompressoren finden sich in der ungekühlten bzw. unkühlbaren Schiebergleitfläche Stellen hoher Temperatur, sowie in den meist ungenügend gekühlten Zylinderkanälen. Die Anordnung des Saugschiebers entzieht auch häufig einen großen Teil der Zylinderwand der Kühlwirkung. Andererseits liegt die bei dem üblichen Enddruck von 6 Atm. bei einstufiger Kompression erreichte Endtemperatur von 220° noch unter der Entflammungs- und Entzündungstemperatur der meist gebräuchlichen Kompressorschmieröle. Doch sind bei solchen Kompressoren Temperaturen von 300° beobachtet worden. Das läßt auf eine Temperaturerhöhung durch Kolben und Schieberreibung schließen. Unter solchen Umständen sind Explosionen nichts Seltenes. Sie können dann nur durch Umbau der Kompressoren beseitigt werden. Auch der Schieberkompressor, wenigstens der mit nicht entlastetem Schieber, muß in dieser Beziehung ungünstig erscheinen.

Der Zersetzung des Schmieröles im Zylinder seien einige besondere Betrachtungen gewidmet.

96. — Verhalten des Schmieröles im Zylinder. Da eine verheerende Explosion dem gebrauchten Schmieröle zugeschrieben wurde, ließ man dieses in der Königlichen chemisch-technischen Versuchsanstalt Berlin untersuchen. Deren Urteil lautete: „Das Öl ist vollständig frei von niedrig siedenden Kohlenwasserstoffen und besteht aus so wenig voneinander verschiedenen Kohlenwasserstoffen, daß bei seiner Herstellung Sorgfalt verwendet sein muß. Es ergibt sich dies auch aus dem für Zylinderschmieröle ungewöhnlich hohen Entflammungspunkt von 291°. Läßt man solche Öle in glühende Retorten tropfen, so werden sie wie alle organischen Substanzen zersetzt. Es bilden sich gasförmige Produkte unter Entstehung von mehr oder weniger Koks. Durch Vergasung von 20 g Schmieröl mag etwa 1 cbm Luft explosibel gemacht werden. Schmieröle, die bei starker Erhitzung nicht unter Entwicklung brennbarer Gase zersetzt werden, gibt es überhaupt nicht."

Solche Zersetzungen können lange Zeit geschehen, ohne daß es zu einer Zündung der Produkte kommt. Diese tritt häufig erst ein durch Hinzutreten besonderer Umstände, etwa örtlicher Erhitzung durch vermehrte Kolben- oder Schieberreibung, die bis zum Funkenreißen gehen kann. Nach Explosionen wurden im Schieberkasten, in der Druckleitung und im Luftsammler große Mengen von schmierigen oder festen Ölrückständen gefunden. Die Möglichkeit hoher Kolbenreibung wird durch das Vorhandensein metallischen Eisens in solchen Rückständen erwiesen.

In einem anderen Falle scheint folgender Vorgang sich abgespielt zu haben: Das Öl verdampfte im Zylinder, ohne sich zu zersetzen. An den kühleren Teilen der Leitung und des Sammlers kondensierte es wieder zu Öl, wie der Befund ergab. Solches in steter Berührung mit Luft befindliches Öl oxydiert unter Erwärmung. Im besagtem Falle fand sich in diesem Ölgemisch Eisenoxyd. Sein Dasein erklärt sich durch hohe Kolbenreibung und Auflösung der abgeriebenen Eisenteilchen durch in den Zylinder gelangte organische Säuren. Dieses Eisenoxyd gibt seinen Sauerstoff gern unter Wärmeentwicklung an das Öl ab. Auf diese Weise wird eine Luftsammlerexplosion, die den Kompressor unberührt ließ, erklärt.

Die obigen Mitteilungen schildern anschaulich die Zersetzung des Öles bei hohen Temperaturen. Da wir aber durch Wassermantel die Wandtemperatur niedrig halten, so erscheinen die Kompressorexplosionen in Anbetracht der hohen Entzündungstemperaturen der angewandten Schmieröle doch nicht genügend erklärt. Wir müssen hier noch bemerken, daß die durch Versuche gefundenen Entzündungstemperaturen sich auf atmosphärischen Druck beziehen, während im Kompressor Öl oder Gasluftgemisch sich zeitweise unter hohem Drucke befinden. Der bekannte Erfinder des Dieselmotors sagt über diesen Punkt: „Die Entzündungstemperatur liegt für die meisten Brennstoffe sehr tief, und zwar um so tiefer, je höher der Druck ist, unter dem die Entzündung eingeleitet wird. Versuche haben geradezu erstaunlich tiefe Temperaturen für die meisten Brennstoffe ergeben."

97. — Vermeidung von Explosionen. Zur Vermeidung von Explosionen muß alles getan werden, was die Zersetzung des Schmieröles behindern kann. Zunächst ist ein Öl von hohem Entflammungs- und Entzündungspunkte zu wählen. Dann sind Temperaturerhöhungen im Zylinder zu vermeiden durch richtig angeordnete und gehandhabte Kühlung bei zweistufiger Kompression (völlige Mantel- und Zwischenkühlung, Vermeidung unkühlbarer Gleitflächen); ausreichende aber nicht zu reichliche Schmierung; Vermeidung der Ansammlung explosibler Gemische (siehe Luftsammler); öftere Reinigung des Zylinders, der Leitung und des Sammlers von Öl und Ölrückständen. Da trotz aller Vorsicht mit gelegentlicher Temperaturerhöhung im Zylinder zu rechnen ist, bringe man am Kompressor Thermometer an, um solche Steigerung erkennen zu können. Einer dieser Thermometer ist am besten als Alarmthermometer auszubilden, der bei Überschreitung einer bestimmten Temperatur ein Warnzeichen abgibt, worauf Abhilfe geschehen kann. Einige Oberbergämter schreiben für Kompressoren eine höchstzulässige Temperatur von 140° C. vor.

Dann empfiehlt sich auch die Entnahme von Luftproben aus der Druckleitung und Analyse derselben zur Erprobung des Verhaltens des angewandten Schmieröles.

98. — Verschlechterung der Grubenluft durch die in der Druckluft enthaltenen Gase. Die Zersetzungsprodukte des Schmieröles gelangen mit der Druckluft in die Grube und bewirken eine Verschlechterung der Grubenluft vor Ort, also an einer Stelle, die nicht immer reichlich bewettert werden kann. Auch die Explosionsgase kleiner kaum bemerkter, den Betrieb des Kompressors nicht störender Explosionen dringen in die Grubenräume ein und belästigen.

Bei einer behördlichen Befahrung (1899) einer fast schlagwetterfreien Grube bei Dortmund ergab eine an der Firste eines durch ausströmende Druckluft bewetterten Ortes genommene Wetterprobe 3,43 v. H. Methan (CH_4). Spätere Proben ergaben 0,4—0,6 v. H. Proben aus der Druckleitung ergaben noch später 0,1 v. H. Diese Gase können nur aus den Schmierölen des Kompressors stammen. Hierzu kommt, daß der Maschinist zeitweise Petroleum zusetzte zur Auflösung der harzigen Ansätze im Kompressorzylinder. Petroleum enthält besonders leichtflüchtige Kohlenwasserstoffe. So wird auch gerade bei Gelegenheit der oberbergamtlichen Befahrung Petroleum zugesetzt worden sein, so daß sich reichliche Mengen CH_4 bilden und vor Ort ansammeln konnten.

In einem anderen Falle (1897) wurde ein Arbeiter durch ausströmende Gase getötet. Nach fünfstündigem Betriebe merkten zwei zusammen Arbeitende eine Verschlechterung der Wetter durch deren üblen Geruch. Der eine entfernte sich und konnte wegen eingetretener Schwäche den anderen nicht mitnehmen. Als Helfer herbeigeholt waren, fanden sie den Zurückgebliebenen tot auf. Die Leichenöffnung ergab eine Kohlenoxydgasvergiftung. Eine Untersuchung ließ vermuten, daß das Kompressorschmieröl schuld sei. Zur Zeit des Unfalles wurde in Ermangelung des sonst üblichen Mineralschmieröles mit Rüböl geschmiert. Kurze Zeit nach dem Unfalle hörten die Luftverschlechterungen auf, und zwar zusammenfallend mit der Wiederaufnahme der Mineralölschmierung.

Diese Beispiele lassen erkennen, daß leicht zersetzliche Schmieröle zu meiden sind auch aus Rücksicht auf die Gefahren, die Zersetzungsprodukte dem untertägigen Betriebe bringen.

99. — Die Schmiermittel: Öl, Graphit. Für die Schmierung des Kompressorenzylinders dürfen die leicht zersetzlichen pflanzlichen und tierischen Öle nicht verwendet werden, sondern nur Mineralöle mit möglichst hohem Flammpunkt. (Man nennt Flammpunkt diejenige Temperatur, bei welcher sich aus dem Öl so viele Dämpfe entwickeln, daß sie ein mit Luft entflammbares Gemisch bilden.)

Ferner soll das Öl die nötige Schmierfähigkeit besitzen. Man glaubt, diese durch den durch besondere Methoden festzusetzenden Flüssigkeitsgrad messen zu können. Daher wird dieser in den Lieferungsbedingungen vorgeschrieben. Doch ist zu bedenken, daß dieser bei Temperaturen von 50—100⁰ gemessene Wert für die Beurteilung eines Kompressoröles nichts bedeutet, wenn das Öl im Zylinder höheren Temperaturen, bei denen es zersetzt wird, ausgesetzt ist. Wichtiger erscheint daher ein möglichst hoher Entflammungspunkt.

Es folgen hier einige Lieferungsbedingungen für Kompressoröl:

Kgl. Bergwerksdirektion Saarbrücken Flammpunkt nicht unter 320⁰.
Gelsenkirchner Aktiengesellschaft   „   205⁰.
Bergwerksgesellschaft „Hibernia"   „   über 200⁰.
Harpener Bergwerksgesellschaft   „   200—250⁰.

Diese Angaben weichen stark voneinander ab. Es dürfte sich empfehlen, für höhere Luftdrücke einen Flammpunkt von 280—300⁰ zu verlangen.

Zur Abwendung der Übelstände der Ölschmierung wird seit langem (etwa 1890) und von verschiedener Seite vorgeschlagen, Graphit an Stelle des Öles zu verwenden, bzw. Graphit mit etwas Ölzusatz. Graphit ist in der Hitze des Kompressors völlig unveränderlich. Gewisse Schwierigkeiten machte eine saubere Aufbereitung des Graphits. Er wird fein gemahlen und geschlämmt und kommt, mit Öl gemischt, bei Lagern, Schiebern usw. zur Verwendung. Manche ungünstige Erfahrung wie schnellerer Verschleiß der Gleitflächen, mag auf nicht genügende Reinheit und feine Verteilung des Graphits zurückzuführen sein. Großmann sagt über Graphit in seinem Buche: Schmiermittel etwa: „Bei Dochtschmierung saugen diese nur das Öl, nicht den Graphit. Bei Verwendung von Schmierleitungen traten leicht Verstopfungen in diesen auf. Bald darauf kamen Schmierpumpen in Gebrauch, die die Ölgraphitmischung ständig umrühren und den Schmierstellen zuführen. Dennoch hat das Schmieren mit Graphit keine Fortschritte gemacht. Dem steht jedoch die Tatsache gegenüber, daß warmgelaufene Lager durch Zufuhr von Öl und Graphit wieder lauffähig gemacht werden können, desgleichen Zylinderwände und Schiebergleitflächen, die Neigung zum Heißlaufen zeigten. Es hat daher den Anschein, als ob das Öl in diesen Fällen als Schmiermittel, der Graphit als Schleifmittel wirkt. Dem entspricht auch die Wahrnehmung, daß Dampfschieber, wenn sie längere Zeit mit Graphitöl geschmiert wurden, größere Abnutzung zeigten als bei reiner Ölschmierung."

Auf einer Eisensteingrube wurden (1906) Versuche an einem Kompressor gemacht (Dauer drei Monate): ein Zylinder mit Öl-, einer mit Graphitschmierung. Bei letzterem 60 v. H. Ersparnis. Die Arbeitsflächen zeigten sich spiegelblank.

Neuerdings (1907) ist es der Acheson Graphite Comp. gelungen, den Graphit in äußerster Reinheit und feinster Verteilung herzustellen.

Sie löst Graphit in einer wässerigen Lösung von Tannin. Dabei wird eine derartig feine Verteilung erreicht, daß der Graphit durch das feinste Filter mit dem Wasser hindurchgeht. Fügt man aber vor dem Filter die geringste Menge Salzsäure hinzu, so filtriert reines Wasser durch, und auf dem Filter bleibt der Graphit in äußerst feiner Verteilung zurück. Er läßt sich in dieser Form in Wasser oder Öl lösen.

Es dürften sich Versuche mit derartig aufbereitetem Graphit empfehlen.

XXI. Anforderungen an Kompressorenanlagen.

100.— Projektierung von Kompressorenanlagen. Hiebei berücksichtige man die Forderungen der Wirtschaftlichkeit, Betriebssicherheit und Anpassungsfähigkeit an den Betrieb. Diese Forderungen führen zunächst zur Wahl eines Stufenkompressors mit Zwischenkühlung, sowie mit völliger Mantel- und möglichst auch Deckelkühlung. Die Anpassungsfähigkeit an den Betrieb erfordert, daß die Anlage mit größerer Drehzahl als normal laufen können muß. Darauf ist bei Wahl und Anordnung der Luft und Kraftsteuerung Rücksicht zu nehmen; ferner ist eine wenn möglich selbsttätige Regelung auf gleichbleibenden Luftdruck vorzusehen.

Für den Einbau ist zu beachten: Die Saugleitung soll reine kühle Luft liefern; daher Luftfilter in derselben und Ansaugen aus einem kühlen Orte. Die Leitung selbst soll weit und kurz sein und nicht durch erwärmte Räume oder neben einer Dampfleitung gehen. Die Leitungen zwischen den Zylindern und zwischen diesen und dem Luftsammler seien kurz und nicht zu enge. Ein richtig angeordneter und ausgestatteter Sammelbehälter ist in der Nähe des Hochdruckzylinders vorzusehen. Die Schmierung ist besonders zu beachten.

101. — Der Betrieb der Kompressoren. Eine gute Kühlung ist stets durchzuführen. Man sehe daher die Beschaffung genügenden Kühlwassers vor und beobachte ihre Wirkung an den Thermometern für Wasser und Luft.

Die ausreichende Schmierung ist durch Beobachtung der Apparate und Besorgung eines geeigneten Schmiermaterials zu gewährleisten. Apparate, deren Tätigkeit durch äußere Zeichen leicht zu erkennen sind, sind vorzuziehen. Das Verhalten des Schmieröles kann durch Analyse der Druckluft festgestellt werden.

Die Tätigkeit der ganzen Maschine ist durch Auge und Ohr zu beobachten. Das richtige Arbeiten, insbesondere der Steuerorgane ist durch Indizieren des Kompressorzylinders von Zeit zu Zeit festzustellen. In einem Falle fand man folgende Schaulinie, Fig. 97: Die gestrichelte Drucklinie gibt den normalen Verlauf einer solchen an, die schraffierte

Fläche den Kraftmehrbedarf infolge raschen Druckanstieges. Eine alsdann vorgenommene Untersuchung ergab, daß das Druckventil des mit Saugschieber arbeitenden Kompressors zersprungen war. Nachdem der Schieber nach Beendigung des Saughubes zu Beginn des Druckhubes den durch das Druckventil abgeschlossenen Kanal nach dem Druckraume hin freigegeben hatte, strömte die schon vorher geförderte Druckluft durch das undichte Druckventil in den Zylinder zurück, den Luftdruck in diesem erhöhend. Dieser Umstand konnte nicht anders als durch die Schaulinie bemerkt werden, da ein Kompressor mit Schieber auch ohne Rückschlagventil die gleiche Menge Luft liefert wie mit demselben, aber unter wesentlich erhöhtem Arbeitsaufwand.

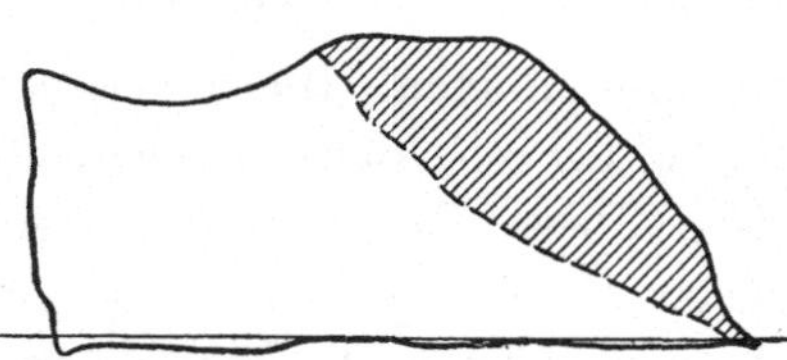

Fig. 97. Indikatorschaulinie eines ungünstig arbeitenden Kompressors.

Der Kompressor, seine Steuerung, Kanäle, sowie der Luftsammler sind von Zeit zu Zeit von Ölrückständen zu reinigen.

102. — Lieferungsbedingungen. Hier ist vor allem die gewünschte Lieferungsmenge und der Luftenddruck in Atmosphären absolut anzugeben. Dies geschieht meist in cbm/stunde von Atmosphärenspannung und Temperatur. Um genau zu gehen, ist anzugeben, wie diese Leistung bei der Übernahme zu messen ist, ob in einfacher Weise aus der Schaulinie zu berechnen oder ob vor dem Saugventil oder hinter dem Druckventil zu bestimmen.

Es ist die Höchstmenge bei einer Höchstgeschwindigkeit zu verlangen, daneben eine bestimmte Abwärtsregelung durch Regelvorrichtungen, die der Eigenart der Antriebmaschinen anzupassen sind. Bestimmte Raumwirkungsgrade zu verlangen, hat keinen Zweck, da es Sache der Liefernden ist, die geforderte Leistung mit geringsten Anlagekosten zu verwirklichen. Auch das Verlangen nach einem bestimmten mechanischen Wirkungsgrad kann entfallen. Dafür ist für die Luftleistung ein bestimmter Kraftverbrauch zu verlangen, und zwar können für **1 P. S.**[ind.] **10 cbm.** Luft Stunde auf 7 Atm. abs. gefordert werden. Für den Dampfverbrauch können keine mittleren Angaben gemacht werden, da sich dieser nach dem Zustande des zur Verfügung gestellten Kraftmittels richtet.

Eingehende Beschreibung des Kompressors ist entbehrlich. Man verlange dafür kräftige Bauart und den Betrieb sichernde Einrichtungen, wie Schmierung, Kühlung, Thermometer, Druckmesser, Stutzen an Zylinder und Leitung zur Abnahme von Schaulinien, ruhigen Gang und Zugänglichkeit wichtiger Teile, insbesondere der Steuerorgane.

Neben diesen Forderungen sind die nötigen Angaben über das zur Verfügung stehende Kraftmittel zu machen: Dampf, Gas, Elektrizität, und dieses nach seinen in Betracht kommenden Eigenschaften zu beschreiben; z. B. für Dampf: Eintrittsspannung am Dampfzylinder, Kondensatorspannung hinter dem Niederdruckzylinder; Grad der Überhitzung. Hier sind aber auch die Schwankungen nicht zu vergessen, denen das Kraftmittel im Betriebe unterliegt, etwa die niedrigste im Betriebe vorkommende Kesselspannung oder die Möglichkeit von Störungen im Kondensationsbetrieb. Alles dies wirkt auf die Einrichtungen und Ausrüstungen der Kraftmaschine und ihren Preis ein. Der Kraftverbrauch je Leistung kann natürlich nur für die normalen Verhältnisse gewährleistet werden. Bei allen Abweichungen steigt er.

Für in Entwicklung begriffene Gruben tritt noch eine besondere Schwierigkeit auf. Ihr Luftbedarf ist anfänglich gering und nimmt stetig zu. Das würde die Anschaffung und Zufügung kleiner Einheiten erfordern. Das wäre ungünstig wegen der größeren Gestehungskosten in kleineren Einheiten und der Verzettelung des Betriebes. Man wird daher von vornherein eine wesentlich größere Einheit als nötig wählen und muß dann deren Leistung zunächst stark herunterregeln. Solche Anlagen müssen daher mit den nötigen Regelungseinrichtungen (vergleiche Nr. 84—93) versehen sein. Für den neuerdings meist beliebten elektrischen Antrieb ist die Regelung nach Nr. 92 zu empfehlen. Am besten eignet sich für diesen Fall ein Dampfkompressor, etwa mit Gleichstrommaschine, der geringe Anschaffungskosten, geringen Dampfverbrauch und leichte und wirtschaftliche Regelbarkeit durch Einstellung der Drehzahl gestattet.

XXII. Hydraulische Kompressoren.

103. — Beschreibung und Wirkungsweise der hydraulischen Kompressoren. Der hydraulische Kompressor arbeitet wesentlich anders als die bisher betrachteten Kolbenkompressoren. Immerhin kann seine Arbeitsweise der eines nassen Kolbenkompressor einigermaßen verglichen werden. Gleichzeitig weist er einen gewissen Zug der Gleichheit mit den Turbokompressoren auf, da in ihm ein gleichmäßiger Durchfluß des Kraftmittels sowohl wie der Luft stattfindet.

In Fig. 98 ist eine Ausführung des Wasserkraftdruckluftsyndikates Mülheim a. Rh. gegeben. Das Betriebswasser des oberen Sammelkastens durchfließt die mittlere fallende Rohrleitung und steigt durch die linke Rohrleitung zu einem seitlichen Stollen aufwärts, durch den es abgeführt wird. Der Höhenunterschied von Zu- und Ableitung ergibt das verfügbare Arbeitsgefälle. Am Ende des Fallrohres ist ein Windkessel zwischen dieses und das Steigerohr eingeschaltet. Dieser Windkessel kann je nach der vorhandenen oder geschaffenen Örtlichkeit mehr oder weniger tief stehen, wobei sich eine mehr oder weniger große Steighöhe des Wassers und somit ein höherer oder geringerer Wasserdruck im Kessel ergibt. Die Menge des durchströmenden Betriebswassers kann durch den oberen Wasserschieber geregelt werden. Das Wasser strömt in dem Fallrohre mit bestimmter Geschwindigkeit. Im oberen Teile dieses Rohres sind Luftsaugeöffnungen angebracht durch welche das strömende Wasser Luft in das Rohrinnere saugt. Beim weiteren Fallen nach tieferen Stellen geraten Wasser und Luft unter höhere Pressungen. In dem unteren Kessel aber trennt sich die Luft von dem Wasser und sammelt sich infolge ihres Auftriebes im oberen Teile des Kessels an. Das entlüftete Wasser fließt durch das Steigerohr ab. Aus dem oberen Teile des Windkessels wird die Druckluft durch eine Rohrleitung nach einem Luftsammler und von hier zur Verbrauchsstelle geleitet. Wird mehr Luft verbraucht als geliefert, so steigt der Wasserspiegel im Windkessel, und es wäre Mitreißen von Wasser in die Druckluftleitung

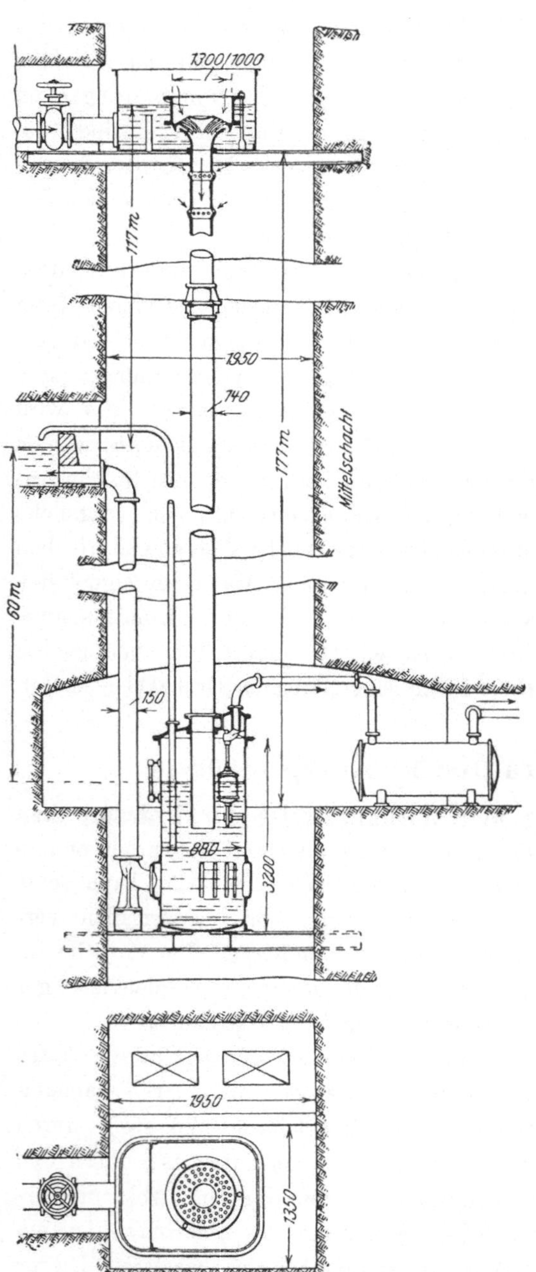

Fig. 98. Hydraulischer Kompressor (Wasserkraftdruckluftsyndikat, Mülheim-Rhein).

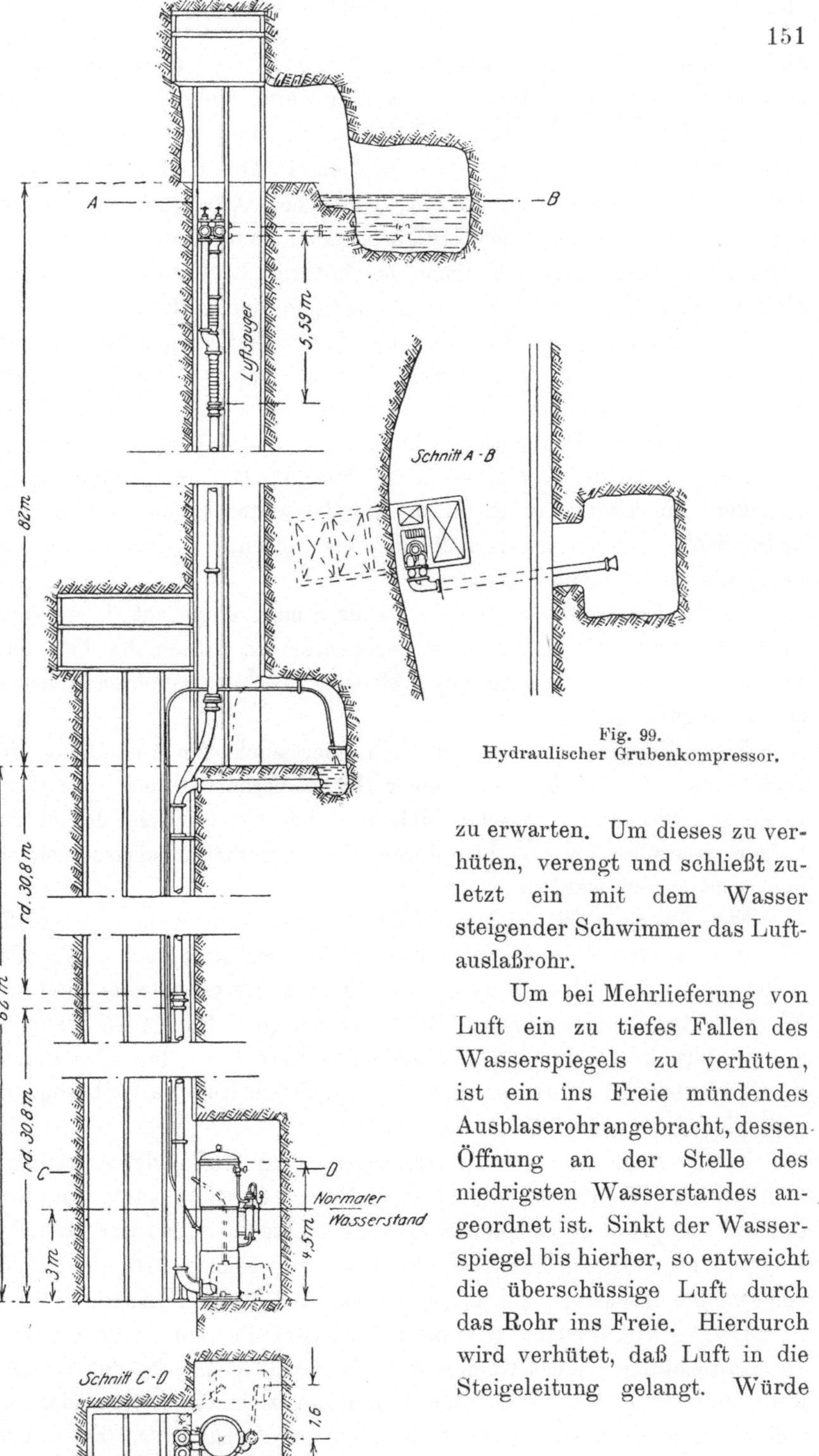

Fig. 99.
Hydraulischer Grubenkompressor.

zu erwarten. Um dieses zu verhüten, verengt und schließt zuletzt ein mit dem Wasser
steigender Schwimmer das Luft-
auslaßrohr.

Um bei Mehrlieferung von
Luft ein zu tiefes Fallen des
Wasserspiegels zu verhüten,
ist ein ins Freie mündendes
Ausblaserohr angebracht, dessen
Öffnung an der Stelle des
niedrigsten Wasserstandes angeordnet ist. Sinkt der Wasserspiegel bis hierher, so entweicht
die überschüssige Luft durch
das Rohr ins Freie. Hierdurch
wird verhütet, daß Luft in die
Steigeleitung gelangt. Würde

dies eintreten, so nähme das Gewicht der im Steigrohre befindlichen Massen ab und der Luftdruck im Kessel würde sinken.

Die Höhe des erreichbaren Luftdruckes hängt von der Höhe des Steigerohres ab; je 10 m Höhe ergeben 1 Atm. Luftdruck. Dieser Luftdruck ist unabhängig von der Höhe des Arbeitsgefälles. Durch entsprechend tiefe Lage des Luftabscheiders kann jeder Luftdruck erzwungen werden. Natürlich nimmt bei höherem Luftdrucke und gleichbleibendem Arbeitsgefälle die Menge der geförderten Luft ab.

Die Ingangsetzung, Regelung und das Stillsetzen geschieht in einfachster Weise durch den oberen Wasserschieber. Der Kompressor bedarf keiner Wartung.

Die gelieferte Druckluft ist kühl, ölfrei und trocken.

Der Betrieb des Kompressors ist ohne jede Gefahr, desgleichen die Druckluft einwandfrei in Rücksicht auf den untertägigen Betrieb. Der hydraulische Kompressor verhält sich hier wesentlich günstiger als die besprochenen Kolbenkompressoren.

Solche Kompressoren sind an vielen Stellen eingebaut, in größerer Zahl am Harz, wo Gefällewasser, Schächte zum Einbau der Fall- und Steigeleitung, sowie Stollen zur Ableitung des verbrauchten Wassers zur Verfügung stehen.

Diese Kompressoren eignen sich aber auch zur Ausnützung des Gefällewassers, das innerhalb einer Grube vorhanden ist. Bei einer Gesamtwasserhaltung auf tiefer Sohle wird dieser das Wasser der oberen Sohlen zugeführt, um von hier durch die Wasserhaltungsmaschinen zutage gehoben zu werden.

Fig. 99 zeigt einen hydraulischen Grubenkompressor der Zeche Viktor in Rauxel. Von der 82 m über der Wasserhaltungssohle liegenden Sohle fließt das Wasser nach dem tieferen Luftabscheider und zur Wasserhaltungssohle aufwärts. Die Wassermenge beträgt 4—5 cbm/min., der Luftdruck 6 Atm. und die gelieferte Luft 600—650 cbm/stunde.

Für solche Zwecke eignet sich der hydraulische Kompressor besonders, da er keiner ständigen Wartung bedarf.

Nähere Angaben über den derzeitigen Stand (1910) der Anwendung hydraulischer Kompressoren sind zu finden in: Dinglers polytechnischem Journal 1910, Heft 36—39; ferner in dem Berichte über den Internationalen Kongreß für Bergbau, Hüttenwesen usw., Düsseldorf 1910; im Bande: Angewandte Mechanik; ein kurzer Auszug Z. d. V. d. Ing. 1910, S. 1905.

104. — Die Wirtschaftlichkeit der hydraulischen Kompressoren. Die Luftleistungen eines Kompressors je ind. Pferdestärke der Wasserkraft sind nach den mitgeteilten Versuchen ziemlich voneinander abweichend, je nach dem Zusammentreffen der Verhältnisse. Bei 6 Atm. abs. Luftdruck und Leistungsgrößen von 2—50 P. S. beträgt die Luftlieferung 8—6,5 cbm/stunde. Diese Lieferungen sind in den kleinen Leistungen den gleichgroßer zweistufigen Kolbenkompressoren gleich, in den größeren Leistungen sind sie geringer.

Solche Kompressoren kommen nur in Betracht, wenn Gefällewasser zur Verfügung steht, dessen Energie in Druckluftenergie umgesetzt werden soll. Alsdann könnten für diese Umwandlung drei Arten in Frage kommen, deren Wirtschaftlichkeit an einem besonderen Beispiel untersucht werden soll. Diese Zahlen sind einer Veröffentlichung von Oberingenieur Bernstein in Dinglers Polytechnischem Journal 1910, Heft 36—39, entnommen; sie beziehen sich auf eine Leistung vom 600 cbm/stunde auf 6 Atm. bei 6000 Betriebsstunden im Jahre.

I. Elektrokompressor, gespeist vom Kraftnetz der hydroelektrischen Zentrale.

II. Direkt von Wasserturbine angetriebener Kolbenkompressor.

III. Hydraulischer Kompressor.

	I.	II.	III.
Anlagekosten	12 600 $\mathcal{M}$	13 000 $\mathcal{M}$	15 000 $\mathcal{M}$
Verzinsung und Abschreibung	1 770 $\mathcal{M}$	1 830 $\mathcal{M}$	1 500 $\mathcal{M}$
Reine Betriebskosten (Wartung, Schmierung, Reparatur . .	3 180 $\mathcal{M}$	3 080 $\mathcal{M}$	200 $\mathcal{M}$
Stromkosten	6 540 $\mathcal{M}$	—	—
Jährl. Gesamtbetriebskosten .	11 490 $\mathcal{M}$	4 910 $\mathcal{M}$	1 700 $\mathcal{M}$
Für 1000 cbm angesaugte Luft	$\frac{11\,490}{3\,600} = 3{,}20$ $\mathcal{M}$	1,36 $\mathcal{M}$	0,47 $\mathcal{M}$
Kraftbedarf in der Zentrale .	110 P. S.	85 P. S.	70 P. S.

XXIII. Die Turbokompressoren.

105. — Die Anfänge der Turbokompressoren. Nach Bewährung der Dampfturbinen mußte auch bald das Bestreben auftreten, die Kolbenarbeitsmaschinen durch rundlaufende Maschinen zu ersetzen, um der Dampfturbine weitere Verwendungsgebiete zu erschließen. Auch die sich ausbreitende elektrische Kraftübertragung drängte zu dieser Entwicklung: Der rundlaufende Motor verlangt nach einer rundlaufenden Arbeitsmaschine.

Parsons, der Erbauer der bekannten Parsonsturbine, führte 1904 nach langen Versuchen ein Turbogebläse aus, das als umgekehrte Turbine wirkt. Die Luft durchläuft dabei die Maschine in der Achsrichtung. Solche Maschinen sind in England in größerer Zahl zur Aufstellung gekommen, auf dem Festlande nur ganz vereinzelt. Sie konnten sich nicht einführen, da ihr Wirkungsgrad dem der Kolbenkompressoren merklich nachsteht. Zeichnung und Beschreibung eines solchen Turbogebläses (in Trzynietz, Österr.) zur Windlieferung für

einen Hochofen finden sich in Z. d. V. d. Ing. 1907, S. 1125. Die Betriebseigenschaften solcher Turbomaschinen sind dieselben wie die der hier
ausführlicher zu behandelnden zweiten Gruppe, die sich als besondere
Ausgestaltung der altbekannten Schleudergebläse darstellen.

Mit Schleudergebläsen konnten bislang nur geringe Luftdrücke
erzielt werden wegen des geringen spezifischen Gewichtes der Luft.
Höhere Luftdrücke können durch Erhöhung der Umfangsgeschwindigkeit
erzielt werden, da die erreichte Pressung etwa dem Quadrate der
Umfassungsgeschwindigkeit proportional ist.

Es ist das Verdienst Prof. Rateaus, Paris, diesen Weg durch
Rechnung und Versuch gebahnt zu haben, etwa seit 1899. Ein nach
seinen Angaben gebautes Kreiselrad wurde (1900) Versuchen unter-

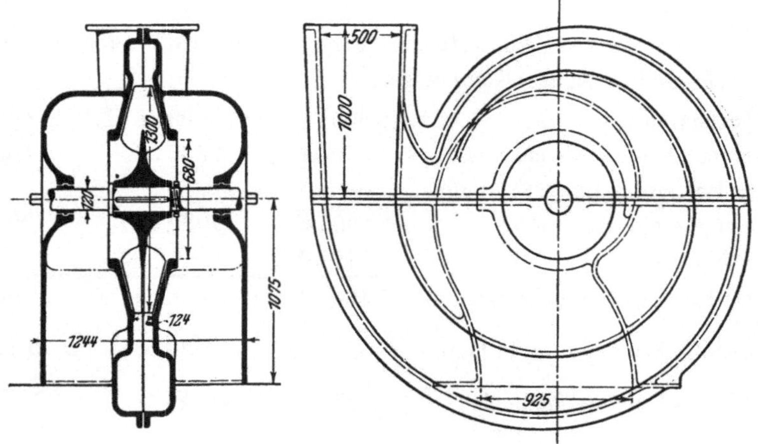

Fig. 100. Rateau-Gebläse von Brown-Boveri & Cie.

worfen und dabei Umfangsgeschwindigkeiten von 250 m/sec erreicht.
Der dabei auftretende Luftdruck betrug etwas über ¹/₂ Atm. Überdruck.

Wir werden später sehen, dass man von diesen sehr hohen Umfangsgeschwindigkeiten abgegangen ist. Zur Erreichung eines annehmbaren
Wirkungsgrades führte Rateau Leitschaufeln in den Luftleitkanälen ein
und später bei vielstufigen Räderkompressoren eine wirksame Luftkühlung im Kompressor. Auch die ersten Vorschläge zur Entlastung
vom achsialen Schube stammen von Rateau.

Viele andere sind dann seinen Spuren gefolgt; einige versuchen
eigene Wege zu wandeln, die aber dem bekannten ziemlich parallel zu
verlaufen scheinen.

106. — Beschreibung eines Schleudergebläses. Fig. 100 stellt ein
Schleudergebläse, Bauart Rateau, ausgeführt von Brown, Boveri & Cie.,
dar. Es hat bei einem Durchmesser von 1300 mm und $n = 2600—3200/min$.
eine Umfangsgeschwindigkeit von 175—215 m/sec und liefert bei einem

Kraftverbrauch von 750 P. S. eine Luftmenge von 1000—1200 cbm/stunde mit einem Überdruck von 0,2 Atm. Das Gebläse besteht aus einem mit der Welle sich drehenden Schleuderrade und einem feststehenden Gehäuse, das, einen Saug- und Druckkanal bildend, das Rad umgibt. Das schnellaufende Rad ist mit Freilassung einer zentralen zweiseitigen Saugöffnung mit radial gestellten nach dem äußeren Umfange gehenden Schaufeln versehen. Die Luft zwischen den Schaufeln wird mit umgedreht und wird durch ihre hierbei auftretende Zentrifugalkraft radial den Schaufeln entlang nach außen bewegt. Am äußeren offenen Umfang des Rades tritt sie aus diesem aus und in den das Rad umgebenden Druckkanal ein und läuft in diesem nach dem sich erweiternden Druckstutzen. Durch diese Luftbewegung entsteht an der Nabe des Rades ein Unterdruck, so dass äußere Luft durch den Saugkanal nachströmt, und durch die Saugöffnung des Rades eintretend, die nach außen entweichende Luft in stetigem Strome ersetzt.

Die Luft durchläuft das Rad mit einer bestimmten nicht kleinen Geschwindigkeit. Daher muß die außen ruhende Luft auf diese Durchflußgeschwindigkeit gebracht werden. Die Luftbeschleunigung soll möglichst allmählich geschehen. Deshalb verengt sich der anfangs weite Saugkanal stetig von außen nach der Radöffnung zu. Er erhält dabei eine spiralförmige Gestalt. Dadurch wird die Ansaugluft schon vor dem Rade in drehende Bewegung versetzt, und es kann die Durchflußmenge und -geschwindigkeit so geregelt werden, daß diese Luft möglichst stoßfrei zwischen die radialen Radschaufeln tritt.

Aus dem Schaufelrade tritt die Luft mit einer Geschwindigkeit und Richtung aus, die sich zusammensetzt aus der am Radumfange herrschenden radialen Durchflußgeschwindigkeit und der ihr durch die Schleuderwirkung des Rades erteilten tangentialen Geschwindigkeit. Diese Luftgeschwindigkeit ist größer als die Leitungsgeschwindigkeit, daher muß der Druckkanal mit allmählicher Querschnittserweiterung in die Druckleitung überführen. Es ergibt sich daher auch für diesen Druckkanal eine Spiralform. Diesem Kanale kommt ferner die Aufgabe zu, die Bewegungsrichtung der zunächst schräg nach außen laufenden Luft in eine tangentiale überzuführen.

Die richtige allmähliche Überführung eines Querschnittes in einen anderen und einer Richtung in die andere ist von großem Einflusse auf Vermeidung von Reibungs- und Stoßverlusten, die beide bereits entwickelte mechanische Strömungsenergie in Wärme umwandeln und so verloren gehen lassen. Dies gilt für den gesamten Luftweg in Ansauge-, Schaufel- und Druckkanal.

107. — Geschwindigkeitsverhältnisse im Schaufelrade. Bei laufendem Rade herrscht an der zentralen Eintrittsöffnung ein Unterdruck. Daher drückt der äußere Luftüberdruck Luft von außen nach. Diese Ansaugeluft expandiert auf ihrem Wege durch den Saugkanal von Atmosphärenspannung auf den Unterdruck des Radeintrittes. Dabei beschleunigt sie ihre Massen auf die Radeintrittsgeschwindigkeit, so elastische Druckenergie in Strömungsenergie umsetzend. Zur Ermöglichung dieser Umsetzung mußte der Saugkanal in der bereits geschilderten Weise allmählich verengt werden, so daß trotz wachsender Luftgeschwindigkeit in den späteren Querschnitten dieselbe Luftmenge je Sekunde durchströmt, wie durch die ersten Querschnitte. Ohne diese Verengung würde in den späteren Querschnitten ein Aufstauen von Luft stattfinden, wodurch das Ansaugen gestört würde. Da das laufende Rad immer den Unterdruck an seinem Einlaufe aufrecht erhält, würde auch bei falsch geformten Saugkanale Luft angesaugt werden,

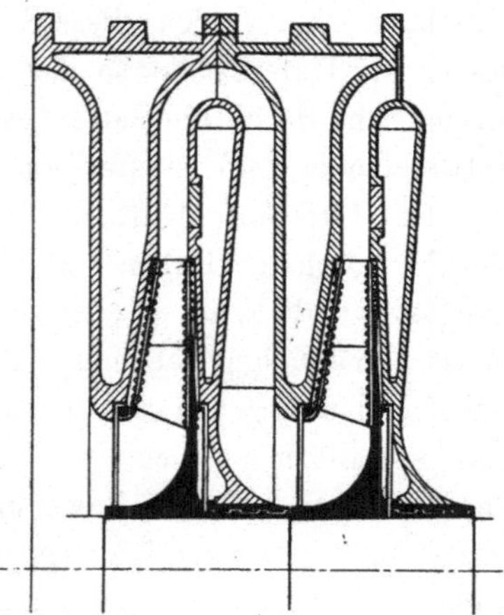

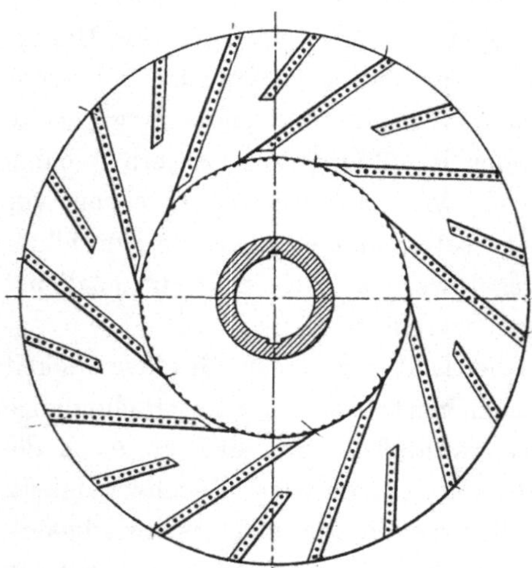

Fig. 101. Räder eines Turbokompressors der Gutehoffnungshütte.

aber die Ansaugeluft würde die Querschnitte nicht voll durchströmen, sondern entsprechend ihrer wachsenden Geschwindigkeit die späteren zu großen Querschnitte nur teilweise zum Durchfluß in Anspruch nehmen, während der überschüssige Querschnitt mit ruhender Luft erfüllt bliebe. Zwischen der stagnierenden und der strömenden Luft fänden dann Steitigkeiten statt, die zu Wirbelungen, also Störungen und Verlusten führen würden.

Die Luft tritt also mit geringer Pressung aber entsprechender Geschwindigkeit in das Laufrad ein.

Wie es ihr im Laufrad ergeht, sei an Hand der Fig. 101 geschildert. Diese stellt einen Längsschnitt und die Ansicht zweier hintereinander geschalteten Laufräder eines Turbokompressors dar. Die Einlaufmündung ist hier nur einseitig im Gegensatz zum doppelseitigen Einlaufe der vorigen Figur. Das Rad läuft entgegengesetzt der Uhrzeigerbewegung.

Die Radschaufeln sind demnach schräg nach rückwärts gerichtet, nicht wie in der ersten Figur radial gestellt.

Denken wir uns nun die Luft radial den Schaufeln zuströmend, so könnte es scheinen als stieße sie auf die schräg stehenden Schaufeln. Beachten wir aber, daß die linksdrehenden Schaufeln vor der eintretenden Luft zurückweichen, so erscheint uns gerade diese Schrägstellung geeignet, einen stoßfreien Lufteintritt zu ermöglichen. Läuft das Rad mit einer bestimmten Drehzahl, bewegen sich also die Schaufeln mit einer bestimmten Geschwindigkeit, und ist uns die Eintrittsgeschwindigkeit bekannt, bzw. gelingt es uns durch Regelvorrichtungen die Eintrittsgeschwindigkeit auf einen bestimmten gewünschten Wert einzustellen, so läßt sich leicht der Winkel bestimmen, unter dem die Radschaufel gegen den Radumfang geneigt sein muß, um diese Luft stoßfrei eintreten zu lassen. Es wird später gezeigt werden, daß die Durchfluß-menge und somit bei geeignet gestalteten, also volldurchströmten Querschnitten auch die Durchflußgeschwindigkeit sich durch Verstellung eines Regelschiebers in der Druckleitung in weiten Grenzen einstellen läßt. Der durch eine geeignete Drehzahl und Eintrittsgeschwindigkeit für ein gegebenes Rad mögliche stoß- und verlustfreie Eintritt geht aber verloren, sobald Drehzahl oder Durchflußmenge anders eingestellt wird. Dagegen läßt sich der stoßfreie Lufteintritt aufrechterhalten, wenn Drehzahl und Durchflußmenge in gleichem Sinne verstellt werden.

Diese Verhältnisse sind in Fig. 102 dargestellt. Die Wagerechte sei der der Einfachheit halber geradlinig ausgestreckte Radkreis am Eintritt, die Linie ac eine um den Winkel a geneigte Schaufel und c_e die uns bekannte radiale Eintrittsgeschwindigkeit der Luft. Damit diese stoßfrei eintreten kann, muß die Schaufel in der Zeit, in welcher die Luft den Weg c_e zurückgelegt hat, in die Stellung bd eingerückt sein, d. h. ihre Umfangsgeschwindigkeit v_e muß gleich ab sein. Das Verhältnis von Eintritts- zu Umfangsgeschwindigkeit muß daher sein wie $c_e : v_e$, oder wenn c_e und v_e gegeben wird, so muß der Eintritts-schaufelwinkel a so gewählt werden, daß

$$\operatorname{tang} a = \frac{c_e}{v_e} \text{ ist.}$$

Um die gegenseitige Bewegung zwischen Schaufel und Luft zu erkennen, denken wir uns die Schaufel etwa festgehalten und der Luft zu ihrer radialen Geschwindigkeit noch eine der Schaufelbewegung entgegengesetzte gleichgroße Geschwindigkeit $-v_e$ erteilt. Fig. 103 zeigt die Zusammensetzung dieser Geschwindigkeiten c_e und $-v_e$ zur relativen Lufteintrittsgeschwindigkeit w_e. Mit dieser strömt die Luft an der Schaufel entlang. Sie ist maßgebend für die Luftreibungsverluste im Laufrade.

Diese Bewegungsverhältnisse gelten für den Lufteintritt. Sie ändern sich auf dem Wege der Luft durch den Radkanal. Fassen wir etwa den äußeren Schaufelpunkt am Luftaustritt ins Auge, so sehen wir, daß hier die gerade Schaufel einen größeren Winkel mit dem äußeren Radkreise bildet als am inneren Lufteintritt. Die Umfangsgeschwindigkeit v_a der äußeren Schaufelenden ist entsprechend dem größeren Durchmesser größer. Die relative Luftgeschwindigkeit beim Austritt wird von der Größe des hier vorhandenen Kanalquerschnittes abhängen, wenn wir eine stauungsfreie Luftströmung im

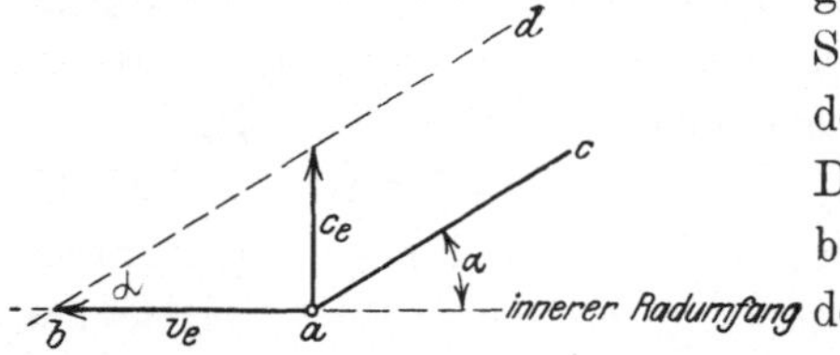

Fig. 102. Riß der Lufteintrittsgeschwindigkeit.

Schaufelkanal annehmen. Eine Betrachtung der Fig. 101 zeigt uns ein Zunehmen des Strömungsquerschnittes nach außen, demnach eine Abnahme der relativen Strömungsgeschwindigkeit von innen nach außen, also $w_a < w_e$. Danach ergibt sich für den Luftaustritt der in Fig. 104 dargestellte Geschwindigkeitsriß. Die Zusammensetzung von v_a und w_a ergibt unter Berücksichtigung des Schaufelwinkels β die Eigengeschwindigkeit c_a am Austritt nach Größe und Richtung.

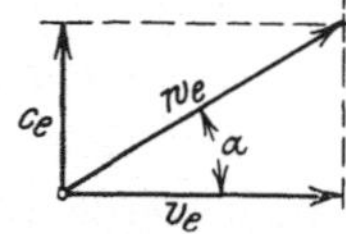

Fig. 103.
Relativgeschwindigkeit im Radkanal.

Ihr Vergleich mit c_e der Fig. 102 läßt ein Wachstum ihrer Größe und eine Richtungsänderung aus der radialen Richtung nach vorn erkennen.

Diese Vorwärtsbeschleunigung wurde der Luft durch die Schaufel erteilt, an der sie nicht mehr drucklos wie beim Eintritt anliegt, sondern die ihr durch Druck einen Teil ihrer Drehgeschwindigkeit mitgeteilt hat. Die Schaufel überträgt hierbei Arbeit auf die Luft, die der Beschleunigung ihren Massenwiderstand entgegensetzt. Dieser Vorgang findet beim Durchlaufen der Luft durch das Laufrad statt, und zwar mit von innen nach außen wachsender Größe.

Die Schaufeln könnten auch andere als die dargestellte und für Turbokompressoren allgemein übliche Schaufelform aufweisen. Sie

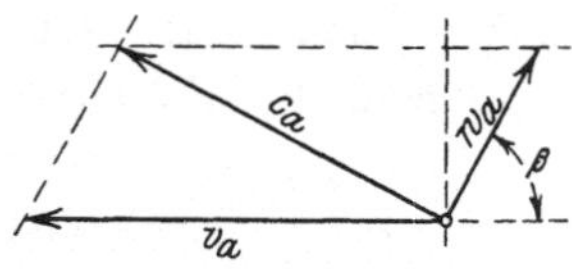

Fig. 104. Riß der Luftaustrittsgeschwindigkeit.

könnten etwa an den äußeren Enden schärfer zurückgekrümmt sein. Dann wird der Schaufelwinkel β in dem Geschwindigkeitsriß Fig. 104 kleiner; ferner wird die Relativgeschwindigkeit w_a kleiner werden, da bei solcher Schaufelform die Strömungsquerschnitte nach außen stärker wachsen. Die Folge ist eine weniger starke Veränderung der Eigengeschwindigkeit c_a, die kleiner und weniger vorgebogen erscheint. Die Beeinflussung der Luft durch die stärker zurückgebogenen Schaufeln ist daher weniger stark. Werden die Schaufeln weniger zurückgebogen, so tritt die umgekehrte Wirkung ein: die Eigengeschwindigkeit c_a der Luft wächst.

108. — Die Druckänderung der Luft im Laufrade. Nun ist es Aufgabe des Kompressors, die geförderte Luft auf eine bestimmte Pressung zu bringen. Wir haben uns daher noch von der Ver- änderung der Luftpressungen bei ihrem Durchgang durch das Gebläse Rechenschaft zu geben. Wir nehmen bei diesen, wie bei den voraufgegangenen Betrachtungen an, daß eine stauungsfreie Luft- strömung stattfinde, das heißt, daß in gleichen Zeiten durch jeden Quer- schnitt gleiche Luftmengen fließen. Die Luft tritt am Saugstutzen (Fig. 100) mit einem Drucke von 1 Atm. ein und büßt auf ihrem Wege zum Radeinlauf mit wachsender Geschwindigkeit diesen Druck ein: Der elastische Luftdruck wird in Strömungsenergie umgewandelt. Der Radeinlauf mag etwa die Stelle geringster Luftpressung sein. Den Luftweg durch das Laufrad wollen wir an Hand der Fig. 101 ver- folgen. Für die Pressungsänderungen im Laufrade kommt nicht die Eigengeschwindigkeit c der Luft in Betracht, sondern ihre relative Geschwindigkeit w gegenüber dem Laufrade, da derselbe Bewegungs- zustand, wie er im laufenden Rade herrscht, offenbar auch erreicht wird, wenn wir das Laufrad festhalten und die Luft mit der von uns Relativgeschwindigkeit genannten durchlaufen lassen. Die Breite der Radkanäle auf der Radfläche nimmt von innen nach außen stark zu. Wir würden uns aber täuschen, wenn wir die Querschnittserweiterung der Radkanäle gleich dieser Zunahme setzen würden. Der Achsen- schnitt der Räder zeigt eine Verengung der Kanäle von innen nach außen. In Fig. 101 ergibt sich aus diesen Einflüssen ein schwaches Wachsen des Kanalquerschnittes von innen nach außen. Wir schließen daraus, daß sich die Relativgeschwindigkeit der Luft von innen nach außen vermindert. Diese Annahme hatten wir schon bei der Dar- stellung der Geschwindigkeiten in der Fig. 104 gemacht. Bei solcher Geschwindigkeitsverminderung vermindert die Luft ihre Strömungs- energie, die, soweit sie nicht etwa durch Nebenhindernisse aufgebraucht wird, in Form einer Druckerhöhung wieder erscheinen muß: Die Strömungsenergie wird in elastische Druckenergie umgewandelt. Wir erkennen also: Im Maße, wie der Schaufelquerschnitt sich nach außen erweitert, nimmt der Druck der Luft wieder zu, so daß am Luft- austrittspalt eine höhere Pressung herrscht als am Eintrittspalt. Dies führt zu einem Rückströmen von Luft durch den äußeren Spalt den Gehäusewänden entlang und durch den Eintrittspalt nach der Eintrittsöffnung zurück. Dies bedeutet einen Verlust an Fördermenge und Antriebskraft. Eine andere Wirkung dieser Druckverschiedenheiten wird im späteren Abschnitte Nr. 114: „Aufhebung des Achsialschubes" erörtert werden. Das erwähnte Anwachsen des Luftdruckes im Laufrade hängt im wesentlichen von der Größe der Querschnittserweiterung ab, kann also willkürlich gestaltet werden. Da die Aufgabe des Kompressors Druckerzeugung ist, könnte eine möglichst große Drucksteigerung im Laufrade als erwünscht erscheinen. Damit wachsen aber auch die Spaltverluste und der Wirkungsgrad sinkt, so daß günstige Verhältnisse nur bei bestimmter Drucksteigerung erreicht werden.

109. — Die Wirkung des Diffusors. Aus dem Laufrade tritt die Luft mit einer großen Eigengeschwindigkeit c_a in den Druckkanal über, die ihr durch die Tätigkeit des Laufrades erteilt worden ist. Rasch fließende Luft ist aber nicht diejenige Energieform, die wir am Ende erzeugen wollen. Diese Strömungsenergie der Luft muß noch in Druckenergie umgewandelt werden, indem die Luft durch allmähliche Querschnittserweiterung des ihr gebotenen Weges zum langsameren Laufe und entsprechender Druckerhöhung veranlaßt wird. Es setzt sich fort, was wir schon im Laufrade wirksam sahen. Dieser erweiterte Querschnitt des Luftweges ist in Fig. 101 in natürlicher Weise durch den zunächst radial nach außen gehenden Umführungskanal gegeben. Dieser Kanal führt dann die höher gepreßte Luft nach einer Biegung von 180° wieder der Mitte des nächsten Laufrades zu. Da die tangentialen Kanallängen bei Annäherung an die Achse abnehmen, ist eine achsiale Erbreiterung der Kanäle erforderlich, um den Kanalquerschnitt nicht wieder zu verengen, welche Verengung eine Erhöhung der Luftgeschwindigkeit und Abnahme des Luftdruckes zur Folge hätte. So aber fließt die Luft mit erhöhtem Drucke der Eintrittsmündung des zweiten Rades zu.

Die Energieumwandlung geschieht nun nicht verlustlos. Beim Übertritt in den Außenkanal, Diffusor genannt, treten Verluste durch Wirbelungen auf; dann im Diffusor Reibungsverluste infolge der hier herrschenden hohen Luftgeschwindigkeit. Diese Verluste können verringert werden, wenn die Austrittsgeschwindigkeit c_a durch stark rückgekrümmte Schaufeln vermindert und die Druckerzeugung zu einem größeren Teile in das Laufrad durch Querschnittserweiterung nach außen verlegt wird. Da aber durch zu starke innere Drucksteigerung andere Verluste erzeugt werden, ergeben sich aus der Erfahrung bestimmte Geschwindigkeitsverhältnisse als für das Gesamtergebnis am günstigsten.

Fig. 101 zeigt Radverhältnisse, wie sie von mehreren Firmen ziemlich übereinstimmend ausgeführt werden.

Fig. 104 lehrt uns, daß die Luft nicht tangential das Rad verläßt, sondern in etwas nach außen gerichteter Strömung. Um Wirbelungen beim Übertritt in den Diffusor zu vermeiden und die Luftströmung

allmählich in die zum Übertritt in den zur Achse rückführenden Leit-
kanal geeignete Richtung zu bringen, können Leitschaufeln in den
Diffusor eingebaut werden. In Ermangelung nicht erhältlich gewesener
Leitschaufelung für einen Kompressor sei in Fig. 105 ein Schnitt durch
eine ganz ähnliche Verhältnisse zeigende Zentrifugalpumpe gegeben, der
uns ein Laufrad und die dasselbe umgebenden Diffusorleitschaufeln
darstellt. Diese Leitschaufeln müssen in der Richtung der Austrittsgeschwindigkeit c_a (Fig. 104) ansetzen und dann senkrecht zum äußeren
Umfange umbiegen, an welchem dann das Überströmen in den nächsten
Kanal erfolgt. Die Leitkanäle lassen uns die Erweiterung der Luftwege deutlich erkennen. Diese Stellung der Leitschaufeln ist nur
richtig bei einem be-
stimmten Verhältnis von
Umfangsgeschwindigkeit
des Laufrades zur Durch-
flußmenge. Bei Änderung
dieses Verhältnisses wir-
ken diese Leitschaufeln
eher schädlich als nütz-
lich. Daher werden bei
Turbokompressoren Dif-
fusorleitschaufeln   nur
von einigen Firmen aus-
geführt. Außer diesen
Leitschaufeln im Diffusor
werden im Umleitkanal
Leitschaufeln L angeordnet. Diese sind in Fig. 109
zu erkennen. Sie haben
einen Teil der Aufgabe
der Diffusorleitschaufeln

Fig. 105. Rad und Diffusorschaufelung einer Zentrifugalpumpe (aus Hartmann-Knocke, Pumpen).

zu übernehmen, indem sie die aus dem Diffusor kommende drehende
Luftströmung fassen und der nächsten Radmündung achsial gerichtet zuführen. Diese Kanalschaufeln werden in ähnlicher Weise am äußeren
Rande gestellt sein müssen wie Diffusorschaufeln unter Berücksichtigung
der bereits verminderten Luftgeschwindigkeit. Sie sind aber einem
Wechsel der Geschwindigkeitsverhältnisse gegenüber offenbar weniger
empfindlich als Diffusorleitschaufeln, da die Luft nicht unmittelbar in
sie übertritt und eine Geschwindigkeitsverminderung bereits statt-
gefunden hat.

In der späteren Fig. 113 sind im Diffusor Leitschaufeln L_1 und
im Umführkanal Schaufeln L_2 zu sehen. Die Diffusorschaufeln L_1

setzen aber nicht sofort am Laufrad an, sondern lassen erst einen Teil des Diffusors frei. Diffusorschaufeln bewirken bei nicht richtig gewählten, bzw. im Betriebe eingestellten Geschwindigkeitsverhältnissen ein unangenehmes, die Stoßverluste andeutendes Geräusch.

Die übrigen gezeigten Ausführungsformen von Turbokompressoren weisen nur Leitschaufeln im Rückkehrkanal auf.

110. — Mehrstufige Turbogebläse. Die durch ein Schleuderrad erzielbare Druckerhöhung ist verhältnismäßig gering. Einer Steigerung der Umfangsgeschwindigkeit setzt die Materialfestigkeit Grenzen. Zur Erreichung hoher Drücke bleibt nun noch das Mittel der stufenweisen Verdichtung in mehreren hintereinander geschalteten Rädern. Die aus dem ersten Rade austretende Druckluft wird der Saugöffnung eines

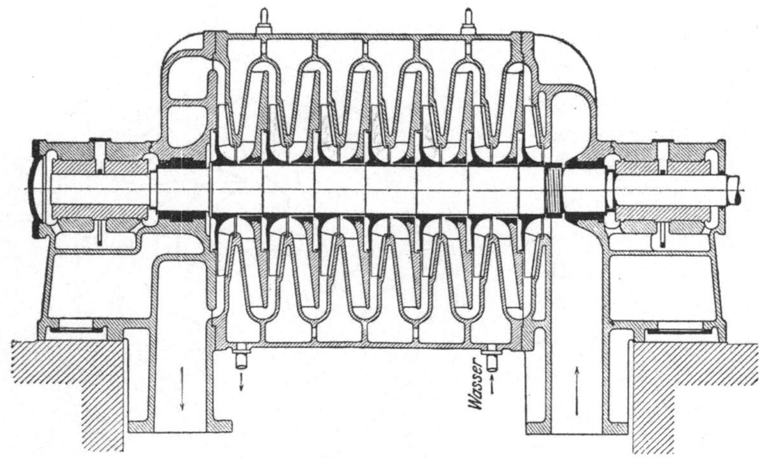

Fig. 106. Mehrstufiges Rateaugebläse.

zweiten Rades durch Umleitkanäle zugeführt und erfährt hier etwa die gleiche Drucksteigerung wie im ersten Rade. Je nach der Höhe des zu erzeugenden Druckes und der von den Radverhältnissen und der Drehzahl abhängenden Drucksteigerung je Rad sind mehr oder weniger Räder hintereinander zu schalten.

Fig. 106 ist ein Längsschnitt durch ein siebenstufiges Rateaugebläse (1907). Durch den rechten Saugstutzen eintretend, durchströmt die Luft hintereinander die sieben Räder, in jedem an Geschwindigkeit gewinnend und diese im angeschlossenen Diffusor in Druck umsetzend. Sie verläßt das Gebläse mit hoher Pressung durch den linken Druckstutzen. Das Bild läßt die für eine gute Wirkung unerläßlichen Leitschaufeln in den Umkehrkanälen erkennen.

Das Fig. 107 zeigt ein vierstufiges Gebläse von Brown, Boveri & Cie. Es enthält acht Schaufelräder, die zur Mitte symmetrisch angeordnet

sind. Rechts und links befindet sich je ein Saugstutzen, in der Mitte
der gemeinsame Druckkanal. Wir bemerken jetzt, daß im vorigen Bilde
die Räder einseitig angeordnet waren. Die Wirkung solcher Gegenschaltung der Räder wird im Abschnitte Nr. 114 dargelegt werden.
Die Anordnung ist für große Luftmengen bestimmt. Sie stellt eine
Parallelschaltung zweier Gebläse dar.

Alle übrigen dargestellten Turbokompressoren sind Beispiele hintereinander geschalteter Schleuderräder.

111. — Die Kühlung der Turbokompressoren. Diese geschieht
nur aus Gründen der Wirtschaftlichkeit. Bei den Kolbenkompressoren

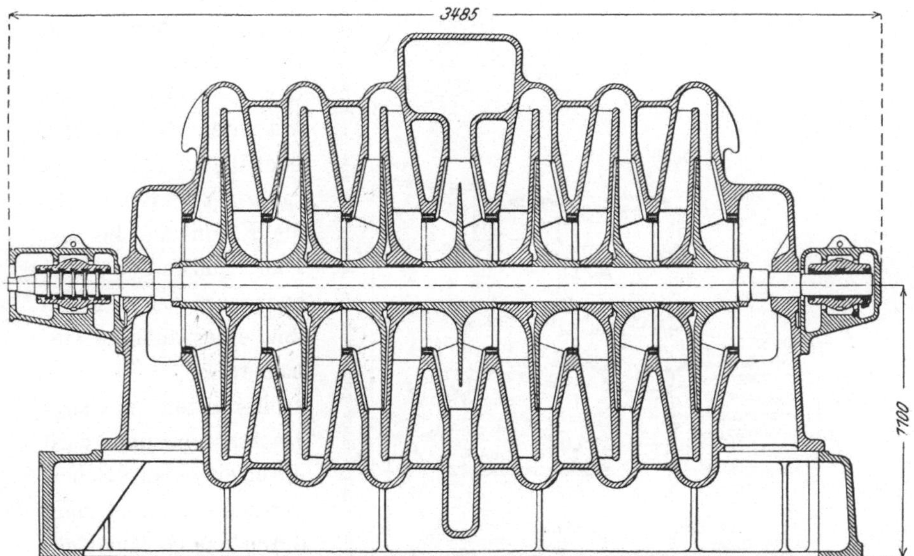

Fig. 107. Turbogebläse von Brown-Boveri & Cie., mit gegengeschalteten Rädern.

stand die Rücksicht auf die durch die Kühlung erreichbare Betriebssicherheit vollberechtigt neben den wirtschaftlichen Erwägungen..

Der Turbokompressor enthält in seinem Innern keine mit Reibung
gegeneinander bewegten Teile. Eine Schmierung des Innern, also Ein-
dringen von in der Hitze zersetzlichem Öle findet nicht statt, und
somit entfallen alle Explosionsgefahren und jede Verschlechterung der
Druckluft.

Der Turbokompressor erscheint als ein Stufenkompressor mit großer
Stufenzahl. Eine Wasserkühlung der Luft zwischen den einzelnen Stufen
wurde schon bei den älteren Ausführungen von Rateau 1906 vorgenommen, indem die Druckluft nach Durchlaufung einiger Räder in
einen äußeren Zwischenkühler geleitet und den nächsten Stufen gekühlt
zugeführt wurde. Diese Kühlung geschah im ganzen dreimal. Diese

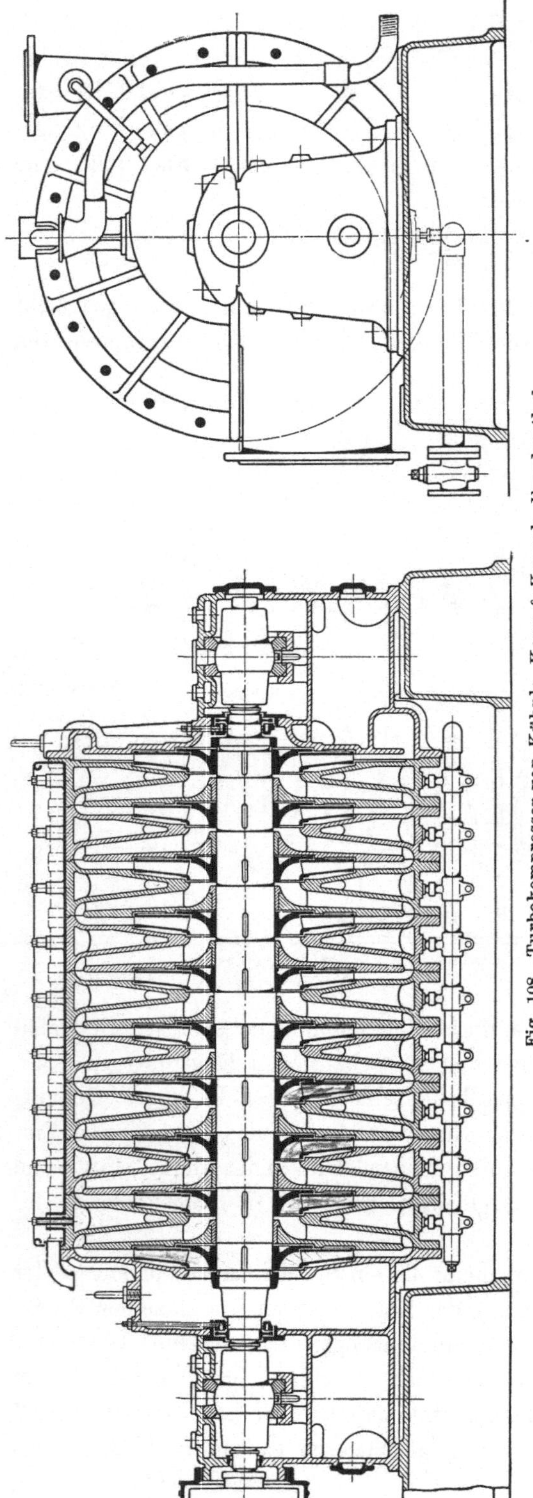

Fig. 108. Turbokompressor von Kühnle, Kopp & Kausch, Frankenthal.

Kühlung außerhalb des Kompressor - Zylinders erschien umständlich und von Überströmverlusten begleitet.

Daher wurde alsdann (1907) die Kühlung in das Gehäuse des Kompressors verlegt (Fig. 106). Die Zickzackform des die Laufräder umgebenden und die Leitkanäle bildenden Gehäuses fordert mit ihrer großen Oberflächenentwicklung geradezu zur Benutzung als Kühlfläche heraus. Das Kühlwasser fließt zwischen der inneren und einer äußeren Gehäusewand. Es tritt rechts unten am Saugstutzen ein und wird durch eingebaute Scheidewände wellenförmig durch das Gehäuse geleitet, um unten abzufließen.

In ähnlicher Weise findet die Kühlung bei allen Kompressoren sonst verschiedener Bauart statt.

Fig. 108 zeigt einen Kompressor - Zylinder von Kühnle, Kopp & Kausch, der aus einzelnen kurzen Stücken durch Verschraubung zusammengesetzt ist. Die einzelnen Kühl-

räume sind voneinander
getrennt. Ihnen wird
das Kühlwasser durch
eine untere Längsleitung
durch Abzweige einzeln
zugeführt und durch obere
Löcher nach einer ge-
meinsamen im Scheitel
des Gehäuses gebildeten
offenen Rinne abgeführt.
Diese sichtbare Kühl-
wasserführung erleichtert
die Beobachtung der
Kühlung

Die spätere Fig. 113
(Pokorny & Wittekind)
zeigt eine ähnliche
Wasserführung.

In folgender Fig. 109
(Brown, Boveri & Cie.) ist
eine besonders sorgfältig
durchgeführte innere
Kühlung dargestellt. Zu-
nächst erkennen wir eine
ähnliche Kühlung der
Gehäuseflächen wie bis-
her geschildert. Um aber
auch die inneren Flächen
der Leitkanäle L kühlen
zu können, sind diese
Wände als Hohlräume
$J_1 J_2$ gebildet, die durch
Zu- und Abflußrohre in
den Kühlwasserstrom
eingeschaltet sind. Die
Führung des Kühlwassers
aus der äußeren Kammer
K_1 durch die innere J_1
nach der zweiten äußeren
K_2 usf. ist aus dem
Bilde deutlich zu er-
kennen.

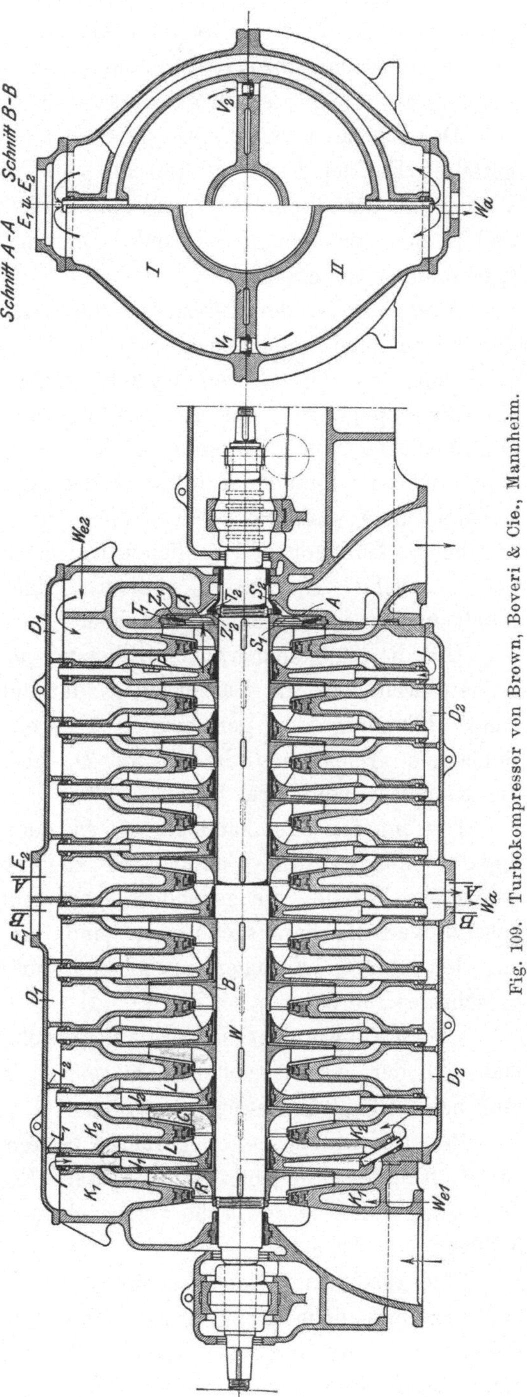

Fig. 109. Turbokompressor von Brown, Boveri & Cie., Mannheim.

Die Wasserführung geschieht ferner in zwei Teilen. Durch den einen wird die linke Hälfte im Gleichstrom mit der Luft von W_{e_1} bis W_a durchflossen, durch den anderen die rechte Hälfte im Gegenstrom von W_{e_2} bis W_a. W_a ist der gemeinsame Abfluß beider Kühlwasserströme.

Da das ganze Kompressorgehäuse aus zwei in horizontaler Ebene geteilten Hälften I und II besteht, muß das Wasser durch besondere Löcher in der Trennwand und gut abdichtende Verbindungsrohre V_1 und V_2 aus der einen in die andere geführt werden. Dies ist aus dem Querschnitte zu ersehen.

Auch hier ist der Kühlmantel durch Rippen in einzelne Abschnitte geteilt, um eine wellenförmige Wasserführung zu erzielen. Hierdurch wird aber an den oberen Umkehrpunkten Gelegenheit zur Luftausscheidung gegeben. Bei Ansammlung von Luft wird ein Teil der Gehäusefläche von Wasser entblößt und der Kühlwirkung entzogen. Daher ist eine einfache Entlüftung der Kühlkammern vorgesehen. Die Scheidewände enthalten oben kleine Durchbohrungen L_1, L_2, durch welche die Luft von den seitlichen Kammern nach den inneren bzw. zum oberen Ausfluß E_1 und E_2 abfließt. Eine besondere Entlüftung der Kühlkammern ist alsdann entbehrlich.

Um die Kühlkammern bei Stillstand im Winter vor dem Einfrieren zu bewahren, wird ihr Wasser durch den unteren Abfluß W_u abgelassen. Eine Reinigung der geräumigen Wasserkammern von ausfallendem Schlamme ermöglichen die Deckel D_1 und D_2, nach deren Abnahme die Kammern völlig frei liegen.

Die inneren Kühlkammern J_1 in den hohlen Wänden der Leitapparate können durch Putzlöcher P zugänglich gemacht werden, nachdem diese Wände, die gesondert hergestellt und in das Gehäuse eingesetzt werden, herausgenommen sind. Die Verbinduug der äußeren mit den inneren Kammern geschieht durch eingeschraubte und gut gedichtete Rohre.

Die Wirkung einer so sorgfältig durchgeführten Kühlung ist, daß man sich der isothermischen Kompression wesentlich mehr nähert, als dies bei Kolbenkompressoren möglich ist.

Bei Anwendung einer größeren Stufenzahl ist mehr Gelegenheit zur Luftkühlung gegeben. Die spätere Fig. 118 (Skodawerke) weist 36 Stufen auf, deren große Oberflächenentwicklung eine vorzügliche Kühlung gewährleistet.

Eine Ausführung von Pokorny & Wittekind für sehr große Luftlieferung und hohe Kompression (Fig. 110) verwendet eine größere Räderzahl in drei hintereinander geschalteten Stufen. Die Räder der ersten Stufe sind in die doppelte Anzahl gespalten, von denen je eine Hälfte in einem besonderen Niederdruckteil untergebracht ist. Diese

Niederdruckgruppen *ND* sind bezüglich der Luftlieferung parallel geschaltet und liefern ihre Förderung an den gemeinsamen Mitteldruck-
teil ab. Die Niederdruckräder hätten auch in halber Zahl und mit
doppeltem Querschnitt ausgeführt werden können. Die hier gewählte
Anordnung bietet außer dem Vorteil einer symmetrischen Gruppierung
der jetzt sechs Einzelzylinder die Möglichkeit einer wirksamen Kühlung
der Niederdruckstufe, da die Kühloberfläche auf den doppelten Betrag
gebracht worden ist.

Da der gemeinsame Mitteldruckzylinder *MD* eine geringere Kühloberfläche bietet, wurde zwischen ihn und den Hochdruckzylinder ein
Röhrenzwischenkühler in
den Luftstrom eingebaut,
um den Arbeitsbedarf des
Hochdruckteiles *HD* wirksam
zu verringern.

Der Kühlwasserverbrauch
betrug bei einer Wasser-
temperatur von 11^0 etwa
0,53 v. H. der angesaugten
Luft; diese Luft wurde im
Verhältnis von 1:11 ver-
dichtet und ihre Tempe-
ratur nahm von 25^0 bis 70^0
zu. Ein Kühlwasserverbrauch
von 0,5 v. H. des angesaugten
Luftraumes kann für mittlere
Fälle angenommen werden.
Bei 7 Atm. Enddruck wird
die Austrittstemperatur der
Luft etwa 50 bis 60^0 be-

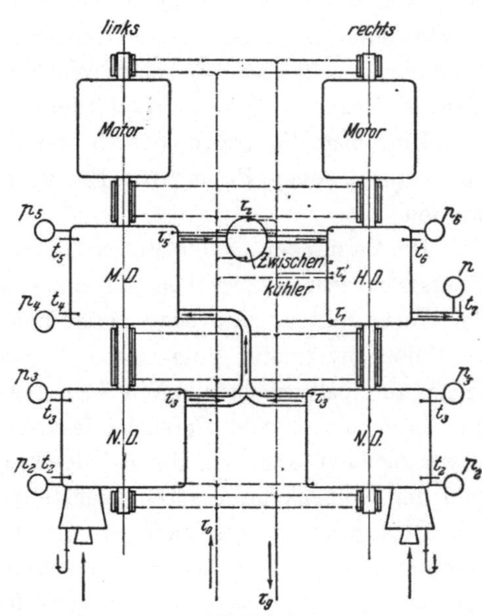

Fig. 110.
Turbokompressoranordnung von Pokorny & Wittekind,
Frankfurt a. M.

tragen bei guter Kompressorkühlung. Die Kühlung ist also wesentlich
wirksamer als bei zweistufigen Kolbenkompressoren ($110-120^0$) und
auch dreistufigen Kolbenkompressoren (90^0).

Diese wirksame Kühlung wirkt günstig auf den Kraftverbrauch ein.

112. — Stufenzahl bei Turbokompressoren. Die von Rateau
bei seinen Versuchen angewandte Umfangsgeschwindigkeit von 250 m/sec.
ist in keiner späteren Ausführung mehr gewählt worden. Sie macht
eine ganz besondere Bauart und Ausführung des Rades notwendig, die
sich wohl nicht zur fabrikmäßigen Herstellung eignet. Rateau und
seine Lizenznehmer gingen mit der Umfangsgeschwindigkeit bei weiteren
Ausführungen erheblich herunter auf etwa 100—140 m/sec., einige bis
auf 80 m/sec. Andere wenden einen besondere Festigkeit besitzenden

Sonderstahl als etwa Nickel- oder Wolframstahl an und gehen auf Umfangsgeschwindigkeiten von 150—180 m/sec.

Der Druck eines Kompressors ist etwa dem Quadrate der Umfangsgeschwindigkeit proportional. Demnach würde zur wünschenswerten Verminderung der Stufenzahl höchst mögliche Geschwindigkeit zu empfehlen sein. Wir sahen aber bei Betrachtung der Geschwindigkeitsverhältnisse (Nr. 107), daß hohe Umfangsgeschwindigkeit des Laufrades hohe Austrittsgeschwindigkeit der Luft und alsdann große Reibungsverluste im Diffusor bedingt. Starke Rückwärtskrümmung der Schaufeln wirkt hier günstig, da sie eine höhere Drehzahl bei gegebener zulässiger Austrittsgeschwindigkeit gestattet, die höhere Drehzahl aber immer wegen ihres Anteiles an direkter Druckerzeugung durch Zentrifugalkraft erwünscht ist. Je nach Wahl dieser Verhältnisse können bei gleicher Geschwindigkeit verschiedene Luftdrücke erzielt werden.

Dies mag die große Verschiedenheit der Stufenzahl erklären, die von verschiedenen Firmen zur Erzeugung gleichen Druckes angewandt werden.

Die Verminderung der Stufenzahl ist erwünscht zur Verminderung der Überströmverluste zwischen den einzelnen Stufen und zur Verringerung der Anlagekosten. Die dazu nötige hohe Austrittsgeschwindigkeit führt zu Reibungsverlusten, die nötige Druckerhöhung innerhalb des Laufrades zu Spaltverlusten. Wo hier die richtige Mitte liegt, ist wohl nur durch eingehende Versuche festzustellen. Es ist hier an ähnliche Erwägungen zu erinnern, die bei der Frage nach der günstigsten Stufenzahl der Kolbenkompressoren angestellt wurden.

Dies erinnert uns auch an die Frage der Kühlung der Turbokompressoren, die im vorigen Abschnitte bahandelt worden ist. Hier sei nur bemerkt, daß eine wirksame Kühlung zwischen den einzelnen Stufen zu einer Verringerung der Stufenzahl führen kann, da die durch Abkühlung spezifisch schwerer gewordene Luft in den nächsten Schleuderrädern eine stärkere Druckzunahme erfährt, als nicht gekühlte Luft erfahren würde. Andererseits erlaubt eine höhere Stufenzahl eine wirksamere Kühlung.

Überhaupt muß die Druckzunahme in den späteren Rädern, falls diese die gleiche Umfangsgeschwindigkeit aufweisen, eine größere sein wegen des höheren spezifischen Gewichtes der vorgepreßten Luft. Mit vorschreitender Pressung nimmt der Raum der Druckluft ab. Dem ist in den späteren Stufen durch kleinere Querschnittsabmessungen der Luftwege Rechnung zu tragen. Dies sehen wir auf der späteren Fig. 113 (Pokorny & Wittekind), wo die achsiale Schaufelbreite im rechten Niederdruckteile groß, im linken Hochdruckteile klein ist. Nicht ganz so starke Unterschiede erkennen wir in Fig. 109 (Brown, Boveri & Cie.), wo im linken Teile eines Zylinders die Niederdruck-, im rechten Teile die Hochdruckräder sitzen. Hier erkennen wir noch einen zweiten Unterschied: die Hochdruckräder sind kleiner im Durchmesser als die Niederdruckräder. Dies wirkt auf eine Gleichhaltung des Druckverhältnisses in den einzelnen Stufen hin. Die Absicht der Verkleinerung mag wohl sein durch die kleinere Austrittsgeschwindigkeit und Pressung geringe Verluste in diesen Stufen zu erreichen.

Jetzt einige Beispiele für einen Druck von 7 Atm. abs.: Skodawerke Pilsen, (1909) verwenden 36 Räder in vier Gruppen von 500, 430, 400 und 370 mm Durchmesser bei $n = 4600$/min., also einer Umfangsgeschwindigkeit von 120—80 m/sec. (Fig. 114). Brown, Boveri & Cie. verwenden hierfür (1911) 20 Räder in vier Gruppen von 700, 625, 525, 475 mm Durchmesser bei $n = 3300$/min., also Umfangsgeschwindigkeit von 120—80 m/sec.

Pokorny & Wittekind begnügen sich mit zwölf Rädern in zwei Gruppen von 725 und 700 mm Durchmesser bei $n = 4200$/min., also einer Umfangsgeschwindigkeit von 160—155 m/sec.

Wir ersehen daraus, daß auch hier viele Wege nach dem Ziele führen.

113. — Der Kraftverbrauch der Turbokompressoren. Der Kraftverbrauch der Turbokompressoren ergibt sich durch das Zusammenwirken günstiger und ungünstiger Umstände. Die geschilderte wirksame Kühlung des Kompressors wirkt auf Verringerung des Kraftverbrauches gegenüber den Kolbenkompressoren.

Dem stehen aber große Verluste gegenüber durch die Reibungswiderstände der rasch laufenden Luft an den Rad- und besonders an den Diffusorwänden sowie durch etwaige Luftstöße und Wirbelungen und durch die Lässigkeitsverluste in den Radspalten.

Das Ergebnis ist, daß der Kraftverbrauch der Turbokompressoren größer bleibt als der guter Kolbenkompressoren. Die Meinungen über diesen Punkt bzw. über die Bewertung von Versuchsergebnissen sind geteilt.

Rateau schließt aus seinen Versuchen (1907), daß der Kraftverbrauch beider Maschinengruppen gleich sei, wenn man zu dem aus Versuchen bekannt gewordenen Kraftverbrauch der Kolbenkompressoren einen Zuschlag von etwa 10 v. H. mache. Diese Erhöhung des angegebenen Kraftverbrauches sei nötig, da dieser Kraftverbrauch aus der mit Hilfe des Raumwirkungsgrades errechneten Leistung gewonnen worden sei, während die wirkliche Lieferung und Leistung sich etwa um 10 v. H. niedriger stelle. Berechtigung zu dieser Meinung ergaben einige Versuche an kleinen schnellaufenden Ventilkompressoren, die einen um 10 v. H. kleineren Lieferungsgrad gegenüber dem Raumwirkungsgrad der Schaulinie ergaben. Neuere Versuche an größeren, längere Zeit im Betriebe gewesenen Ventil- und Schieberkompressoren haben aber nur ein Minder von 3, ja von $1^1/_2$ v. H. ergeben. Danach ist der Kraftverbrauch des Kolbenkompressors geringer als der von Turbokompressoren.

Eine im Kolbenkompressorenbau sehr erfahrene Firma, die neuerdings mit Erfolg auch den Bau von Turbokompressoren aufgenommen hat, vertritt die Ansicht, daß auch heute noch der Kolbenkompressor dem Turbokompressor im Kraftverbrauch überlegen ist, und daß eine weitere wesentliche Verbesserung der Turbokompressoren in Bälde nicht zu erwarten sei. Die Vorzüge des Turbokompressors liegen auf anderem Gebiete.

Um die Luftreibungsverluste zu vermindern, werden die Teile des Luftweges, in welchen eine große Luftgeschwindigkeit herrscht — das sind die Diffusoren und Umkehrkanäle —, blank ausgedreht. Dies wird in der Anordnung der Fig 109 dadurch erleichtert, daß die Leitapparate L für sich hergestellt und in den Zylinder eingesetzt werden.

Während der Kraftverbrauch guter Kolbenkompressoren für 1 cbm Luft auf 7 Atm. abs. mit 0,1 P. S. angenommen werden kann, scheint derjenige der Turbokompressoren 0,12 P. S. für gleiche Leistung zu betragen.

114. — Die Aufhebung des Achsialschubes. Die frühere Betrachtung über die Luftdruckverhältnisse im Laufrade (Nr. 108) ließen uns ein Anwachsen des Luftdruckes von der Einlaufstelle bis zur Austrittstelle erkennen. An diesen Stellen sollte eine Abdichtung des laufenden Rades gegen das ruhende Gehäuse stattfinden. Dies geschieht (Fig. 109) an der Eintrittstelle dadurch, daß die zylindrisch gedrehte Radfläche mit geringem Spiel in einer zylindrischen Eindrehung des Gehäuses läuft. In ähnlicher Weise geschieht die Abdichtung der Welle gegen die nächste Gehäusewand, durch die sie hindurchdringt, um zum nächsten Rade zu gelangen. In anderen Ausführungen greifen die Dichtungsstellen mit ringförmigen Vorsprüngen und Vertiefungen ineinander (Labyrinthdichtung).

An der Luftaustrittstelle ist ein so geringes Spiel zwischen Rad und Gehäuse nicht möglich. Durch den undichten Spalt dringt die höher gepreßte Luft ein, um nach der Stelle niederen Druckes, der Einlaufstelle, abzufließen. Die zwischen den Radwänden und den Gehäusewänden gebildeten Räume sind also mit gepreßter Luft erfüllt. Nun erkennen wir aber, daß die hintere Radfläche größer ist als die um die Eintrittsmündung verminderte vordere. Der Luftdruck auf diese größere Fläche drückt das Rad entgegen der kleineren Kraft auf die kleinere Fläche nach links. Dieser Schub wiederholt sich bei jedem

Rade, so daß sich bei großer Radzahl beträchtliche, durch Kammlager nicht mehr aufnehmbare Achsialschübe ergeben. Man muß daher trachten, dem einseitigen Achsialschube eine gleich große entgegengesetzt wirkende Kraft in der Achse entgegenzustellen oder das Auftreten des Achsialschubes ganz zu verhindern.

Beachten wir, daß der Achsialschub das Ergebnis der Flächenungleichheit des Rades ist, so läßt dies den Weg erkennen, dem Übel abzuhelfen durch Gleichmachung der Radflächen. Zu dem Zwecke muß ein der vorderen Eintrittsöffnung entsprechendes Stück der hinteren Fläche vom Drucke der Spaltluft abgeschnitten und dem Druck der Eintrittsöffnung ausgesetzt werden. In Fig. 101 sehen wir durch einen gegen das Gehäuse dichtenden Ring eine entsprechende Fläche der hinteren Radwand vom hohen Luftdruck abgesperrt. Die Drücke von rechts und links auf die außerhalb der Dichtungsringe liegenden Flächen halten sich jetzt das Gleichgewicht. Wird nun (in der Figur nicht angedeutet) der abgesperrte Raum noch durch eine Öffnung in der Radwand mit der vorderen Seite in Verbindung gesetzt, so halten sich auch die Drücke auf die beiden Seiten der unteren Radwand das Gleichgewicht.

Diese einfach erscheinende Vorrichtung erfordert aber an jedem Rade eine zusätzliche Dichtungsstelle, was zur Vermehrung der Spaltverluste beiträgt.

Rateau (Fig. 106) verkleinert auf andere Weise die in Frage kommende hintere Druckfläche, indem er am äußeren Rande die Radfläche in bestimmter Breite wegschneidet.

Am einfachsten erscheint die Lösung der Fig. 107 mit Gegenschaltung von Radgruppen. Die vier linken Räder erzeugen einen nach links, die vier rechten Räder einen nach rechts gerichteten Achsialschub. Wenn nun alle Abmessungen und Verhältnisse hübsch gleich sind, so müssen auch die Achsialschübe gleich sein und sich in der Achse selbst ausgleichen. Eine solch völlige Gleichheit ist in der Ausführung nicht zu erwarten, und es hat sich als nötig erwiesen, doch noch zur Sicherheit ein Kammlager anzuwenden. (In der Figur links.)

Anstatt den Achsialschub an jedem einzelnen Rade auszugleichen, erscheint es einfacher, an geeigneter Stelle den gesamten Schub aller Räder durch eine besondere entgegengesetzt gerichtete Kraft aufzunehmen. Zu dem Zwecke werden durch Druckluft beeinflußte Entlastungskolben angewandt. Das vorher erwähnte Mittel der Radgegenschaltung wird auch neben besonderen Entlastungsvorrichtungen beibehalten, indem bei Unterbringung der Räder in zwei Zylindern deren Radgruppen gegengeschaltet werden.

Fig. 109 zeigt die Entlastungsvorrichtung von Brown, Boveri & Cie. Sie besteht aus einer auf der Welle W verschraubten Entlastungsscheibe A, welche auf den Stirnseiten je eine labyrinthartig ausgebildete Dichtungsfläche Z_1 und Z_2 besitzt. Die Entlastungsscheibe dreht sich mit der Welle gegen die im Gehäuse festsitzenden Teile T_1 und T_2. Davon ist T_2 eine am Gestell in der Achsrichtung verstellbare, aber gegen dasselbe abgedichtete Büchse. Diese Stellen T_1 und T_2 tragen die labyrinthartigen Gegendichtungen zu Z_1 und Z_2. T_2 wird bei der Aufstellung der Maschine für die betreffenden Verhältnise fest eingestellt. Die Entlastungsscheibe hat gegen diese Gehäuseteile einen achsialen Spielraum von einigen Zehntelmillimetern.

Die Wirkung ist folgende:

Der am Luftaustritt des letzten Laufrades herrschende Kompressionsdruck pflanzt sich durch den Spalt nach dem Raume S_1 fort, wirkt zunächst auf die linke Seite der Entlastungsscheibe A, sie in der Pfeilrichtung entgegen dem Schube der Räder drückend. Dann strömt diese Luft durch die Dichtung $T_1 Z_1$ gedrosselt nach dem Raume S_2 und wirkt mit verminderter Kraft auf die rechte Rückseite der Entlastungsscheibe A im Sinne des Radschubes und tritt zuletzt durch die Dichtung $T_2 Z_2$ nach einem Hohlraum zwischen T_2 und Welle und von hier ins Freie.

Für die Kraftwirkung entscheidend ist der veränderliche Luftdruck im Raume S_2. Seine Größe hängt von dem Drosselquerschnitt ab, den die nach außen strömende Druckluft bei $T_1 Z_1$ und bei $T_2 Z_2$ durchlaufen muß. Verschiebungen der Entlastungsscheibe A verändern diese Querschnitte, und zwar bedingt die Erweiterung des einen eine Verengung des anderen. Verschiebt sich etwa wegen des Übergewichtes der rechtsschiebenden Kräfte die Welle in der Pfeilrichtung, so wird der Dichtungsspalt bei $T_1 Z_1$ erweitert, der bei $T_2 Z_2$ verengt. Dadurch sinkt der Druck in S_1, steigt der in S_2 und unterstützt den achsialen Schub entgegen der Pfeilrichtung so lange, bis ein Gleichgewichtszustand der Kräfte hergestellt ist.

Bei solcher Vorrichtung treten nur ganz geringe Verschiebungen der Welle ein. Sie kann als eine besonders gestaltete Labyrinthdichtung, die an dieser Stelle ohnedies erforderlich wäre, aufgefaßt werden. Durch diese Stelle entweicht ständig etwas Luft, die bei Ausführungen durch besondere Rohrleitung abgeführt wird.

Die spätere Fig. 113 (Pokorny & Wittekind) weist einen Entlastungskolben K auf. Dieser ist durch eine vorgeschraubte Mutter m und Keil mit der Welle fest verbunden. Er dichtet gegen das Gehäuse G an verschiedenen Stellen 1, 2, 3, 4 ab. Die Welle selbst noch bei 5. Die Form der Dichtungsnuten ist verschieden. Bei 3, 4

und *5* sind es einfache in das Gehäuse eingedrehte Rillen bei glattem Kolben. Bei *1* und *2* arbeiten Kolben und Gehäuse mit besonders gestalteten Verzahnungen ineinander. Aus dem Raume *6* hinter dem letzten Laufrade strömt die Druckluft durch die verschiedenen Dichtungsstellen *1, 2, 3, 4, 5* hindurch ins Freie. Sie erfährt auf diesem Wege · eine fortschreitende Drosselung. Der Luftdruck auf die linke Seite *l* des Entlastungskolbens *K* ist daher größer als der auf die rechte Seite 34, so daß derselbe einen dem Radschube entgegengesetzten Schub erfährt. Die selbsttätige Einstellung dieses Schubes auf die zum völligen Ausgleich nötige Größe wird wohl in ähnlicher Weise wie im vorigen Beispiele geschehen. Eine Beschreibung dieser Wirkung ist von der Firma nicht zur Verfügung gestellt worden.

115. — Bauliche Einzelheiten. Diese sind bereits besprochen, soweit sie die wichtigen Fragen der Gestaltung der Luftwege, der Kühlung und der Unschädlichmachung des Achsialschubes berühren.

Das Kompressorgehäuse wird an vielen Stellen von der Welle durchdrungen. Diese Stellen müssen gegen Räume verschiedenen Druckes abdichten. Es handelt sich dabei immer um die Abdichtung einer drehenden Welle gegen ein Gehäuse. Je nach der Größe des abzudichtenden Druckes wird die Dichtungslänge kleiner oder größer und glatte oder Labyrinthdichtung gewählt. Die zu Entlastungsscheiben oder Kolben ausgebildeten Wellendichtungen sind im Abschnitt „Entlastung" schon gestreift worden. Die Labyrinthdichtung wirkt in der Weise, daß die Luft in einem engen glatten Spalt bis zur nächsten Nute fließend ihren Druck in Strömungsenergie umsetzt, worauf in der Nute durch Wirbelbildung die Strömungsenergie wieder

Fig. 111. Zylinderanordnung von Kühnle, Kopp & Kausch.

durch Umwandlung in Wärme vernichtet wird. Der Zylinder Fig. 109 zeigt links am Saugstutzen eine glatte Wellendichtung, desgleichen an allen drehenden Teilen im Innern des Zylinders. Erst am rechten Druckstutzen befindet sich eine Hochdruckdichtung in der Labyrinthdichtung der Entlastungsscheibe. Der Zylinder Fig. 113 zeigt durchweg Labyrinthdichtung, außen und innen.

Bei Anordnung und Formung des Kompressorkörpers ist auf Zugänglichkeit aller Teile Bedacht zu nehmen. Zu dem Zwecke ist eine Teilung des Zylinders vorzunehmen. Diese kann in wagerechter oder senkrechter Ebene erfolgen.

Meist wird eine Teilung in beiden Richtungen vorgenommen, so daß die Körper aus einzelnen Ringen zusammengesetzt erscheinen. In Fig. 111 sind solche Kompressorkörper, deren Oberteil abgehoben ist, zu sehen.

Ähnlich ist die Teilung in den Figuren 108, 113. Die einzelnen Teile werden durch Flanschen und Schrauben miteinander verbunden.

Brown, Boveri & Cie. (Fig. 109) teilen die Zylinder nur durch eine horizontale Ebene in eine obere Hälfte I und eine untere II. Daneben sind einige weitere Aufteilungen vorhanden, z. B. Anordnung der Deckel D_1 und D_2 für die Wasserkammern, besondere Einsetzung der inneren Leitapparate L, so daß durch diese einfache, das Wiederzusammensetzen erleichternde Teilung doch das Innere vollständig zugänglich ist. Die Paßflächen aller ineinander zu setzender Teile sind soweit wie möglich zentrisch angeordnet und abgedreht, so daß ein genaues Wiederzusammensetzen möglich ist.

Zur Erzielung höherer Drücke sind mehrere Zylinder nacheinander anzuordnen, da in einem Körper nicht zu viele Räder untergebracht werden können. Die genau bearbeiteten Räder und Gehäuse müssen auch im Zusammenbau genau passen, daher die tragende Welle keine allzu große freie Länge bekommen darf. Zwei bis drei Zylinder werden immer auf gleicher Achse, vier und mehr dann auch auf parallelen Achsen angeordnet. Jeder Zylinder bekommt seine eigene Welle. Die anstoßenden Wellen sind durch eine Kuppelung miteinander zu verbinden. Diese Kuppelung ist am besten eine nachgiebige. Bei Aufstellung von Kompressoren in Bergbaugegenden ist mit dem Eintreten von Bodenbewegungen zu rechnen. Nachgiebige Kuppelungen bieten den Vorteil, daß diese Bewegungen bzw. Achsialverschiebungen keine Belastungen und Beschädigungen der Lager hervorrufen.

Fig. 112 stellt eine nachgiebige Kuppelung von Brown, Boveri & Cie. dar, die etwa wie eine Klauenkuppelung gestaltet ist. Auf den konischen Wellenstümpfen s sind durch Schraubenmutter und Keil Ringe r befestigt, die am äußeren Umfange klauenartige Verzahnungen z

besitzen. Darein greifen mit passender Verzahnung Flansche f, die durch die mittlere Muffe m miteinander verbunden sind. Die Zähne greifen mit geringem Spiele in der Richtung des Radius und des Umfanges ineinander, wodurch eine bestimmte radiale Beweglichkeit der Kuppelungsteile gegeneinander erzielt wird.

Die Lagerung der Wellen geschieht für jeden Zylinder in zwei seitlichen Lagern. Die Lager sind entweder als Ringschmierlager gebildet (Fig. 106 u. 113) oder als normale Traglager mit Preßölschmierung (Fig. 109 links). Zur Aufnahme nicht ausgeglichenen Längsschubes wird immer eines der Lager als Kammlager ausgebildet (Fig. 109, rechts), oder es wird außer den nötigen Traglagern noch ein besonderes Kammlager (Fig. 113) eingebaut. Für das Kammlager ist Preßölschmierung

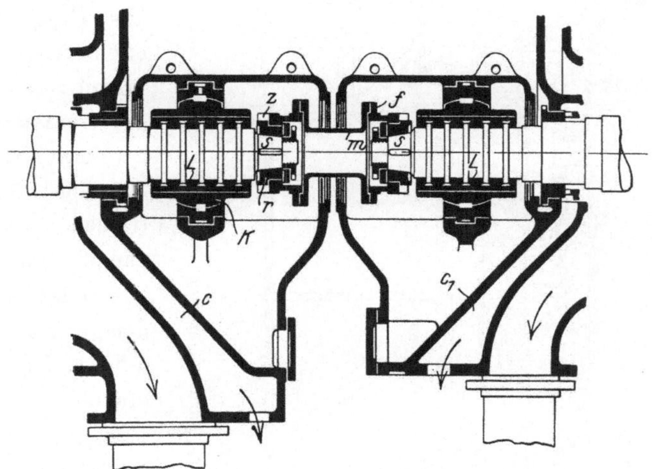

Fig. 112. Zwischenlager und Kuppelung von Brown, Boveri & Cie.

anzuwenden. Die Lagerkörper werden meist mit Wasserkühlung versehen. Das mit Kugelbewegung ausgestattete Traglager der Fig. 109 ist nicht unmittelbar mit dem Komprossorgehäuse verbunden, sondern durch einen kleinen Luftraum von demselben getrennt und am Wellenaustritt abgedichtet. Dadurch wird auf der Druckseite die Kompressionswärme vom Lager ferngehalten, und auf der Saugseite wird verhindert, daß etwa das Schmieröl des Lagers in den Kompressor eingesaugt werden kann. Dadurch wird jede Verunreinigung der Druckluft vermieden. Das Preßöl wird durch eine besondere, von einer der Wellen angetriebenen Ölpumpe im Kreislauf erhalten. Es läuft auf seinem Wege durch einen Ölkühler hindurch, so daß es immer mit niederer Temperatur den Lagern zugeführt wird. Die Ölpressung beträgt etwa 1 Atm. An Fig. 116 kann die Ölleitung im einzelnen verfolgt werden. Der Ölverbrauch von Kreislaufschmierungen ist äußerst gering.

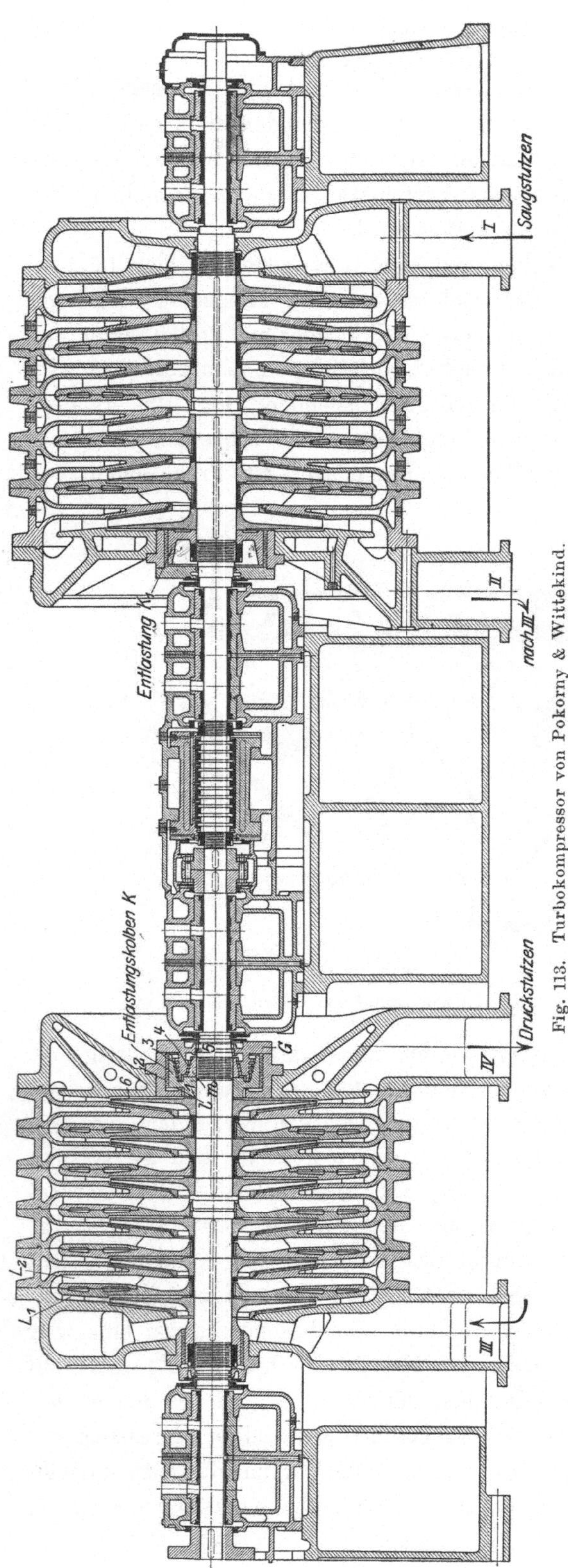

Fig. 113. Turbokompressor von Pokorny & Wittekind.

116. — Ausgeführte Anlagen. Die Fig. 109 u. 113 bieten neuere Ausführungsformen von Kompressorzylindern. Fig. 113 zeigt die Hintereinanderschaltung zweier Zylinder (Firma Pokorny & Wittekind). Dieselben liefern bei $n = 4200/\mathrm{min}$. $Q = 7000$ cbm Luft/stunde auf $p = 7$ Atm. abs. Druck bei einem effektiven Kraftverbrauch von $N = 800$ P. S. Sie werden durch eine Zweidruckturbine (siehe Abschnitt 119) angetrieben, die mit Abdampf von 1,1 Atm. abs. oder mit Frischdampf von 7 Atm. abs. arbeitet. Der Dampfverbrauch betrug (1910): 1,28 kg trocken gesättigten Abdampf von 1,1 Atm. abs. bei 92 v. H. Luftleere für 1 cbm Luft von 10,6° und 1 Atm. auf 7 Atm. abs., oder bei Frischdampfbetrieb: 0,81 kg trocken gesättigten Frischdampf von 7 Atm. abs. bei 92 v. H. Luftleere.

Die Luft wird im rechten Niederdruckteil durch den Stutzen *I* angesaugt, verläßt ihn am Stutzen *II* vorgepreßt, um durch den Stutzen *III* in den linken

Hochdruckteil einzutreten, den sie am Stutzen *IV* als fertige Druckluft verläßt. An den inneren Wellendurchdringungen *II* und *IV* sind Entlastungskolben eingebaut. Jeder Zylinder enthält sechs Räder. Die Zylinder bauen sich infolge geringer Stufenzahl entsprechend kürzer als andere.

Im folgenden seien dann einige Gesamtanlagen wiedergegeben.

Fig. 114 zeigt eine von den Skodawerken (1909), Pilsen, gebaute Anlage für $Q = 4000$ cbm/stunde, $p = 7$ Atm. abs. $n = 4600$/min. $N = 500$ P. S.

Die 36 Kompressorräder sind in vier Körpern untergebracht, die auf zwei parallelen Wellen mit je einer Abdampfturbine *a* sitzen. Ein Leistungsregler *l* wirkt auf beide Turbinen ein und ändert die Umlaufszahl, so daß der Druck gleichbleibt. Die Kompressorräder sind alle hintereinander geschaltet. Bei Überschreitung der höchst zulässigen Drehzahl von $n = 5000$/min. wird die Maschine durch Vernichtung der Luftleere stillgesetzt. Der Abdampf wird einem Wärmespeicher entnommen von 35 cbm. Wasserinhalt. Dieser kann 170 kg Dampf bei einer Druckabnahme von 1,2 auf 1,0 Atm. abs. abgeben. Diese Dampfmenge reicht für eine Zeit von $2^3/_4$ Minuten aus.

Unter der Maschine befindet sich im Fundament die Kondensationsanlage, die erst eine Nutzbarmachung des Abdampfes ermöglicht. Die zum Betriebe des Kondensators *e* nötigen Luft-, Kondensat- und Kühlwasserpumpen sind aus der Zeichnung zu ersehen. Hier ist auch die Kühlwasserpumpe *h* für die Kompressorkühlung untergebracht.

Bei Mangel an Abdampf wird dem Sammler gedrosselter Frischdampf zugesetzt.

Einen größeren Turbokompressor (1910) mit Frischdampfturbine zeigt Fig. 116 (Firma Brown, Boveri & Cie. für Grube Klein-Rosseln). Er ist bestimmt für $Q = 12000$ cbm/stunde, $p = 7$ Atm. abs., $n = 3300$/min. und leistet 1500 P. S. Links befindet sich die Antriebsdampfturbine (System Parsons). Die Frischdampfleitung von 125 mm Durchmesser führt kurz vor der Maschine durch einen Wasserabscheider und dann in zwei großen Krümmungen zum Einlaß und Regelventil der Turbine. Der ganze Maschinensatz steht frei auf Querträgern, die auf zwei in Grundriß und Kreuzriß sichtbaren Längsmauern gelagert sind. Der Raum unter der Maschine ist bis auf zwischen den Trägern eingebaute Gewölbekappen völlig frei, so daß die in diesem Raume angeordneten Rohrleitungen samt Ausrüstungen leicht zugänglich sind.

Am anderen Ende der Turbine führt eine 550 mm weite Abdampfleitung zu einem Kondensator. Die zwanzig Schaufeln sind in zwei hintereinanderliegenden Zylindern untergebracht. Der der Turbine benachbarte Zylinder stellt den Niederdruckteil, erkennbar am größeren Durchmesser, der Endzylinder den Hochdruckteil dar. Die Ansauge-luft strömt der linken Seite des Niederdruckzylinders durch eine

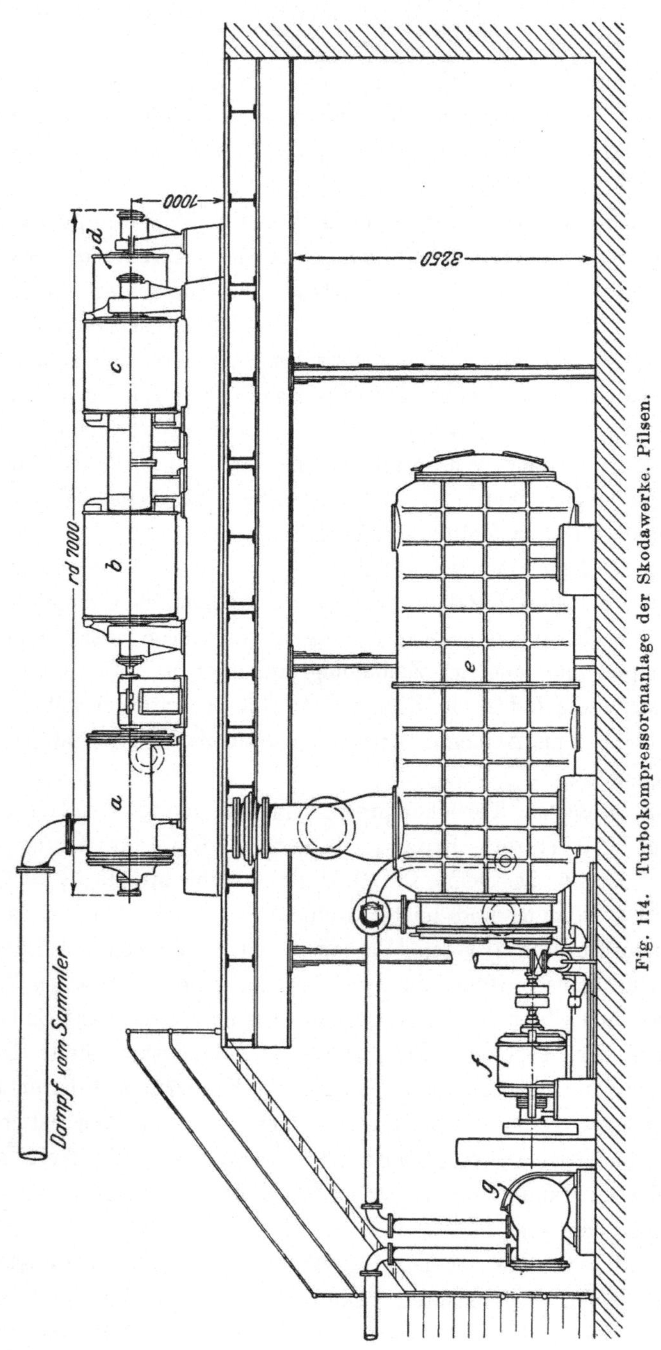

Fig. 114. Turbokompressorenanlage der Skodawerke. Pilsen.

350 mm weite Leitung zu und dann vorgepreßt vom rechten Ende durch eine 250 mm weite Leitung nach der rechten Seite des Hochdruckzylinders, den sie am linken Ende durch die 175 mm weite Druckleitung verläßt. In dieser Leitung befindet sich ein Absperrventil.

Zwischen diese Hauptleitungen mischen sich die kleineren Kühlwasserleitungen. Danach hat jeder Kompressorzylinder eine besondere Kühlleitung von je 50 mm Durchmesser. Diese verzweigen sich mehrfach und führen an je vier Stellen in die Kompressorzylinder. Von

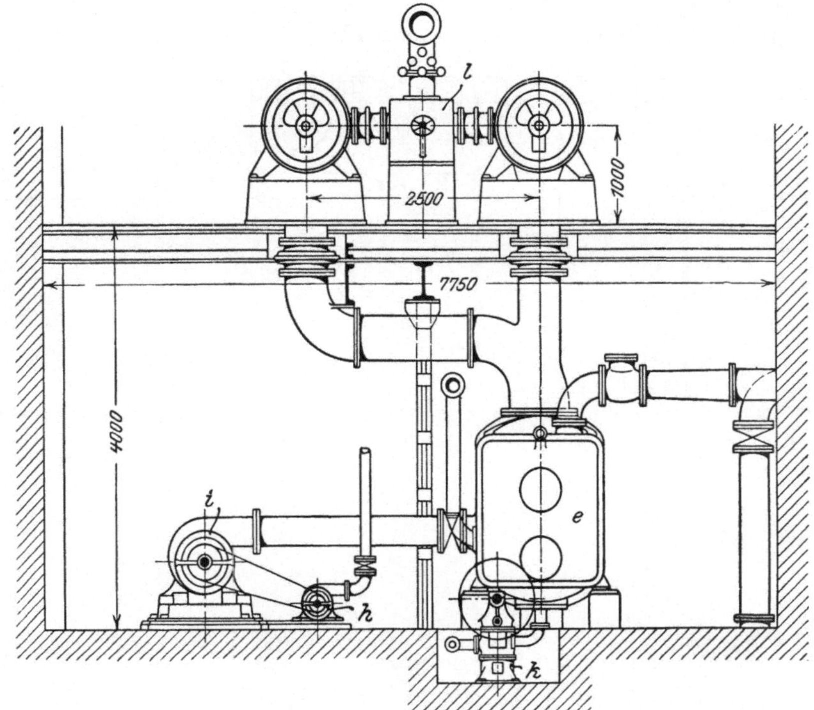

Fig. 115. Seitenriß zu Fig. 114.

den unteren Mitten führt je eine 100 mm weite Rückleitung das verbrauchte Kühlwasser wieder ab.

In die Preßölleitung für die Lagerschmierung ist ein Ölkühler eingeschaltet. Dieser ist in dem Fundamente links unten aufgestellt und durch Ab- und Zuleitung mit der Turbine verbunden. Dem Kühler fließt das Kühlwasser durch eine 40 mm weite Leitung zu und durch eine 60 mm weite ab.

Die oben geschilderte Luftführung durch die Kompressorzylinder läßt eine Gegenschaltung der Laufräder zwecks Achsenentlastung erkennen. Die Entlastungsscheiben sitzen an den einander zugewandten Stirnseiten. Die hier abfließende Heißluft wird durch die beiden Leitungen von 70 mm Durchmesser abgeleitet.

In Fig. 118 sehen wir die äußere Ansicht eines interessanten
Maschinensatzes von sehr großer Leistung (Firma Pokorny & Wittekind). Derselbe ist für die Victoria Falls and Transvaal Power Company
in Johannisburg bestimmt. Die Leistungen sind: $Q = 36\,000$ cbm/stunde,

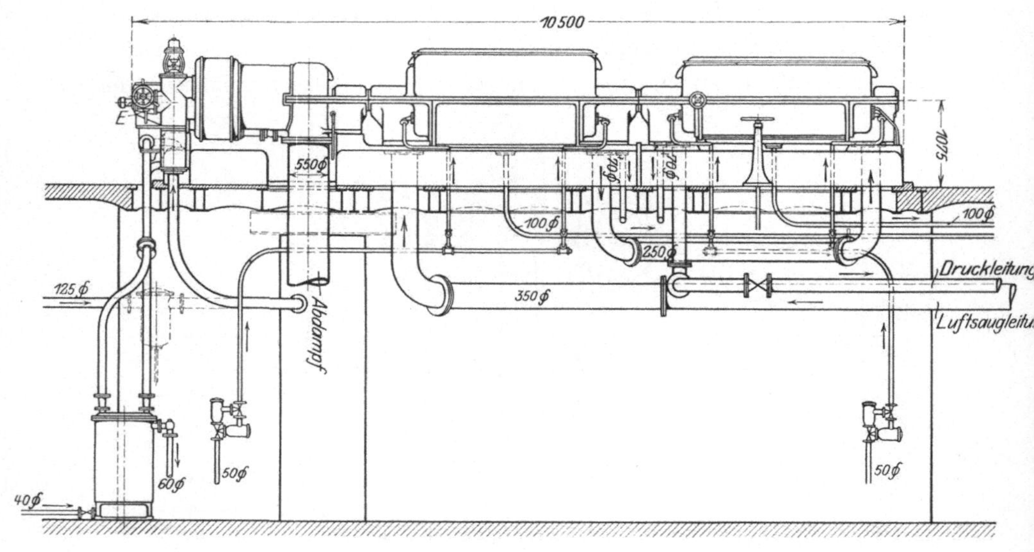

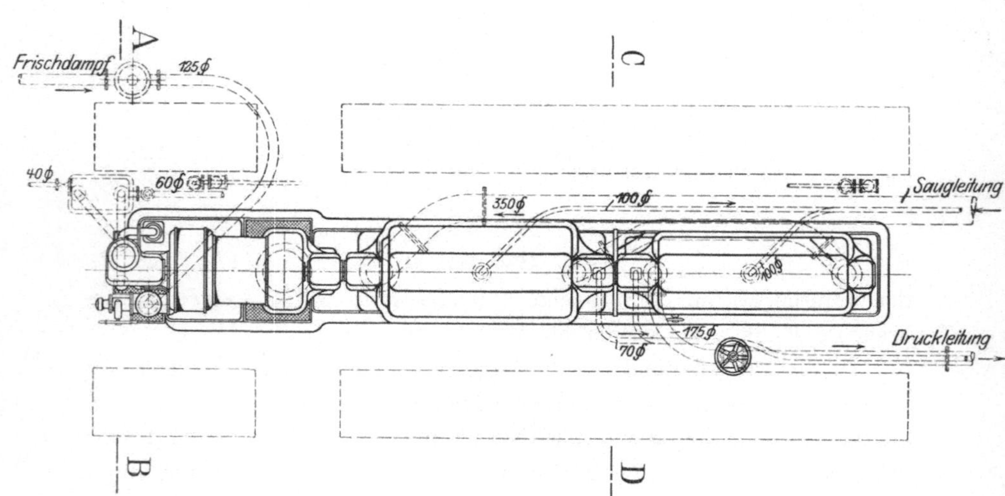

Fig. 116. Turbokompressorenanlage von Brown, Boveri & Cie.

Kompression von 0,83 Atm. abs. auf 9 Atm. abs., also etwa 1:11,
$n = 3000$/min., $N = 4000$ P. S. Der Raumbedarf des Satzes ist etwa
$7,2 \times 4,8$ m, Zahl der Räder $= 16$. Ein Schema der Anordnung ist in
der früheren Fig. 110 gegeben sowie eine Beschreibung der Kühleinrichtung

durch Mantelkühlung in den beiden parallel geschalteten Niederdruckzylindern und in den höheren Stufen daneben durch Zwischenkühlung
zwischen Mittel- und Hochdruckzylinder. Neben der Kompressorkühlung ist eine sorgfältige Kühlung aller Lager aus dem Schema zu
erkennen. Das abgebildete Schema soll die Art der Leistungsmessung
des Kompressors veranschaulichen. Mit p sind die Druckmesser, mit
t die Thermometer bezeichnet, an denen die nötigen Ablesungen vorgenommen wurden. Die Luftmessung geschah durch Düsen, die vor
die weiteren Ansaugestutzen geschaltet wurden. Dies ist an den
Niederdruckzylindern angedeutet durch die trichterförmigen Ansätze,

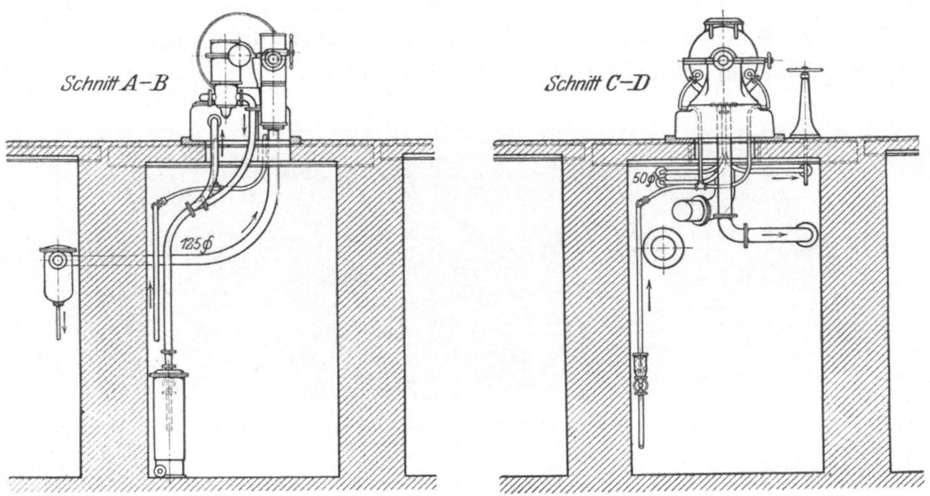

Fig. 117. Schnitte zu Fig. 116.

und durch die hakenartigen Linien die barometrische Unterdruck-
messung hinter der Meßdüse. Die Versuchsergebnisse sind in Z. d.
V. d. Ing. 1911 S. 173 mitgeteilt.

In die Ansaugestutzen der Niederdruckzylinder sind Drosselklappen
zur Regelung der Luftlieferung eingebaut. In die Druckleitung ist eine
selbsttätig wirkende Umschaltevorrichtuug eingebaut, welche unter bestimmten Umständen (siehe Abschnitt 120) einen Teil der Luftförderung
ins Freie strömen läßt. Ähnliche Vorrichtungen sind bei allen Turbokompressoren erforderlich.

Die beiden Maschinenseiten werden durch je einen Drehstrommotor (Synchronmotor) von 2000 P. S. effektiv angetrieben. Die beiden
Maschinenseiten stehen in keiner mechanischen Verbindung miteinander.
Nun sollen beide Motoren möglichst gleichmäßig belastet werden, damit
keiner überlastet werde. Der Arbeitsbedarf beider Kompressorseiten

ist aber etwas verschieden, da in dem rechten Hochdruckzylinder infolge des größeren spezifischen Gewichtes der dort verarbeiteten Luft eine größere Arbeit verbraucht wird als in dem linken Mitteldruckzylinder. Zur Ausgleichung wurde im Ansaugestutzen des rechten Niederdruckzylinders die Luft etwas gedrosselt, so daß dieser weniger Luft ansaugt und weniger Arbeit verbraucht als der linke Niederdruckzylinder.

Das Anlassen der Maschine geschieht so, daß bei starker Drosselung in dem Saugstutzen und geöffnetem Hochdruckschieber nur die rechte Hälfte angefahren wird, wobei der Luftstrom des rechten Niederdruckzylinders zum Teil unmittelbar durch die noch ruhenden linken Niederdruckräder ins Freie ausbläst, zum Teil durch die ruhenden Mitteldruckräder nach dem Hochdruckzylinder strömt und durch diesen ausgeblasen wird. Hierauf wird die linke Hälfte angefahren.

Fig. 118. Turbokompressorenanlage von Pokorny & Wittekind.

Das Anlassen verläuft auf diese Weise ohne erhebliche Stromstöße. Der Gang der Maschine ist ein äußerst ruhiger.

Eine gleich große Anlage für ganz gleiche Verhältnisse ist von der Gutehoffnungs-Hütte für die Randminen Transvaal geliefert worden (1910). Die Zahlen sind $Q = 36\,000$ cbm/stunde von 0,821 auf 9 Atm. abs., $N = 4000$ P. S., $n = 3000$/min. Anordnung und Antrieb ist ebenfalls der gleiche. Zahl der Räder $= 22$. Die Diffusoren sind entgegen der bisherigen Übung mit Leiträdern versehen, um den Wirkungsgrad zu heben. Die Versuchsergebnisse sind zu finden: Internationaler Kongreß Düsseldorf 1910, Berichte für angewandte Mechanik, S. 210.

Aus den Versuchszahlen errechnen die Veranstalter im ersten Falle einen Wirkungsgrad des Kompressors von etwa 66 v. H., im zweiten Falle von 64 v. H., bezogen auf den Kraftbedarf verlustloser isothermischer Kompression. Man beachte aber, daß dergleichen Versuche nicht ohne weiteres miteinander verglichen werden können, wenn sie nicht mit ganz den gleichen Apparaten ausgeführt sind.

Eine Londoner Firma erhöhte (1911) die Leistung eines einstufig arbeitenden Kolbenkompressors auf das doppelte durch Vorbau eines Turbokompressors, der die Luft dem Kolbenkompressor auf etwa 2 Atm. abs. vorgepreßt und rückgekühlt zuführt. Der neue Antrieb erfolgt durch eine Abdampfturbine, die ihren Dampf aus dem Niederdruckzylinder der den Kolbenkompressor antreibenden Verbundmaschine erhält. Kosten und Raumbedarf erwiesen sich als bedeutend geringer als die eines neuen Kolbenkompressors. Außerdem wurde durch die Umwandlung der ungünstigen einstufigen Arbeitsweise in die günstige zweistufige der Wirkungsgrad der vorhandenen Anlage um 17 v. H. verbessert. (Z. f. d. ges. Turb. W. 1911 S. 141.)

117. — Der Antrieb der Turbokompressoren. Turbokompressoren werden am günstigsten durch Dampfturbinen angetrieben. Nur diese ergeben zwanglos die günstigen hohen Drehzahlen von 4000—4500/min. und gestatten, die Vorteile der Turbomaschinen in Antrieb und Arbeitsmaschine in gleicher Weise auszunutzen. An Stelle der Frischdampfturbinen werden häufig Abdampfturbinen verwandt.

Elektromotoren sind bei Vorhandensein elektrischer Energie geeignete Antriebsmotoren. Doch sind sie, die wir sonst als sehr rasch laufende Maschinen zu betrachten gewöhnt sind, hier schier zu langsam. Für die in Betracht kommenden großen Einheiten ist der Drehstrom die geeignete Energieform. Gleichstrommotoren kommen sowohl der großen Energiemenge als auch der hohen Drehzahlen wegen nicht in Betracht. Drehstrommotoren werden meist als Asynchron-, gelegentlich als Synchronmotoren verwandt.

Nun stoßen wir hier beim elektrischen Antrieb auf ähnliche Schwierigkeiten wie bei den elektrisch betriebenen Kolbenkompressoren: auf die fast unveränderliche Drehzahl von Drehstrommotoren. Die Schwierigkeiten, die wir dort wegen des wechselnden Drehmomentes von Kolbenkompressoren bezüglich des elektrischen Netzes fanden, fallen hier bei dem völlig gleichmäßigen Drehmoment der Turbokompressoren weg.

Drehstrommotoren laufen mit Drehzahlen von 1500 und 3000/min. Man ist an diese oder proportionale Zahlen wegen der gegebenen Periodenzahl gebunden.

118. — Abdampfverwertung durch Turbokompressoren. Für die im vorigen Abschnitte gegebenen Antriebe finden sich Beispiele in den gegebenen Figuren.

Neuerdings gewinnt die Abdampfturbine als Antrieb für Turbokompressoren erhöhte Bedeutung. In dem früheren Abschnitte 62 sind die Ursachen erwähnt, die eine von den Hochdruckdampfmaschinen getrennte Verwertung ihres Abdampfes auf Hütten und Gruben vorteilhaft erscheinen lassen, desgleichen die Gründe, die für Verwendung des Abdampfes von Fördermaschinen gerade zur Drucklufterzeugung sprechen. Dort wurde ein Beispiel der Abdampfverwertung durch eine Abdampfkolbenmaschine gegeben. Auf Zeche Konstantin der Große haben Berechnungen über Verwendung des vorhandenen Abdampfes festgestellt, daß eine Abdampfverwertungsanlage einen dreimal so großen Nutzen bringen würde als eine Zentralkondensation. Versuche haben dies später bestätigt (vgl. Glückauf 1910, S. 1797).

Die von den Verteidigern des Kolbendampfkompressors in Anspruch genommene Überlegenheit des Abdampfkolbenkompressors über den Abdampfturbokompressor ist nicht erheblich. Der Kolbenkompressor aber verhält sich günstiger bei Belastungsschwankungen als der Turbokompressor, bei dem Abweichungen von den normalen Betriebsverhältnissen stärkere Leistungsverluste durch die alsdann ungünstige Luftströmung in Schaufelrad und Diffusor bedingen. Auch die Abdampfturbine verhält sich gegenüber Schwankungen des Dampfdruckes, die hier durch die ganzen Betriebsverhältnisse die Norm bilden, ungünstiger. Schon bei wenig geringerem Dampfdrucke, als dem der Ausführung zugrunde gelegten, wächst der spezifische Dampfverbrauch stark, während zugleich die abgegebene Leistung erheblich sinkt, was in Rücksicht auf den Luft verbrauchenden Betrieb bedenklich erscheint. Durch Zusatz von Frischdampf zum Speicher kann diese Leistungsverminderung verhindert werden; die Wirtschaftlichkeit der Dampfausnützung aber wird dadurch ungünstig.

Der früher geschilderte Abdampfkolbenkompressor ist durchaus unempfindlich gegen Schwankungen des Dampfdruckes; er leistete die für einen Dampfdruck von 1,1 Atm. abs. garantierte Arbeit noch bei einem Dampfdrucke von 0,7 Atm. abs. Sein spezifischer Dampfverbrauch wächst zwar auch mit fallendem Drucke, aber weniger rasch als der einer Abdampfturbine. Die Dampfzylinder haben feste Füllung und einen Sicherheitsregler, der nur bei Überschreitung der Höchstgeschwindigkeit die Dampfzufuhr absperrt, jede geringere Drehzahl aber zuläßt. Daher laufen diese Kompressoren rasch, wenn viel Abdampf vorhanden ist, und langsam bei Mangel. Frischdampf braucht ihrem Wärmespeicher nicht zugesetzt zu werden. Es ist hierbei zu beachten, daß ein stark wechselnder Betrieb bei dieser Maschine möglich war, da mit ihr Frischdampfkolbenkompressoren parallel geschaltet waren, deren selbsttätige Regelung auf gleichbleibenden Druck die Schwankungen der Luftlieferung des Abdampfkompressors ausglichen. Läuft der letztere langsamer, so laufen die ersteren schneller und liefern dadurch auch gleichzeitig mehr Abdampf in den Wärmespeicher. Sie wirken also in doppelter Weise ausgleichend.

Diese Überlegenheit des Abdampfkolbenkompressors (1909) ist aber durch die Fortschritte der Abdampfturbine wieder wettgemacht worden, die sich von der reinen Abdampfturbine zur vereinigten Abdampf-Frischdampfturbine, die jeden Betriebsverhältnissen in wirtschaftlicher Weise nachkommt, entwickelt hat.

Die Eignung dieser Zweidruckturbine für den Antrieb von Turbokompressoren sei im folgenden Abschnitte erläutert.

119. — Die Zweidruckturbine und ihre Regelung. Die Möglichkeit und die Bedeutung der Abdampfverwertung wurde schon 1900 durch die Ausführungen von Rateau, Paris, bekannt. Die Abdampfverwertung durch Niederdruckturbinen hat sich seitdem stark verbreitet. Der Mangel dieser Anlagen, bei fehlendem Abdampf gedrosselten Frischdampf verwenden zu müssen, führte Rateau 1905 zum Antrieb seines ersten vielstufigen Grubenkompressors für Mines de Béthune die erste Zweidruckturbine aus, die aus einer Frischdampfturbine und einer Abdampfturbine in getrennten Körpern bestand. Seit 1908 werden beide Turbinenteile in einem Gehäuse untergebracht. Zweidruckturbinen werden heute von allen Dampfturbinen bauenden Firmen hergestellt.

Fig. 119 zeigt die Bauart Rateau. ($N = 800$ P. S., $n = 3800/\text{min.}$) Der Hochdruckteil besteht aus drei, der Niederdruckteil aus vier Rädern. Bei Vorhandensein genügenden Abdampfes läuft der Hochdruckteil leer mit, dabei etwa 1 v. H. der Kraft verzehrend. Der Abdampf wird dem Zwischenraum zwischen beiden Teilen zugeführt und expandiert arbeitleistend beim Durchlauf durch die vier Laufräder. Am linken Ende verläßt er die Turbine durch den weiten Abdampfstutzen, um zum Kondensator zu fließen. Diese Leitung muß sehr weit sein, um den auf großen Raum expandierten Dampf ohne Rückdruck auf die Turbine abzuführen. Bei Abdampfmangel tritt von rechts her Frischdampf durch den Hochdruckteil nach dem Zwischenraum und geht mit dem diesem Raume zufließenden Abdampf durch den Niederdruckteil. Der zusätzliche Frischdampf wird also nicht durch verlustreiche Drosselung, sondern durch Arbeitsleistung im Hochdruckteil auf die Spannung des Abdampfes gebracht. Arbeitet die Zweidruckturbine nur mit Abdampf, dann hat sie den günstigen Dampfverbrauch reiner Abdampfturbinen, arbeitet sie nur mit Frischdampf, dann hat sie den diesen Turbinen eigenen Dampfverbrauch. Bei gemischtem Betriebe erhebt sich ihr Dampfverbrauch nur wenig über diese günstigsten Werte.

Die zuerst geschilderten Mängel der Abdampfturbinen sind durch diese Zweidruckturbinen beseitigt. Zweidruckturbinen können auch geringere Dampfmengen, wie sie z. B. während der Nachtschicht vorhanden sind, wirtschaftlich verwerten.

Ein günstiges Ergebnis ist freilich an die Erfüllung zweier Bedingungen geknüpft: die Zweidruckturbine muß so groß bemessen sein, daß sie die Höchstabdampfmenge verarbeiten kann, so daß nie

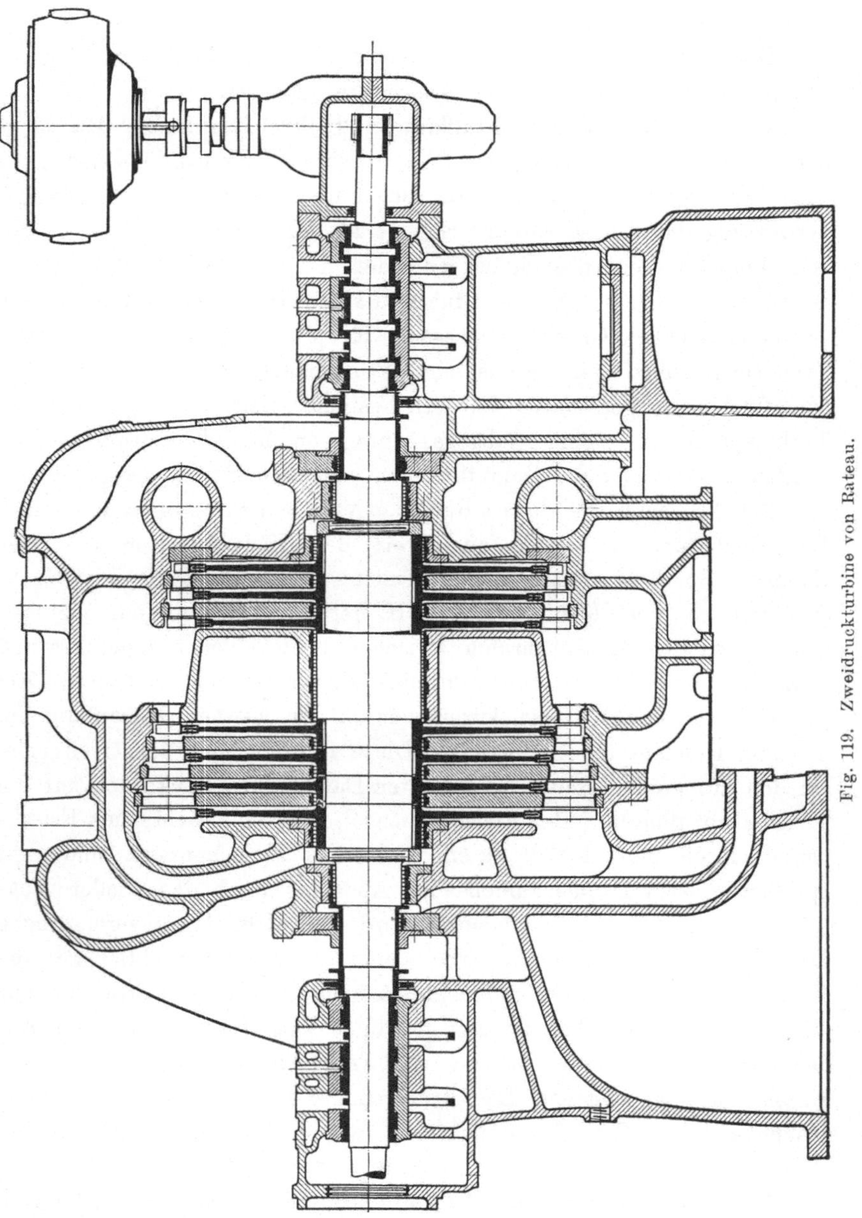

Fig. 119. Zweidruckturbine von Rateau.

Abdampf ins Freie gelassen werden muß, und daß sie mit einer entsprechenden Regelung versehen ist, die das Zuschalten des Frischdampfes in Abhängigkeit von Speicherdruck und Drehzahl selbsttätig besorgt.

Ältere Anordnungen überlassen die ganze Regelung einem Fliehkraftregler. Dieser öffnet bei sinkender Drehzahl das Abdampfeinlaßventil weiter und bei stärkerem Sinken dann das Frischdampfventil. Der Speicherdampf kann dann frei zur Turbine abströmen, wodurch der Speicherdruck unter die Atmosphäre sinken kann. Dies ist ungünstig, weil dann durch Undichtheiten Luft in den Speicher eintritt, welche dann den Kondensatordruck erhöht. Ferner sind größere Drehzahlschwankungen erforderlich, um die nacheinander erfolgende Verstellung von Abdampf- und Frischdampfventil vorzunehmen.

Neuere Regelungen lassen den Speicherdruck in die Regelung eingreifen, und zwar so, daß bei niedrigem Speicherdruck das Abdampfventil geschlossen und gleichzeitig das Frischdampfventil geöffnet wird, während der Fliehkraftregler bei Drehzahl-, also Belastungsänderungen, in die Regelung eingreift und nach Schluß des Abdampfventils auf das Frischdampfventil allein einwirkt.

Fig. 120 zeigt eine Zweidrucksteuerung von Rateau. Kraftwirkungen gehen aus vom Fliehkraftregler und von einem vom Drucke des Wärmespeichers beeinflußten federbelasteten Kolbens w. Zu beachten ist, daß diese Organe nicht unmittelbar verstellend eingreifen, sondern durch die Vermittlung je eines mit Drucköl betriebenen Hilfskolbens i und s. Durch Bewegung der Steuerschieber erhalten die Hilfskolben die entgegengesetzte Bewegung, durch welche Bewegung der Steuerschieber durch ein Rückführgestänge in seine abschließende Mittellage zurückgeführt und die eingeleitete Verstellung zum Stillstand gebracht wird. Jeder Stellung des lenkenden Organes entspricht dabei eine betimmte Stellung des Hilfskolbens. Der Winkelhebel $h\,a\,g\,b$ wird bei h durch einseitigen Anschlag vom Speicherhilfskolben s beeinflußt, er selbst wirkt bei g hebend oder senkend auf das Abdampfventil und durch ein Gestänge $b\,c\,d\,e\,f$ auf das Frischdampfventil. In dies Gestänge greift bei c der Reglerhilfskolben ein. Wir nehmen zunächst an, die Belastung und somit die Drehzahl der Turbine bleibe bei dem folgenden Regelvorgange gleich. Dann ist der Punkt c bezüglich seiner Höhenlage ein fester Punkt. Fällt nun der Speicherdruck, so drückt der Kolben s den Punkt h in die Höhe und schließt dadurch das Abdampfventil. Der Punkt c würde sich dabei allmählich von links nach rechts auf einer zu 32 parallelen Geraden bewegen. Ändert sich die Belastung, so verstellt der Regler die Höhenlage des Punktes c. Denken wir uns in der dargestellten Lage ein Anwachsen der Geschwindigkeit, so wird der Punkt c nach abwärts auf der Linie $c1$ verschoben, wodurch beide Ventile mehr geschlossen werden. Der Punkt h trennt sich dabei von der Kolbenstange s.

Ähnliche Wirkungen werden durch die Zweidrucksteuerungen anderer Firmen erzielt.

Solche Regelungen wirken auf Erhaltung gleichbleibender Drehzahl hin. Sie sind also nicht für den Antrieb von Turbokompressoren ohne weiteres zu gebrauchen. Bei ihrer Anwendung muß die Anpassung der Luftlieferung an den Luftverbrauch durch parallel geschaltete Kompressoren mit reinem Frischdampfantrieb durch deren Drehzahländerung erreicht werden.

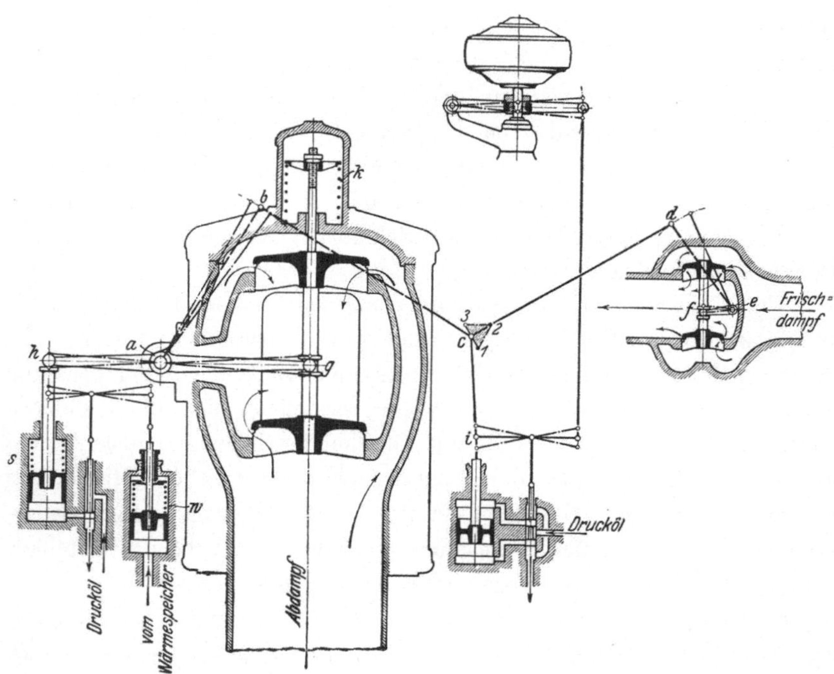

Fig. 120. Regelung der Zweidruckturbine von Rateau.

An Stelle des in Figur 50 dargestellten Wärmespeichers mit Wasserinhalt verwendet man neuerdings auch reine Dampfspeicher, die ganz nach Art der bekannten Gasspeicher gebaut sind. Eine Abbildung und Besprechung der Betriebs- und Sicherheitseinrichtungen ist zu finden Z. d. Ing. 1911, S. 220 in einem Aufsatze über Abdampfverwertung von Grunewald, Aachen, dem im wesentlichen auch diese Darstellung entnommen ist. Das Wasser der Wärmespeicher kann nur durch Druckschwankungen ausgleichend auf die Dampflieferung wirken. Es ergeben sich Schwankungen von etwa 1—1,25 Atm. Diese wirken schon ungünstig auf den Dampfverbrauch der Abdampfturbine ein. Glockenspeicher dagegen ergeben die äußerst geringe Druckschwankung von 0,008 Atm. Allerdings muß der Speicherraum (Hubraum der Glocke) eine entsprechende Größe besitzen, um genügend ausgleichend wirken zu können. Der oben erwähnte Speicher von Balcke-Harlé hat einen Speicherraum von 400 cbm. Zur Verminderung von Kondensationsverlusten ist der Speicher gut isoliert. Der Kondensationsverlust ergab sich als gering mit 0,25 kg/stunde je Quadratmeter Glockenoberfläche.

120. — Die Kennlinien der Turbokompressoren. Die Eigenschaften eines Kolbenkompressors sind leicht zu überschauen. Er fördert bei genügender Antriebskraft gegen jeden vorhandenen Leitungsdruck eine Luftmenge, die seiner Drehzahl sehr nahe proportional ist. Durch Einwirkung auf seine Drehzahl kann daher die Luftlieferung dem Verbrauche so angepaßt werden, daß ein gewünschter Druck eingehalten wird. Dieser Druck kann dabei in jeder gewünschten Größe eingestellt werden.

Ein Turbokompressor liefert bei bestimmter Drehzahl einen bestimmten Druck, der höher sein muß als der Leitungsdruck, wenn eine Förderung erfolgen soll. Durch Veränderung der Drehzahl kann dieser Druck dem zu überwindenden Leitungsdruck angepaßt werden. Hier stößt man bei elektromotorischem Antriebe auf die erste Schwierigkeit. Der Leitungsdruck ist ein gegebener, dem Turbokompressor von außen aufgezwungener, wenn auf dasselbe Leitungsnetz noch andere Kompressoren arbeiten. Arbeitet er allein auf ein Netz, dann bestimmt er selbst den Leitungsdruck, der immer kleiner sich einstellt als der, den der Turbokompressor erzeugen kann.

Eine Erhöhung der Liefermenge bei gleichbleibendem äußeren Drucke kann auf zwei Arten erreicht werden. Erstens durch Erhöhung der Drehzahl; die dabei auftretende innere Druckerhöhung ermöglicht den Durchfluß größerer Luftmengen durch den Kompressor, deckt dabei die Beschleunigungswiderstände und die inneren Strömungsverluste sowohl wie die äußeren steigenden Leitungsverluste. Zweitens bei gleichbleibender Drehzahl durch Veränderung von Drosselwiderständen in Saug- oder Druckleitung. Soll dabei der äußere Druck hinter dem Drosselorgan der Druckleitung gleichbleiben, so muß normalerweise vor dem Drosselorgan ein höherer Druck erzeugt und der Druckunterschied abgedrosselt, das heißt vernichtet werden, damit bei erhöhtem Luftbedarf durch Aufhebung der Drosselung ein Teil des Drucküberschusses zur Vergrößerung der Förderung verwandt werden kann. Völliges Gleichhalten des Druckes hinter dem Drosselventil ist dabei nicht möglich, da bei erhöhter Fördermenge auch erhöhte Leitungsverluste auftreten, die durch einen Drucküberschuß hinter dem Drosselventil gedeckt werden müssen.

Veränderungen des äußeren Druckes durch Schwankungen des Luftverbrauches wirken immer auf die Fördermenge ein, da etwa bei sinkendem Leitungsdrucke und gleichgehaltener Umdrehzahl der Drucküberschuß zur vermehrten Förderung verwandt wird.

Umdrehzahl und äußerer Druck, der durch Drosselorgane noch beeinflußt werden kann, bestimmen die Fördermenge des Turbokompressors. Änderungen der Fördermenge bewirken dabei eine Änderung der äußeren Leitungswiderstände und der inneren Widerstände im Kompressor, so daß der zur Überwindung der äußeren Widerstände verfügbare Kompressordruck auch von der Fördermenge selbst beeinflußt wird.

Bei dieser verwickelten Sachlage ist eine theoretisch rechnerische Verfolgnng der Abhängigkeit der einzelnen Größen voneinander bisher nicht bekannt geworden. Wohl sind aber diese Beziehungen durch Versuche an ausgeführten Kompressoren genügend festgestellt, daß eine Beurteilung des Betriebsverhaltens stattfinden kann. Um die Sache zu vereinfachen und die Eigenschaften des Kompressors getrennt von den Einflüssen der Leitung zu erhalten, werden solche Versuche in der Weise vorgenommen, daß der Kompressor ins Freie ausbläst und ein Drosselorgan in der Ausblaseleitung bei gleichgehaltener Drehzahl allmählich wachsende Durchgangsquerschnitte und somit Durchflußmengen einstellt, wobei dann für jede Stellung der Druck vor dem Drosselorgan gemessen und als Kompressordruck bezeichnet wird, während die gleichzeitige Fördermenge durch Meßdüsen (siehe Abschnitt 122) gemessen wird. Diese zueinander gehörigen Größen, Druck H und Fördermenge Q, werden in bekannter Weise durch eine Schaulinie dargestellt, die H-Q-Linie oder Betriebskennlinie genannt werden soll. Jeder Drehzahl entspricht eine andere Kennlinie. Zur Erforschung des Betriebsverhaltens müssen die Kennlinien für alle in Frage kommenden Drehzahlen festgestellt werden.

Fig. 121 zeigt in den Linien II und III die Kennlinien eines Turbokompressors von Brown, Boveri & Cie. (1908) für $n = 4000$/min. und $n = 4100$/min. Auf der Wagerechten sind die Liefermengen Q in cbm/stunde, auf den Höhen die gleichzeitigen Drücke H in kg/qcm abs. aufgetragen. Bei völlig geschlossenem Drosselventil ist $Q = 0$ und der durch die Zentrifugalkraft der mit den Rädern herumgeschleuderten Luft erzeugte Druck wird $H = 5$ Atm. Bei wachsendem Durchflußquerschnitt wird die Durchflußmenge größer und der erzeugte Luftdruck. Dies könnte zunächst verwunderlich erscheinen, und man könnte der Meinung sein, bei eintretender und wachsender Förderung müßte der Druck hinter dem letzten Schaufelrade sinken, da ein Teil des theoretischen Druckes durch die Eigenwiderstände im Kompressor aufgezehrt würde. Wir erinnern uns an die in Abschnitt 107 gegebenen Geschwindigkeitsrisse. Diese ließen uns erkennen, daß der im Druckrohr hinter dem letzten

Diffusor erzeugte Druck nicht allein herrührt aus der Druckerzeugung der Zentrifugalkraft, sondern zum anderen Teile aus der
Umsetzung der Eigenaustrittsgeschwindigkeit der Luft in Druck innerhalb des Diffusors. Diese Eigenschwindigkeit ist aber das Ergebnis
des Zusammenwirkens der Umfangsgeschwindigkeit und der relativen
Durchflußgeschwindigkeit der Luft durch das Schaufelrad, und zwar
nimmt die Eigengeschwindigkeit durch das Wachsen der Durchflußgeschwindigkeit und somit der erzeugte Druck zu. Das Anwachsen
des Druckes mit wachsender Förderung ist somit erklärlich. Nun
könnte es scheinen, daß hiernach der Druckanstieg stärker sein müßte,
als die H-Q-Linie zeigt. Hier ist aber zu beachten, daß ein Teil
dieser möglichen Drucksteigerung durch die jetzt auftretenden Strömungs-

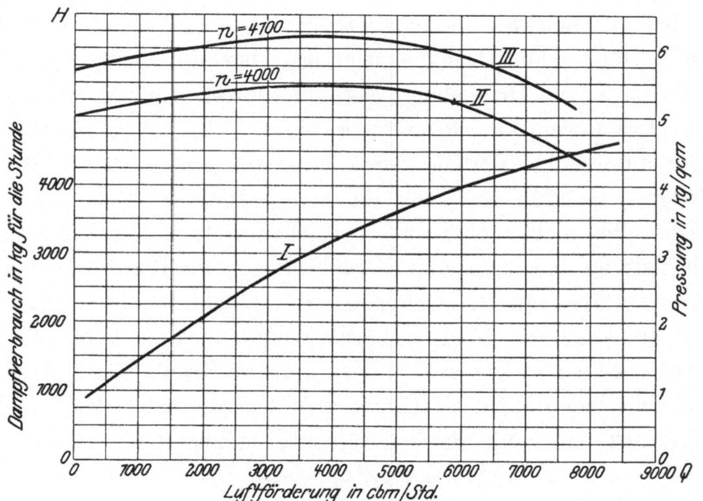

Fig. 121. Kennlinien eines Turbokompressors von Brown, Boveri & Cie.

und Stoßverluste aufgezehrt wird: Verluste, die mit Wachsen der
Durchschußgeschwindigkeit rascher wachsen. So sehen wir bei einer
Durchflußmenge von $Q = 4000$ cbm/stunde den höchsten Druck erreicht, der bei weiterer Ventilöffnung mit wachsender Durchflußmenge
wieder fällt.

Das Produkt aus Fördermenge und Druck ist bestimmend für den
Kraft- bzw. Dampfverbrauch. Die Linie I gibt den Anstieg dieses
Verbrauchs für die obere Q-H-Linie mit wachsender Fördermenge.

Die Q-H-Linie III zeigt die Beziehungen bei einer um 2,5 v. H.
höheren Drehzahl. Der erzeugte wirksame Druck ist, wie zu erwarten,
bei allen Fördermengen höher.

Wie wirkt nun eine Erhöhung der Drehzahl bei gegebenem
äußeren Druck z. B. von 5,25 Atm.? Bei $n = 4000$ wird gefördert, wie

der Schnitt dieser Höhenlinie mit der Kennlinie zeigt, $Q = 5800$ cbm und bei $n = 4100$ $Q = 7550$. Die Fördermenge vermehrt sich demnach um 33 v. H. bei einer Geschwindigkeitsvermehrung um 2,5 v. H. Dieser Lieferungsvermehrung entspricht eine etwa gleichgroße Steigerung des Kraftverbrauches. Diese große Steigerungsfähigkeit der Lieferung kann bei regelbaren Antriebsmaschinen günstig erscheinen, vorausgesetzt, daß der Motor diese Mehrbelastung erträgt. Dagegen können unbeabsichtigte Lieferungssteigerungen bei überlastungsunfähigen Motoren zu Betriebsstörungen führen.

Bei Verfolg der Höhenlinie durch 5,25 Atm. sehen wir noch, daß diese Linie die Kennlinie zweimal schneidet. Der zweite Schnittpunkt entspricht einer Fördermenge von etwa 1250 cbm; diese wird bei geringerer Ventileröffnung geliefert, bei welcher diese geringere Fördermenge den gleichen Widerstand erzeugt wie bei weiterer Öffnung die größere Fördermenge. Denken wir uns aber diesen äußeren Widerstand nicht durch Drosselung des geförderten Luftstromes erzeugt, sondern etwa durch den Gegendruck eines luftgefüllten Behälters, so wäre der untersuchte Turbokompressor imstande, bei $n = 4000$ sowohl die Menge $Q = 1250$ als auch die Menge $Q = 5800$ zu fördern. Er weiß also selbst nicht recht, was er machen soll. Wir denken uns eine Druckluftleitung von 5,25 Atm. Druck durch ein Rückschlagventil an den Druckstutzen unseres Kompressors angeschlossen und lassen ihn mit $n = 4000$ laufen. Welche Fördermenge wird er liefern? Er erzeugt bei noch ausstehender Förderung einen Druck von 5 Atm., wie die Kennlinie zeigt. Dieser Druck reicht nicht aus, das durch den Leitungsdruck belastete Rückschlagventil aufzustoßen. Daher liefert der Kompressor gar keine Luft, und sein Druck bleibt bei 5 Atm. stehen: die Luftlieferung springt also bei $n = 4000$ nicht von selbst an.

Wir können uns dann nur helfen, wenn wir die Drehzahl vorübergehend so weit erhöhen, daß die statische Druckerzeugung den Wert 5,25 überschreitet. Bei eintretender Förderung muß dann die Drehzahl entsprechend verringert werden. Würde im Augenblick, wo die Fördermenge 1250 erreicht wird, die Drehzahl auf $n = 4000$ verringert, so würde der Kompressor mit der Liefermenge $Q = 1250$ weiterarbeiten, aber jede durch irgend welche Ursachen herbeigeführte Vergrößerung der Fördermenge würde den Druck erhöhen, dieser rasch die Fördermenge bis zur Erreichung der Menge 4000, worauf unter weiterer Vergrößerung der Menge der zu hohe Druck wieder abnimmt. Bei der Fördermenge $Q = 5800$ haben die Kräfte des Kompressors sich ins Gleichgewicht mit dem äußeren Druck gesetzt, und diese Lieferung wird nun beibehalten, bis eine erneute Störung des Gleichgewichtes durch äußere Einwirkungen hervor-

gerufen wird. Tritt in diesem Zustande etwa eine äußere Druckerhöhung auf, so wird, da der innere Druck zu seiner Überwindung
nicht ausreicht, die Liefermenge verringert, wobei der innere Druck
sich erhöht, bis der äußere Druck erreicht wird und bei einer etwas
verringerten Luftlieferung ein neues Kräftegleichgewicht eintritt. Der
Turbokompressor zeigt also bei einer Luftlieferung über 4000 cbm ein
stabiles Verhalten gegenüber Störungen seines Gleichgewichts, bei
Liefermengen unter 4000 ein labiles Gleichgewicht, das bei Störungen
die Luftlieferung ganz abstellt oder auf die stabile Liefermenge erhöht. Dieser Turbokompressor darf daher nur für Liefermengen
wesentlich über 4000 cbm in Anspruch genommen werden, wenn man
nicht unangenehme Störungen im Betriebe erleiden will.

Der besprochene Kompressor läßt sich noch auf eine andere Art
an eine seinen statischen Druck überschreitende Druckleitung an

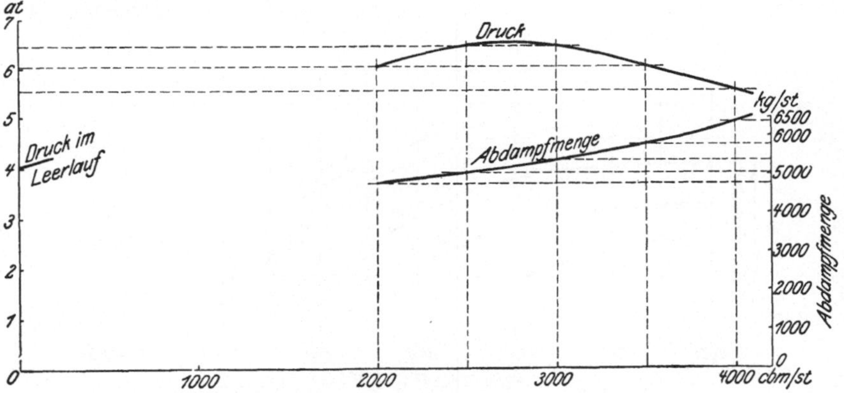

Fig. 122. Kennlinien eines Turbokompressors der Skodawerke

schließen, was auch durchaus erforderlich erscheint, wenn nicht regelbare Motoren den Antrieb liefern. Wenn man vor dem Rückschlagventil ein Umschalteventil einbaut, das ins Freie öffnet, so kann man
dieses nach dem Anlassen des Motors so weit öffnen, bis eine Fördermenge über 1250 cbm vom Kompressor ins Freie geblasen und dadurch ein Druck über 5,25 Atm. erzeugt wird. Dieser öffnet das
Rückschlagventil, und das Anlaßventil kann wieder geschlossen werden.

Bisher wurde gleichbleibende Drehzahl vorausgesetzt. Auch bei
Vorhandensein eines Geschwindigkeitsreglers treten kleine Schwankungen
der Drehzahl auf. Hierdurch werden verhältnismäßig starke Lieferungsschwankungen bedingt, aber es wird der Charakter der Förderung nicht
verändert. Die unterere Linie *I* gibt den mit wachsender Luftförderung
wachsenden Dampfverbrauch.

Fig. 122 stellt die Kennlinie des in Fig. 114 gezeigten Skodakompressors dar. Hier zeigt sich ein starker Unterschied zwischen dem Drucke des Leerlaufes $(Q = 0)$ mit 4 Atm. und dem Höchstdrucke von 6,5 Atm. bei etwa $Q =$ 3000. Auch dieser Kompressor kann mit normaler Drehzahl aus dem Ruhezustande heraus den Lieferungsdruck von 6 Atm. nicht erreichen; dieser wird erst bei einer Luftförderung von 2000 cbm erzielt. Fällt der Luftverbrauch der Grube, so erhöht sich der Leitungsdruck, und die Liefermenge nimmt entsprechend ab, etwa von 3500 auf 3000; bei anhaltendem Minderverbrauch auf etwa 2750 bei einem Höchstdrucke von 6,5 Atm. Hierüber kann (wenn der Kompressor allein auf das Netz arbeitet) der Druck nicht steigen. Bei weiterem Minderverbrauch hört die Luftlieferung rasch auf, und der Druck des Kompressors sinkt infolge der fehlenden Luftlieferung sofort auf den geringen Leerlaufdruck von 4 Atm., nachdem sich das Rückschlagsventil geschlossen hat. Sinkt dann infolge Luftverbrauches der Leitungsdruck wieder, so ist der Kompressor nicht imstande, die Lieferung wieder aufzunehmen, ehe

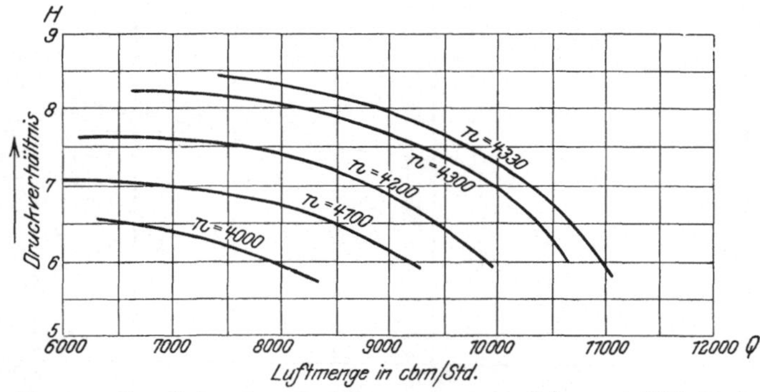

Fig. 123. Kennlinien eines Turbokompressors von Pokorny & Wittekind.

der Leitungsdruck unter 4 Atm. gesunken ist. Um solche Schwankungen zu vermeiden, ist in der Druckleitung ein Ausblaseventil vorgesehen, das sich selbsttätig öffnet, wenn die Luftlieferung den Wert 2000 unterschreitet. Der Kompressor behält dann diese Lieferung, die er ins Freie ausbläst, und den ihr entsprechenden Druck von 6 Atm. bei. Unterschreitet der Leitungsdruck 6 Atm., so nimmt der Kompressor die Luftlieferung wieder selbsttätig auf. Das selbsttätige Arbeiten des Ausblaseventiles muß von der Strömungsgeschwindigkeit der Druckluft abhängig gemacht werden. Im Abschnitte 121 wird eine auf Strömungsgeschwindigkeit ansprechende Regelung besprochen werden.

Die eben besprochene Erscheinung muß bei allen Kompressoren auftreten, die ähnliche Kennlinien mit erst wachsendem Drucke aufweisen.

In Fig. 123 sind die wechselnden Drehzahlen zugehörigen Kennlinien eines Kompressors von Pokorny & Wittekind (1910) zur Dar-

stellung gebracht, und zwar nur Teile derselben im Bereiche der
stabilen Luftlieferungen von 6000—10000 cbm/stunde. Sie lassen insbesondere die mit Drehzahländerungen einhergehenden Lieferungs-
änderungen erkennen. Für einen Gegendruck von 6 Atm. beträgt die

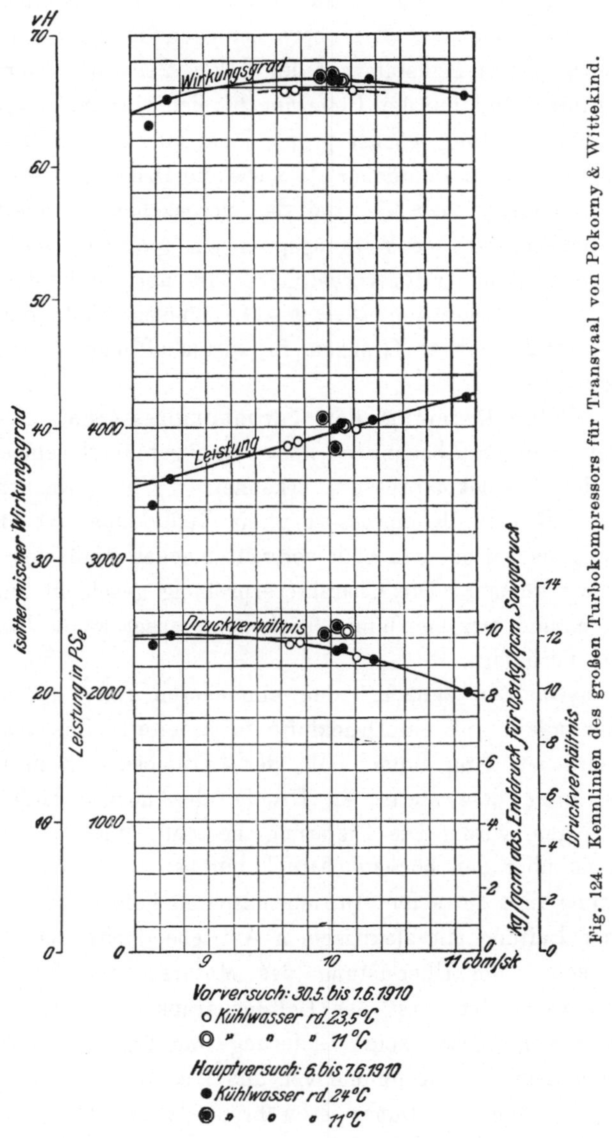

Fig. 124. Kennlinien des großen Turbokompressors für Transvaal von Pokorny & Wittekind.

Lieferungsschwankung bei einer Drehzahlschwankung von 4000 auf
4100 also 2,5 v. H. etwa 15 v. H. und bei der gleichen Schwankung
von 4100 auf 4200 nur 7,5 v. H., die auch für die nächste gleiche
Schwankung bestehen bleibt.

Die Linien haben einen stark stabilen Charakter.

Die Fig. 124 zeigt die Charakteristik des in Fig. 118 gegebenen großen Kompressors für Johannisburg. Die untere Kennlinie ist die Q-H-Linie; der Druckmaßstab befindet sich auf der rechten Höhe. Die mittlere Linie gibt die Leistung in P. S., deren Maßstab sich auf der linken Höhe befindet. Die obere Linie endlich gibt den Wirkungsgrad wieder, dessen Maßstab auf der linken Seite besonders beigefügt ist. Die Linien sind für den Lieferungsbereich $Q = 8,6{-}11,2$ cbm/sec. gegeben. Die Leistung wächst proportional mit der Liefermenge. Der Wirkungsgrad ändert sich daher etwa wie die Drücke, er steigt anfangs an und fällt dann wieder ab. Bei der vorgesehenen Liefermenge von $Q = 10$ cbm/sec. ist der Wirkungsgrad am größten, ein Beweis für das richtige Treffen der Radverhältnisse. Im übrigen ist der Wirkungsgrad in den Liefergrenzen $Q = 9{-}11$ cbm/sec. fast gleichbleibend, so daß innerhalb dieser Grenzen in wirtschaftlicher Weise geregelt werden kann.

121. — Die Regelung der Turbokompressoren. Die Betrachtungen des vorigen Abschnittes ließen uns gute und schlechte Eigenschaften des Turbokompressors erkennen. Wir gewannen die Anschauung, daß jeder Kompressortyp ein Individuum ist, mit dessen Charaktereigenschaften man sich vertraut machen muß, um ihn richtig behandeln zu können. Die Charaktererprobung geschieht auf dem Versuchsstande, und wer sich einen Turbokompressor käuft, lasse sich die Kennlinien mitliefern.

Wir betrachten zunächst den einfacheren Fall, daß ein Turbokompressor allein auf ein Druckluftnetz arbeitet. Das Anlassen des Kompressors ist dann einfach, da der Leitungsdruck zu Beginn des Betriebes unter dem statischen Drucke des normal laufenden Kompressors liegen wird. Die Lieferung beginnt, und der Kompressor arbeitet sich über den höchsten Druck hinüber zu derjenigen Lieferung und Leistung hin, die seine Antriebsmaschine liefern kann. Beim Auffüllen einer Leitung mit elektrischem Antriebe dürfte hier Vorsicht zu beachten sein, um Überlastung des Motors, die ihn beschädigen würde, zu vermeiden. Ist der Leitungsdruck zu Beginn gering, so schiebt der Kompressor seine Lieferung und Leistung weit auf dem absteigenden Aste der Kennlinie vor und kommt zu Leistungen, denen er nicht gewachsen ist. Daher ist während des Auffüllens das Drosselorgan in der Leitung so zu verstellen, daß die Luftlieferung auf das zulässige Maß abgedrosselt wird, bis der gewachsene Leitungsdruck die Zurückdämmung der Luftlieferung selbst übernehmen kann.

Eine mit Geschwindigkeitsregler versehene Dampfturbine wird mit höchster Drehzahl anlaufen und bei wachsender Luftförderung rasch unter Krafterhöhung auf die geringere Drehzahl der Vollast sinken. Genügt diese nicht für die sich steigernde Luftförderung, so sinkt die Drehzahl unter die sonst durch den Regler bedingte unterste, wodurch der Druck und die Förderung sich auf die durch die vorhandene Kraftentfaltung bedingte Größe ermäßigen, bis der wachsende Leitungsdruck die Fördermenge und den Kraftbedarf beschränkt und die Drehzahl sich auf die normale hebt. Diese Schwankungen können auch hier durch einen Regelschieber in der Druckleitung vermieden werden.

Ein Geschwindigkeitsregler hält die Drehzahl in engen Grenzen und somit den vom Kompressor erzeugten statischen Druck. Schwankungen des äußeren Druckes wirken bei gegebener Drehzahl auf die Fördermenge, dadurch auch mittelbar auf den inneren Druck. Sinkt etwa der Leitungsdruck, so steigt die Fördermenge, da die Kompressoren auf dem absteigenden Aste der Kennlinie arbeiten. Dabei steigt der Arbeitsverbrauch, und die Drehzahl wird etwas sinken. Es stellt sich bei niederem Drucke, geringerer Drehzahl und erhöhtem Kraftverbrauch eine vermehrte Luftlieferung ein, wie es dem Bedarfe des Betriebes entspricht. Bei Anstieg des Leitungsdruckes findet eine Regelung in entgegengesetztem Sinne bis zur höchsten Drehzahl des Leerlaufes statt.

Ein solcher Turbokompressor bietet also eine gewisse Selbstregelung. Die durch den Regler festgehaltene Drehzahl verbürgt in gewissen Grenzen das Einhalten eines bestimmten Druckes. Infolge der starken Leistungsveränderung bei geringer Drehzahländerung sind diese Grenzen nicht eng. Selbstverständlich läßt sich der Wirkungsgrad der Drucklufterzeugung hierbei nicht gleichmäßig erhalten, wenn diese Regelgrenzen infolge eines für die Verbrauchsschwankungen zu kleinen Kompressors voll ausgenützt werden. Auch erfährt diese Regelung bei mit wachsendem Leitungsdrucke abnehmender Liefermenge die im vorigen Abschnitte geschilderte rasche Lieferungsunterbrechung, die zu einem völligen Abschnappen des Druckes führt, wenn versäumt ist, das selbsttätige Ausblaseventil anzuordnen.

Der Fall, daß mehrere Turbokompressoren parallel auf ein Netz arbeiten, wird wenig vorkommen, da, wie die Beispiele zeigen, Turbokompressoren für die größten Leistungen in einer Einheit gebaut werden können. Eine Verteilung der Leistung auf mehrere Maschinen ist noch schwieriger wie bei parallel arbeitenden Kolbenkompressoren (vgl. Abschnitt 90). Der Einbau der dort besprochenen und vom Luftdrucke beeinflußten Leistungsregler wird hier nicht genügen, da beim Turbokompressor die Einstellung einer bestimmten Drehzahl noch keine bestimmte Luftlieferung und Arbeitsleistung verbürgt. Diese hängt in starkem Grade vom äußeren, durch fremde Einflüsse bedingten Leitungs-

drucke ab. Stellt also die Regelung in dem einen Turbokompressor
eine etwas höhere Drehzahl ein als in dem anderen, so erhöht dieser
den Leitungsdruck und muß den größten Teil der Leistung übernehmen, während der andere seine Leistung verringert.

Ähnliche Verhältnisse liegen vor, wenn ein Turbokompressor mit
einem Kolbenkompressor parallel läuft. Hier kann der Kolbenkompressor
um eine seiner eingestellten Drehzahl entsprechende Luflieferung nicht
herum, während der Turbokompressor bei gegebener Drehzahl und
steigendem Leitungsdrucke ohne Lieferung läuft, bzw. durch das Um-
stellventil eine Mindestleistung ins Freie bläst. Eine Regelung würde
hier in der Weise möglich sein, daß der Kolbenkompressor oder der
eine der Turbokompressoren auf gleichbleibenden Leitungsdruck, der
andere Turbokompressor auf gleichbleibende, vom äußeren Drucke un-
abhängige Luftlieferung geregelt wird. Die erste Regelung kann ganz

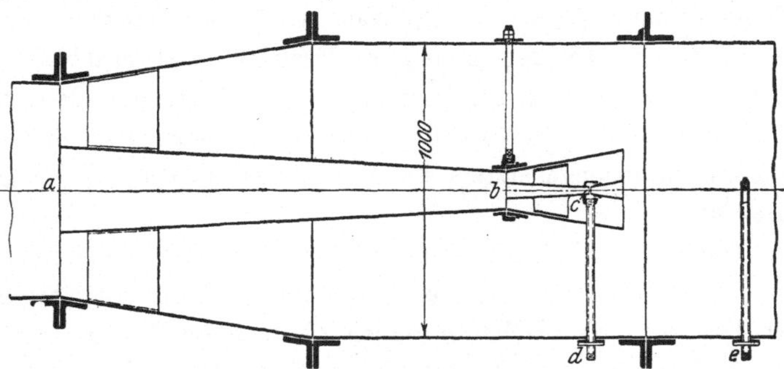

Fig. 125. Leitungsdruckumformer von Rateau.

der bei Kolbenkompressoren besprochenen Art entsprechend sein (Abschnitt 90). Die zweite Regelung wird von Rateau für Hochofengebläse
ausgeführt. Sie läßt sich sinngemäß auf Turbokompressoren übertragen.
Diese Regelung muß von der Strömungsgeschwindigkeit im Druckrohre
abhängig gemacht werden. Die Figuren 125—127 zeigen die erforder-
lichen Einrichtungen. Fig. 125 ist eine Vorrichtung zum Umwandeln
von Strömungsgeschwindigkeit in Druck. Sie liefert also mit wechselnder Luftgeschwindigkeit wechselnden Druck, durch welchen Regelvorgänge eingeleitet werden können. Die Vorrichtung besteht aus
einem in das Druckrohr eingeschalteten Düsensystem abc. Diese
werden von einem Teile der Luftförderung durchströmt. Die Durchflußgeschwindigkeit innerhalb der Düsen wächst mit abnehmendem
Querschnitte, dementsprechend nimmt auch der Druck ab, der in
Strömungsenergie umgesetzt wird. Der Druck in der Düsenmündung a
ist etwa gleich dem Leitungsdrucke, bei b ist er geringer, in der
innersten Düse bei c am geringsten. Von dieser Stelle geringsten
Druckes geht ein Rohr nach der oberen Seite eines Reglerkolbens,

von der Stelle e hinter den Düsen mit normalem Leitungsdrucke ein zweites Rohr nach der unteren Seite des Reglerkolbens (Fig. 126). Der Unterschied zwischen Leitungsdruck und umgeformtem Drucke wird durch eine Meßfeder ausgeglichen. Bei gleichbleibenden Strömungsverhältnissen in Rohr und Düsen wird eine bestimmte Einstellung des Reglerkolbens und des hiervon abhängigen Kraftzuflusses bestehen bleiben. Ändert sich aber die Leitungsgeschwindigkeit, so ändert sich auch der Druckunterschied zwischen Leitungs- und umgeformten Drucke. Die eintretende Reglerkolbenbewegung wird zur Drehzahlverstellung des Antriebsmotors benutzt. Auf dessen Kraftfluß muß aber auch noch ein Fliehkraftregler einwirken, um den Schwankungen des Dampfdruckes unmittelbar zu begegnen. Fig. 127 zeigt den gemeinsamen und voneinander unabhängigen Eingriff von Fliehkraftregler und Drosselregler auf den Steuerkolben eines Servomotors, der seinerseits die Kraftverstellung vornimmt.

Diese Regelarten setzten alle in der Drehzahl regelbare Motoren, d. h. Dampfturbinenantrieb voraus.

Der elektrische Antrieb verhält sich hier ungünstig und ist dem Dampfantrieb unterlegen. Bei unveränderlicher Drehzahl können diese Antriebe nur durch Drosselung des Luftstromes geregelt werden, was entsprechende Verluste verursacht. An die nach Abschnitt 64 regelbaren Drehstrommotoren sei erinnert.

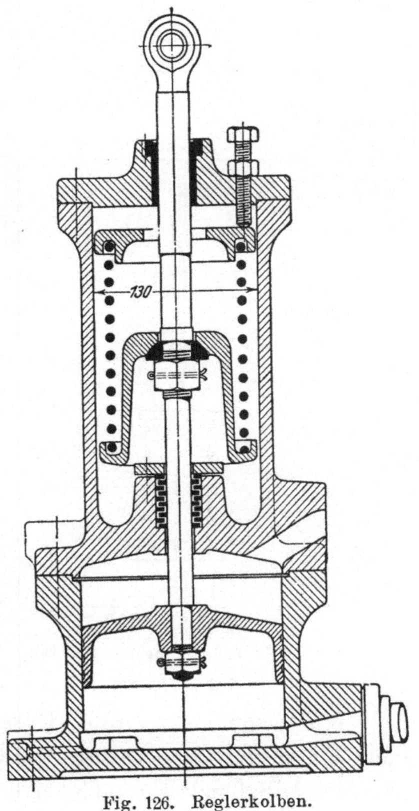

Fig. 126. Reglerkolben.

122. — Die Luftmessung bei Turbokompressoren. Diese geschieht mit Hilfe geeichter Düsen. Eine für große Luftmengen bestimmte Meßdüse ist in Fig. 128 dargestellt. Sie ist nach der Ausströmungsmündung zu in bestimmter Weise verengt. Sie kann in die Druck- oder Saugleitung eingebaut sein. Beim Durchströmen der konischen Düse nimmt die Geschwindigkeit der Luft zu, der Druck ab. Es wird daher der Luftdruck vor und hinter der Düse gemessen, aus diesem Druckunterschiede auf die Durchflußgeschwindigkeit und aus dieser auf die den bekannten Querschnitt durchströmende Luftmenge geschlossen. Die aufgestellten Formeln gründen sich auf die Annahme, daß ruhende Luft durch den äußeren Überdruck beschleunigt und unter adiabatischer Ausdehnung durch die Düse getrieben wird. Hierbei ist außer den erwähnten Größen: Druckunterschied h in kg/qm, Düsenquerschnitt an der Ausflußstelle in Quadratmeter noch die absolute Temperatur $T = 273 + t$ zu beachten. Wegen der Annahme ruhender Luft vor der Düse eignet sich die Messung am Anfange des Saugrohres am besten. Hinter der Meßdüse ist vorteilhaft ein Windkessel aufzustellen, um gleichmäßige Strömung zwecks genauer Druckmessung zu erhalten. Bei Düsenmessung in der Druckleitung, die kleinere Düsen zu verwenden erlaubt, muß vor der Düse ein Windkessel mit Prallwand eingebaut sein, um die Luft gleichmäßig und mit geringer Geschwindigkeit der Düse zuführen zu können.

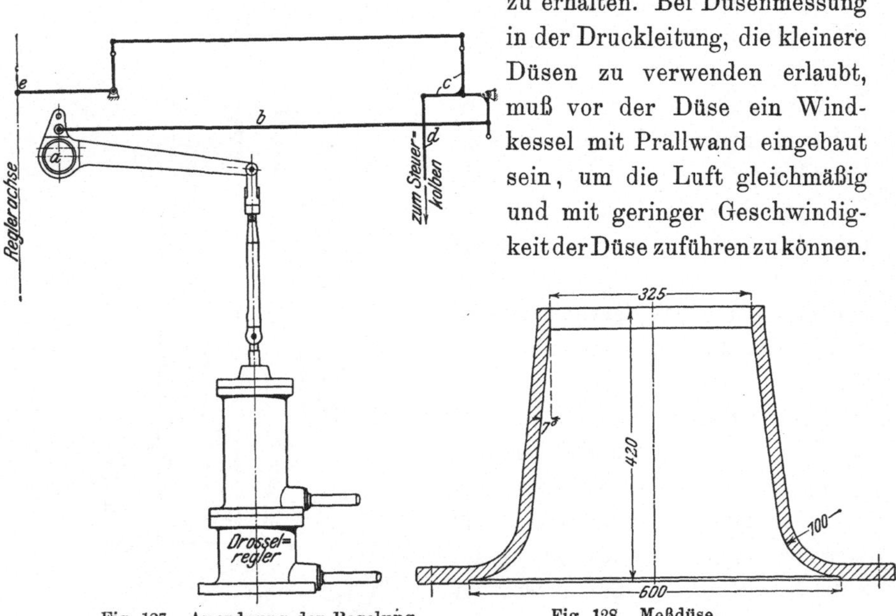

Fig. 127. Anordnung der Regelung.   Fig. 128. Meßdüse.

Verwendet man große Düsen, so ist der Druckunterschied vor und hinter der Düse gering. Man kann dann folgende einfache Formel für die je Sekunde durchfließende Luftmenge in Kubikmeter verwenden.

$$Q = 0,23 \text{ bis } 0,24 \; F \cdot \sqrt{T \cdot h}.$$

Es hängt hierbei alles von der Genauigkeit der Druckmessung ab. Daher erscheint es günstiger, kleinere Düsen zu nehmen, die einen größeren Druckunterschied ergeben. Man hat dann folgende Formel anzuwenden:

$$Q = 40 \; F \cdot \sqrt{T \cdot h^{\,0,286} \cdot (h^{\,0,286} - 1)}.$$

Die Zahl 40 ergibt sich hierin durch bestimmte Annahmen, insbesondere auch über die Ausflußziffer der Düse. Je nach Festsetzung der Annahmen schwankt die Zahl. Zu vergleichenden Versuchen sind daher geeichte Düsen und möglichst gleiche Apparate zu verwenden.

XXIV. Schlußbetrachtung.

123. — Vergleich zwischen Kolben und Turbokompressor. Die vorhergehenden Betrachtungen lassen den großen Unterschied in dem ganzen Aufbau und der Arbeitsweise erkennen. Der Turbokompressor nimmt manche Vorzüge für sich in Anspruch. Sein Raumbedarf ist, wenigstens in den neueren Ausführungen, wesentlich geringer als der des Kolbenkompressors. Fig. 129 zeigt einen Vergleich für eine Luftmenge von 7000 cbm/stunde und einen Enddruck von 7 Atm. abs. Für Turbogebläse mit geringem Luftdrucke wird dieser Vorteil noch größer, da eine geringe Radzahl zur Erreichung dieses Druckes genügt.

Der Turbokompressor hat einen gleichmäßig drehenden, erschütterungsfreien Gang, während der Kolbenkompressor Stöße der hin und her gehenden Massen nie vermeiden kann. Gleichmäßige Luftlieferung der ersten und stoßweise Lieferung der zweiten Maschine sind weitere Folgen dieser Eigenarten.

Die nur drehende Bewegung des Turbokompressors gestattet den Antrieb durch Turbine, die ähnliche Vorzüge gegenüber der Kolbendampfmaschine aufweist, wie der Turbokompressor gegenüber dem Kolbenkompressor.

Ist auch der Turbokompressor aus vielen und vielgestaltigen Teilen zusammengesetzt, so bilden diese doch im Betriebe eine Einheit von größter Einfachheit, gegenüber dem vielgestaltigen Triebwerk, den Steuerteilen und Dichtungsstellen eines Kolbenkompressors. Dementsprechend ist die Wartung und Instandhaltung des Turbokompressors wesentlich einfacher als die des Kolbenkompressors.

Die Betriebssicherheit dürfte bei beiden Maschinengruppen gleich sein, wenn man sie ihren Eigenarten entsprechend einrichtet und behandelt. Man beachte das in den Abschnitten „Regelung" über die Maschinen Mitgeteilte. Im allgemeinen erscheinen die Betriebseigenschaften der Kolbenkompressoren stabiler und daher angenehmer.

Die Anlagekosten sind nach bisher vorliegenden Angaben für größere Luftleistungen und übliche Drucke bei beiden Gruppen gleich. Die große Vereinfachung, die durch Verwendung der Gleichstromdampfmaschine beim Kolbenkompressor möglich ist, kann in Zukunft das Bild zugunsten des Kolbenkompressors verschieben. Unter Leistungen von 5000 cbm/stunde sind Turbokompressoren teuerer als Kolbenkompressoren. Dies erklärt sich aus der Art der Druckerzeugung,

wonach Umfangsgeschwindigkeit und Radzahl durch den Enddruck
allein bestimmt sind. Bei praktisch ausführbaren Querschnittsabmessungen
der Luftwege ergibt sich alsdann die genannte Leistung. Kleinere

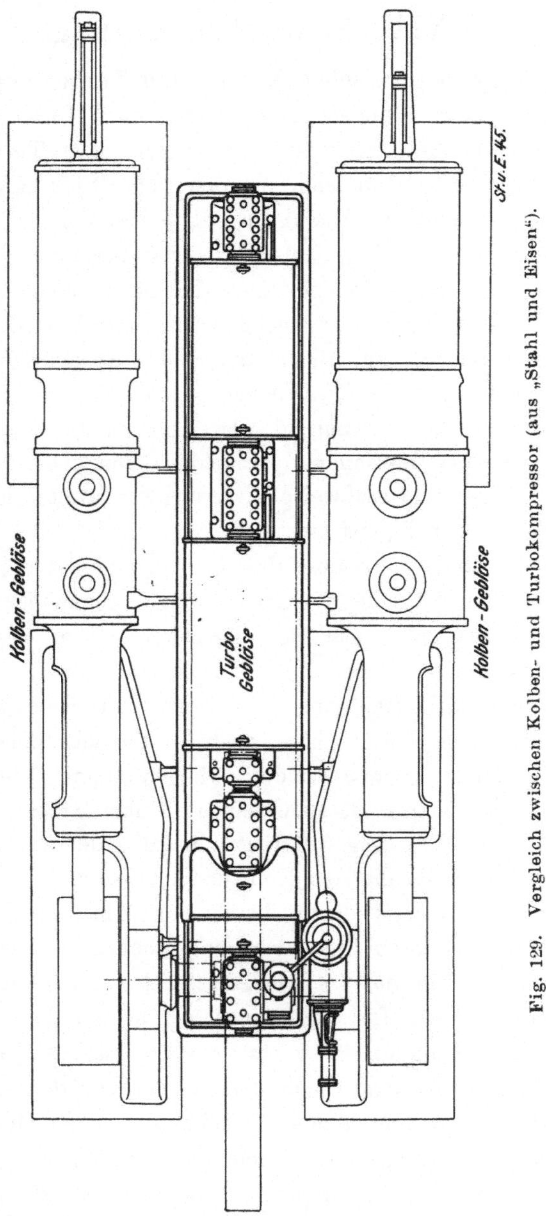

Fig. 129. Vergleich zwischen Kolben- und Turbokompressor (aus „Stahl und Eisen").

Leistungen würden kleinere Querschnitte erfordern, wodurch aber die
Anlagekosten kaum herabgesetzt werden.

Der Kraftverbrauch beider Maschinengruppen ist verschieden. Nach vorliegenden Ergebnissen verbraucht der Turbokompressor etwa 15 v. H. mehr Kraft als der Kolbenkompressor. Im Dampfverbrauch kann sich dies günstiger für den Turbokompressor stellen, wenn die Dampfturbine besser arbeitet als die Dampfmaschine.

Der Turbokompressor ist an den Antrieb durch Dampfturbine oder Drehstrommotor gebunden, während für den Kolbenkompressor alle möglichen Antriebe, außer Dampfturbine, gewählt werden können.

Zur Erzeugung sehr hoher Drücke ist der Turbokompressor nicht geeignet. Raumbedarf und Anlagekosten wachsen mit dem Drucke wegen der notwendig wachsenden Radzahl.

Nach diesen Eigenschaften wird sich im einzelnen Falle eine Entscheidung für die eine oder die andere Gruppe treffen lassen

Das Gebiet der Leistungen unter 5000 cbm/stunde sowie das der sehr hohen Drücke beherrscht der Kolbenkompressor uneingeschränkt.

Für größere Leistungen und mittlere Drücke hönnen beide Maschinen gewählt werden, und es ist zu entscheiden, ob die größere Wirtschaftlichkeit des Kolbenkompressors oder die angenehmen Betriebseigenschaften des Turbokompressors den Vorzug verdienen. Geringer Raumbedarf, erschütterungsfreier Gang, gleichmäßige Luftlieferung, leichte Bewartung, ölfreie Druckluft, Wegfall der Explosionsgefahr sind Vorzüge des Turbokompressors. Der Schmierölverbrauch ist sehr gering, während der Kolbenkompressor viel Öl verbraucht und einer sorgfältigen Überwachung der Schmierung bedarf. Abnutzung und Ausbesserungen sind bei Turbomaschinen fast unbekannte Dinge.

Der Betriebsbeamte wird den Turbokompressor im allgemeinen vorziehen, wenn seine Anwendung unter Berücksichtigung der wirtschaftlichen Verhältnisse möglich erscheint.

Sachregister.